普.通.高.等.学.校
计算机教育"十三五"规划教材

河北省精品课程　河北省精品资源共享课程

大学计算机基础

（Windows 7+Office 2010）

（第2版）

**THE FUNDAMENTAL
OF COMPUTER
(2nd edition)**

主　编　史巧硕　柴　欣

副主编　贾　铭　陈显军

编　委　（按姓氏汉语拼音顺序）

毕晓博　李建晶

李　众　唐思均

人民邮电出版社

北京

图书在版编目（CIP）数据

大学计算机基础：Windows 7+Office 2010 / 史巧硕，柴欣主编. -- 2版. -- 北京：人民邮电出版社，2017.8（2021.8重印）
普通高等学校计算机教育"十三五"规划教材
ISBN 978-7-115-45998-5

Ⅰ. ①大… Ⅱ. ①史… ②柴… Ⅲ. ①Windows操作系统—高等学校—教材②办公自动化—应用软件—高等学校—教材 Ⅳ. ①TP316.7②TP317.1

中国版本图书馆CIP数据核字(2017)第128014号

内 容 提 要

本书可作为大学计算机基础课程的教材。全书共分 10 章，系统介绍了计算机基础知识，微型计算机系统，操作系统的基本知识及 Windows 操作系统的使用，Word、Excel、PowerPoint 的使用，数据库基础知识及 Access 的使用，网络技术与网络应用，计算思维与程序算法，计算机素质教育等内容。

本书注重基础与实践相结合，在内容讲解上采用循序渐进、逐步深入的方法，突出重点，注意难点分散，使读者易学易懂。

本书除了可作为大学各相关专业的教材之外，也可作为全国计算机水平考试及各类培训班的教材。

◆ 主　　编　史巧硕　柴　欣
　　副 主 编　贾　铭　陈显军
　　编　　委　毕晓博　李建晶　李　众　唐思均
　　责任编辑　邹文波
　　责任印制　陈　犇

◆ 人民邮电出版社出版发行　　北京市丰台区成寿寺路 11 号
　　邮编　100164　　电子邮件　315@ptpress.com.cn
　　网址　http://www.ptpress.com.cn
　　三河市君旺印务有限公司印刷

◆ 开本：787×1092　1/16
　　印张：18.75　　　　　　　　2017 年 8 月第 2 版
　　字数：494 千字　　　　　　 2021 年 8 月河北第 22 次印刷

定价：45.00 元
读者服务热线：(010)81055256　印装质量热线：(010)81055316
反盗版热线：(010)81055315
广告经营许可证：京东市监广登字 20170147 号

第 2 版前言

随着计算机技术和网络技术的飞速发展，计算机已深入到社会的各个领域，并深刻地改变了人们工作、学习和生活的方式。信息的获取、分析、处理、发布、应用能力已经成为现代社会中人们的一个必备的技能。因此，"计算机基础"作为大学面向非计算机专业学生的公共必修课程，就有着非常重要的地位。通过该课程的学习，学生能够了解计算机的基础知识和基本理论，掌握计算机的基本操作和网络的使用方法，并为后续的计算机课程奠定一个较为扎实的基础。同时，该课程对于激发学生的创新意识、培养自学能力、锻炼动手实践的本领也起着极为重要的作用。

本书是面向大学非计算机专业学生的计算机基础教材。编者在修订的过程中，除了继续秉承素质为本、能力为重的教育理念之外，在加强基础、并重实践、突出应用的同时，还根据计算机技术的发展及课程的新需求，融入了最新的计算机知识，加入了计算思维及程序算法基础知识等内容，力求将前沿信息提供给读者。

本书共分 10 章，第 1~2 章较为系统地讲述计算机硬件和软件的基本知识；第 3 章介绍操作系统的基本知识及 Windows 操作系统的使用；第 4~6 章介绍办公自动化软件，包括 Word、Excel 和 PowerPoint 的使用；第 7 章介绍数据库的基础知识及 Access 软件的使用；第 8 章介绍计算机网络的基础知识与应用；第 9 章介绍计算思维与程序算法，包括计算思维的基本概念、常用算法的介绍及程序实现；第 10 章对计算机素质教育的有关内容进行了阐述。为了与后续课程进行更好地对接，本书在对算法设计进行程序实现时，均提供了 C++和 Visual Basic 两种程序，教师可以根据后续程序设计课程的语言平台需求，选择不同语言的程序，以方便教学。

为了实现理论联系实际，配合本书，我们还编写了《大学计算机基础实践教程（Windows 7+Office 2010）（第 2 版）》。为了达到实践教程与本书相呼应的目的，各章均安排了相应的上机实践内容，以方便学生有计划、有目的地进行上机实践练习，从而达到事半功倍的学习效果。

为了帮助学生更好地进行上机实践练习，我们还配合教程开发了计算机上机练习系统软件，学生上机时可以选择操作模块进行操作练习，操作结束后可以由系统给出评判分数。这样使学生在学习、练习、自测及综合测试等各个环节都可以进行有目的的学习，进而达到课程的要求。教师也可以利用测试系统方便地检查各个单元的教学效果，随时了解教学的情况，进行针对性的教学。

本书由史巧硕、柴欣担任主编，并负责全书的总体策划与统稿、定稿工作，贾铭、陈显军担任副主编。各章编写分工如下：第 1、2 章由史巧硕编写，第 3 章由毕晓博编写，第 4 章由贾铭编写，第 5 章由李建晶编写，第 6、7 章由陈显军编写，第 8 章由唐思均编写，第 9 章由柴欣编写，第 10 章由李众编写。

在本书编写过程中，参考了大量文献资料，在此向这些文献资料的作者深表感谢。由于时间仓促和水平所限，书中难免有不当和欠妥之处，敬请各位专家、读者不吝批评指正。

编　者
2017 年 5 月

目　录

第1章
概论

　　诞生于 20 世纪 40 年代的电子计算机是人类最伟大的发明之一，并且一直飞快地发展着。进入 21 世纪的现代社会，计算机已经走入各行各业，并成为各行业必不可少的工具。掌握计算机的基本知识和使用，已成为有效学习和工作所必需的基本技能之一。

　　本章首先介绍了介绍了计算机的诞生与发展历程，讲解了计算机发展的各个主要历程、微型计算机发展的特点，以及我国计算机发展的情况。之后，本章对计算机应用技术的最新发展做了介绍，使读者对计算机的发展及应用状况有一个初步的认识。最后，本章还介绍了计算机中的数制与编码，使读者对计算机有一个初步的认识。

学习目标

- 了解计算机的诞生及计算机的发展历程。
- 了解微型计算机的发展。
- 了解我国计算机技术的发展。
- 了解计算机应用技术的新发展。
- 理解计算机中的数制与编码知识，掌握各类数制间的转换。
- 学习计算机中的编码知识，了解数字、字符、多媒体信息的编码知识。

1.1　电子计算机的诞生

　　在人类文明发展的历史长河中，计算工具经历了从简单到复杂、从低级到高级的发展过程，例如，绳结、算筹、算盘、计算尺、手摇机械计算机、电动机械计算机等。它们在不同的历史时期发挥了各自的作用，同时也孕育了电子计算机的雏形。

　　1946 年 2 月，世界上第一台数字电子计算机 ENIAC（Electronic Numerical Integrator And Computer，电子数字积分器和计算机）在美国的宾夕法尼亚大学诞生，如图 1-1 所示。当时设计这台计算机主要用于解决第二次世界大战时军事上弹道课题的高速计算。虽然它的运算速度仅是每秒完成 5 000 次加、减法运算，但它把一个有关发射弹道导弹的运算题目的计算时间从台式计算器所需的 7～10 小时缩短到 30 秒以下。这在当时是了不起的进步。制造这台计算机使用了 18 800 个电子管、1 500 多个继电器、7 000 个电阻，占地面积约 170 m^2，重量达 30t，耗电 150kW。它的存储容量很小，只能存储 20 个字长为 10 位的十进制数。另外，它采用线路连接的方法来编排程序，因此，每次解题都要靠人工改接连线，准备时间大大超过实际计算时间。

虽然这台计算机的性能在今天看来微不足道，但在当时确实是一种创举。ENIAC 的研制成功为以后计算机科学的发展奠定了基础，具有划时代的意义。它的成功，使人类的计算工具由手工到自动化产生了一个质的飞跃，为以后计算机的发展提供了契机，开创了计算机的新时代。

ENIAC 采用十进制进行计算，存储量很小，程序是用线路连接的方式来表示的。由于程序与计算两相分离，程序指令存放在机器的外部电路中，每当需要计算某个题目时，首先必须人工接通数百条线路，往往为了进行几分钟的计算要很多人工作好几天的时间做准备。针对 ENIAC 的这些缺陷，美籍匈牙利数学家冯•诺依曼（J•Von Neumann）提出了把指令和数据一起存储在计算机的存储器中，让机器能自动地执行程序，即"存储程序"的思想。

冯•诺依曼指出计算机内部应采用二进制进行运算，应将指令和数据都存储在计算机中，由程序控制计算机自动执行。这就是著名的存储程序原理。"存储程序式"计算机结构为后人普遍接受。此结构又称为冯•诺依曼体系结构。此后的计算机系统基本上都采用了冯•诺依曼体系结构。冯•诺依曼还依据该原理设计出了"存储程序式"计算机 EDVAC，并于 1950 年研制成功，如图 1-2 所示。这台计算机总共采用了 2 300 个电子管，运算速度却比 ENIAC 提高了 10 倍，冯•诺依曼的设想在这台计算机上得到了圆满的体现。

图 1-1　第一台电子计算机 ENIAC

图 1-2　冯•诺依曼设计的计算机 EDVAC

世界上首台"存储程序式"电子计算机是 1949 年 5 月在英国剑桥大学研制成功的 EDSAC（Electronic Delay Storage Automatic Computer）。它是剑桥大学的威尔克斯（Wilkes）教授于 1946 接受了冯•诺依曼的存储程序计算机结构后开始设计研制的。

1.2　计算机的发展

1.2.1　电子计算机的发展历程

计算机界传统的观点是将计算机的发展大致分为四代，这种划分是以构成计算机的基本逻辑部件所用的电子元器件的变迁为依据的。从电子管到晶体管，再由晶体管到中小规模集成电路，再到大规模集成电路直至现今的超大规模集成电路，元器件的制造技术发生了几次重大的革命，芯片的集成度不断提高，这些使计算机的硬件得以迅猛发展。

从第一台计算机诞生以来的 80 余年时间里，计算机的发展过程可以划分如下。

1. 第一代计算机（1946—1954 年）：电子管计算机时代

第一代计算机是电子管计算机，其基本元件是电子管，内存储器采用水银延迟线，外存储器有纸带、卡片、磁带和磁鼓等。受当时电子技术的限制，运算速度仅为每秒几千次到几万次，而且内存储器容量也非常小，仅为 1 000B～4 000B。

此时的计算机程序设计语言还处于最低阶段，要用二进制代码表示的机器语言进行编程，工作十分烦琐，直到 20 世纪 50 年代末才出现了稍微方便一点的汇编语言。

第一代计算机体积庞大，造价昂贵，因此基本上局限于军事研究领域的狭小天地里，主要用于数值计算。UNIVAC（Universal Automatic Computer）是第一代计算机的代表，于 1951 年首次交付美国人口统计局使用。它的交付使用标志着计算机从实验室进入了市场，从军事应用领域转入数据处理领域。

2. 第二代计算机（1955—1964 年）：晶体管计算机时代

晶体三极管的发明标志着一个新的电子时代的到来。1947 年，贝尔实验室的两位科学家布拉顿（W.Brattain）和巴丁（J.Bardeen）发明了点触型晶体管。1950 年科学家肖克利（W.Shockley）又发明了面结型晶体管。比起电子管，晶体管具有体积小、重量轻、寿命长、功耗低、发热少、速度快的特点，使用晶体管的计算机，其电子线路结构变得十分简单，运算速度大幅度提高。

第二代计算机是晶体管计算机，以晶体管为主要逻辑元件，内存储器使用磁心，外存储器有磁盘和磁带，运算速度从每秒几万次提高到几十万次，内存储器容量也扩大到了几十万字节。

图 1-3 晶体管计算机 TRADIC

1955 年，美国贝尔实验室研制出了世界上第一台全晶体管计算机 TRADIC，如图 1-3 所示。它装有 800 只晶体管，功率仅为 100 W。1959 年，IBM 公司推出了晶体管化的 7000 系列计算机，其典型产品 IBM 7090 是第二代计算机的代表，在 1960—1964 年间占据着计算机领域的统治地位。

此时，计算机软件也有了较大的发展，出现了监控程序并发展为后来的操作系统，高级程序设计语言也相继推出。1957 年，IBM 研制出公式语言 FORTRAN；1959 年，美国数据系统语言委员会推出了商用语言 COBOL；1964 年，Dartmouth 大学的 J·Kemeny 和 T·Kurtz 提出了 BASIC。高级语言的出现，使得人们不必学习计算机的内部结构就可以编程使用计算机，为计算机的普及提供了可能。

第二代计算机与第一代计算机相比，体积小、成本低、重量轻、功耗小、速度快、功能强且可靠性高。使用范围也由单一的科学计算扩展到数据处理和事务管理等其他领域中。

3. 第三代计算机（1965—1971 年）：中小规模集成电路计算机时代

1958 年，美国物理学家基尔比（J·Kilby）和诺伊斯（N·Noyce）同时发明了集成电路。集成电路是用特殊的工艺将大量完整的电子线路制作在一个硅片上。与晶体管电路相比，集成电路计算机的体积、重量、功耗都进一步减小，而运算速度、运算功能和可靠性则进一步提高。

第三代计算机的主要元件采用小规模集成电路（smallscaleintegrated circuits，SSI）和中规模集成电路（medium scale integrated circuits，MSI），主存储器开始采用半导体存储器，外存储器使用磁盘和磁带。

IBM 公司 1964 年研制出的 IBM S/360 系列计算机是第三代计算机的代表产品。它包括 6 个型号的大、中、小型计算机和 44 种配套设备，从功能较弱的 360/51 小型机，到功能超过它 500 倍的 360/91 大型机。IBM 为此耗时 3 年，投入 50 亿美元的研发费，超过了"二战"时期原子弹的研制费用。IBM S/360 系列计算机是当时最成功的计算机，5 年之内售出 32 300 台，创造了计算机销售中的奇迹，奠定了"蓝色巨人"在当时计算机业的统治地位。此后，IBM 又研制出与 IBM S/360 兼容的 IBM S/370，其中最高档的 370/168 机型的运算速度已达每秒 250 万次。

软件在这个时期形成了产业，操作系统在种类、规模和功能上发展很快，通过分时操作系统，用户可以共享计算机资源。结构化、模块化的程序设计思想被提出，而且出现了结构化的程序设计语言 Pascal。

4. 第四代计算机（1971 年至今）：大规模和超大规模集成电路计算机时代

随着集成电路技术的不断发展，单个硅片可容纳电子线路的数目也在迅速增加。20 世纪 70 年代初期出现了可容纳数千个至数万个晶体管的大规模集成电路（Large Scale Integrated circuits，LSI）。20 世纪 70 年代末期又出现了一个芯片上可容纳几万个到几十万个晶体管的超大规模集成电路（Very Large Scale Integrated circuits，VLSI）。利用 VLSI 技术，能把计算机的核心部件甚至整个计算机都做在一个硅片上。一个芯片显微结构如图 1-4 所示。

图 1-4　芯片显微结构

第四代计算机的主要元件采用大规模集成电路和超大规模集成电路。集成度很高的半导体存储器完全代替了磁心存储器，外存磁盘的存取速度和存储容量大幅度上升，计算机的速度可达每秒几百万次至上亿次，而其体积、重量和耗电量却进一步减少，计算机的性能价格比基本上以每 18 个月翻一番的速度上升，此即著名的 More 定律。

美国 ILLIAC-IV 计算机，是第一台全面使用大规模集成电路作为逻辑元件和存储器的计算机。它标志着计算机的发展已进入到了第四代。1975 年，美国阿姆尔公司研制成 470V/6 型计算机。随后日本富士通公司生产出 M-190 计算机，是比较有代表性的第四代计算机。英国曼彻斯特大学 1968 年开始研制第四代计算机，1974 年研制成功 DAP 系列计算机。1973 年，德国西门子公司、法国国际信息公司与荷兰飞利浦公司联合成立了统一数据公司，研制出 Unidata 7710 系列计算机。

这一时期的计算机软件也有了飞速发展，软件工程的概念开始提出，操作系统向虚拟操作系统发展，计算机应用也从最初的数值计算演变为信息处理，各种应用软件丰富多彩，在各行业中都有应用，大大扩展了计算机的应用领域。

从第一代到第四代，计算机的体系结构都是采用冯·诺依曼的体系结构，科学家试图突破冯·诺依曼的体系结构，研制新一代的更高性能的计算机。1982 年以后，许多国家开始研制第五代计算机，其特点是以人工智能原理为基础，希望突破原有的计算机体系结构模式。之后又提出了所谓第六代计算机的生物计算机、神经网络计算机等新概念的新一代计算机。

5. 第五代计算机：智能计算机

第五代计算机指具有人工智能的新一代计算机，具有推理、联想、判断、决策、学习等功能。日本在 1981 年首先宣布进行第五代计算机的研制，并为此投入上千亿日元。这一宏伟计划曾经引起世界瞩目，但现在来看，日本原来的研究计划只能说是部分地实现了。

第五代计算机的系统设计中考虑了编制知识库管理软件和推理机，机器本身能根据存储的知识进行判断和推理。同时，多媒体技术得到广泛应用，使人们能用语音、图像、视频等更自然的方式与计算机进行信息交互。智能计算机的主要特征是具备人工智能，能像人一样思维，并且运算速度极快，其硬件系统支持高度并行和推理，其软件系统能够处理知识信息。神经网络计算机

（也称神经元计算机）是智能计算机的重要代表。

第五代计算机系统结构将突破传统的冯·诺依曼的体系结构。这方面的研究课题应包括逻辑程序设计机、函数机、相关代数机、抽象数据型支援机、数据流机、关系数据库机、分布式数据库系统、分布式信息通信网络等。

6. 第六代计算机：生物计算机

半导体硅晶片的电路密集，散热问题难以彻底解决，影响了计算机性能的进一步发挥与突破。研究人员发现，脱氧核糖核酸（DNA）的双螺旋结构能容纳巨量信息，其存储量相当于半导体芯片的数百万倍。一个蛋白质分子就是存储体，而且阻抗低、能耗小、发热量极低。

基于此，利用蛋白质分子制造出基因芯片，研制生物计算机（也称分子计算机、基因计算机），已成为当今计算机技术的最前沿。生物计算机比硅晶片计算机在速度、性能上有质的飞跃，被视为极具发展潜力的"第六代计算机"。

生物计算机的主要原材料是借助生物工程技术（特别是蛋白质工程）生产的蛋白质分子，以它作为生物集成电路——生物芯片。在生物芯片中，信息以波的形式传递。当波沿着蛋白质分子链传播时，会引起蛋白质分子链子单键、双键结构顺序的改变。因此，当一列波传播到分子链的某一部位时，它们就像硅集成电路中的载流子（电流的载体叫作载流子）那样传递信息。蛋白质分子比硅芯片上的电子元件要小得多，彼此相距很近很近，因此，生物元件可小到几十亿分之一米，元件的密集度可达每平方厘米 10 万～100 万亿个，甚至 1000 万亿个门电路。

与普通计算机不同的是，由于生物芯片的原材料是蛋白质分子，所以，生物计算机芯片既有自我修复的功能，又可直接与生物活体结合。同时，生物芯片具有发热少、功能低、电路间无信号干扰等优点。

生物计算机与以逻辑处理为主的第五代计算机不同，它本身可以判断对象的性质与状态，并能采取相应的行动，而且它可同时并行处理实时变化的大量数据，并引出结论。以往的信息处理系统只能处理条理清晰、经络分明的数据。而人的大脑活动具有能处理零碎、含糊不清信息的灵活性，而第六代电子计算机将类似人脑的智慧和灵活性。

1.2.2　微型计算机的发展

在计算机的飞速发展过程中，20 世纪 70 年代出现了微型计算机。微型计算机开发的先驱是两个年青的工程师，美国英特尔（Intel）公司的霍夫（Hoff）和意大利的弗金（Fagin）。霍夫首先提出了可编程通用计算机的设想，即把计算机的全部电路制作在 4 个集成电路芯片上。这个设想首先由弗金实现，他在 4.2×3.2（mm²）的硅片上集成了 2 250 个晶体管构成中央处理器，即 4 位微处理器 Intel 4004，再加上一片随机存储器、一片只读存储器和一片寄存器，通过总线连接就构成了一台 4 位微型电子计算机。

凡由集成电路构成的中央处理器（Central Processing Unit，CPU），人们习惯上称为微处理器（Micro Processor）。由不同规模的集成电路构成的微处理器，形成了微型计算机的几个发展阶段。从 1971 年世界上出现第一个 4 位的微处理器 Intel 4004 算起，至今微型计算机的发展经历了 6 个阶段。

（1）第一代微型计算机

第一代微型计算机是以 4 位微处理器和早期的 8 位微处理器为核心的微型计算机。4 位微处理器的典型产品是 Intel 4004/4040，芯片集成度为 1 200 个晶体管/片，时钟频率为 1MHz。第一代产品采用了 PMOS 工艺，基本指令执行时间为 10μs～20μs，字长 4 位或 8 位，指令系统简单，速度慢。微处理器的功能不全，实用价值不大。早期的 8 位微处理器的典型产品是 Intel 8008。

（2）第二代微型计算机

1973 年 12 月，Intel 8080 的研制成功，标志着第二代微型计算机的开始。其他型号的典型微处理器产品是 Intel 公司的 Intel 8085、Motorola 公司的 M6800 及 Zilog 公司的 Z80 等。它们都是 8 位微处理器，集成度为 4 000～7 000 个晶体管/片，时钟频率为 4MHz，其特点是采用了 NMOS 工艺，集成度比第一代产品提高了一倍，基本指令执行时间为 1μs～2μs。

1976 年—1977 年，高档 8 位微处理器以 Z80 和 Intel 8085 为代表，使运算速度和集成度又提高了一倍，已具有典型的计算机体系结构及中断、直接数据存取（Direct Memory Access，DMA）等控制功能，指令系统比较完善。它们所构成的微型计算机的功能显著增强，最著名的是 Apple 公司的 Apple Ⅱ，软件可以使用高级语言，进行交互式会话操作，此后微型计算机的发展开始进入全盛期。

（3）第三代微型计算机

1978 年，Intel 公司推出第三代微处理器代表产品 Intel 8086，集成度为 29 000 个晶体管/片。1979 年又推出了 Intel 8088，同年 Zilog 公司也推出了 Z8000，集成度为 17 500 个晶体管/片。这些微处理器都是 16 位微处理器，采用 HMOS 工艺，基本指令执行时间为 0.5μs，各方面的性能比第二代又提高了一个数量级。由它们构成的微型计算机具有丰富的指令系统，采用多级中断、多重寻址方式、段式寄存器结构，并且配有强有力的系统软件。

1982 年，Intel 公司在 8086 的基础上又推出了性能更为优越的 80286，集成度为 13.4 万个晶体管/片，其内部和外部数据总线均为 16 位，地址总线为 24 位。由 Intel 公司微处理器构成的微型机首次采用了虚拟内存的概念。Intel 80286 微处理器芯片的问世，使 20 世纪 80 年代后期 286 微型计算机风靡全球。

（4）第四代微型计算机

1985 年 10 月，Intel 公司推出的 32 位字长的微处理器 Intel 80386，标志着第四代微型计算机的开始。80386 芯片内集成了 27.5 万个晶体管/片，其内部、外部数据总线和地址总线均为 32 位，随着内存芯片制造技术的发展和成本的下降，内存容量已达到 16MB 和 32MB。1989 年，研制出的 80486，集成度为 120 万个晶体管/片，把 80386 的浮点运算处理器和 8KB 的高速缓存集成到一个芯片，并支持二级 Cache，极大地提高了内存访问的速度。用该微处理器构成的微型计算机的功能和运算速度完全可以与 20 世纪 70 年代的大中型计算机相匹敌。

（5）第五代微型计算机

1993 年 Intel 公司推出了更新的微处理器芯片 Pentium，中文名为"奔腾"。Pentium 微处理器芯片内集成了 310 万个晶体管/片。随后 Intel 公司又陆续推出了 Classic Pentium（经典奔腾）、Pentium Pro（高能奔腾）、Pentium MMX（多能奔腾，1997 年年初）、Pentium Ⅱ（奔腾二代，1997 年 5 月）、Pentium Ⅲ（奔腾三代，1999 年）和 Pentium 4（奔腾第四代产品，2001 年）的微型计算机。在 Intel 公司各阶段推出微处理器的同时，各国厂家也相继推出与奔腾微处理器结构和性能相近的微型机。

（6）第六代微型计算机

2004 年，AMD 公司推出了 64 位芯片 Athlon 64，次年年初 Intel 公司也推出了 64 位奔腾系列芯片。2005 年 4 月，英特尔第一款双核处理器平台产品的问世，标志着一个新时代来临。所谓双核和多核处理器设计用于在一枚处理器中集成两个或多个完整执行内核，以支持同时管理多项活动。2006 年 Intel 公司推出了酷睿系列的 64 位双核微处理器 Core 2，AMD 公司也相继推出了 64

位双核微处理器，之后 Intel 和 AMD 公司又相继推出了四核的处理器。2008 年 11 月，Intel 公司推出了第一代智能酷睿 Core i 系列，Core i 系列是具有革命性的全新一代 PC 处理器，其性能相较之前的产品提升了 20%～30%。2012 年，Intel 发布 22 纳米工艺和第三代处理器，使用 22nm 工艺的处理器其热功耗普遍小于 77W，使得处理器的散热需求大幅下降，提升了大规模数据运算的可靠性，并降低了散热功耗。以 Core i7-3770 处理器为例，处理器具备了睿频功能，即在运算负载较大的环境下，自动提升处理器主频，从而加速完成运算。在运算完成时，又可以及时降低主频，从而降低计算机功耗。2014 年，Intel 首发桌面级 8 核心 16 线程处理器，Corei7-5960X 处理器是第一款基于 22nm 工艺的八核心桌面级处理器，拥有高达 20MB 的三级缓存，主频达到 3.5GHz，热功耗 140W。此处理器的处理能力可谓超群，浮点数计算能力是普通办公电脑的 10 倍以上。2015 年是微电子的新时代——14nm 工艺产品上市，Intel 14nm 处理器第五代 Core 系列处理器正式登场。新处理器除了拥有更强的性能和功耗优化外，同时支持 Intel RealSense 技术，带来更加强大的体感交互体验。

目前，Intel 已经发布的 Core i7 系列处理器中有四核八线程、六核 12 线程、八核 16 线程、10 核 20 线程等几种规格。64 位技术和多核技术的应用使得微型计算机进入了一个新的时代，现代微型计算机的性能远远超过了早期的巨型机。随着近些年来微型机的发展异常迅速，芯片集成度不断提高，并向着重量轻、体积小、运算速度快、功能更强和更易使用的方向发展。

1.2.3　我国计算机技术的发展

我国计算机的发展起步较晚，1956 年国家制定 12 年科学规划时，把发展计算机、半导体等技术学科作为重点，相继筹建了中国科学院计算机研究所、中国科学院半导体研究所等机构。1958 年组装调试成第一台电子管计算机（103 机），1959 年研制成大型通用电子管计算机（104 机），1960 年研制成第一台自己设计的通用电子管计算机（107 机），其中，104 机运算速度为每秒 10 000 次，主存为 2 048B（2KB）。

1964 年，我国开始推出第一批晶体管计算机，如 109 机、108 机及 320 机等，运算速度为每秒 10 万～20 万次。

1971 年，研制成第三代集成电路计算机，如 150 机。1974 年后，DJS-130 晶体管计算机形成了小批量生产。1982 年，采用大、中规模集成电路研制成 16 位的 DJS-150 机。

1983 年，长沙国防科技大学推出向量运算速度达 1 亿次的银河Ⅰ巨型计算机。1992 年，向量运算达到 10 亿次的银河Ⅱ投入运行。1997 年，银河Ⅲ投入运行，速度为每秒 130 亿次，内存容量为 9.15 GB。

进入 20 世纪 90 年代，我国的计算机开始步入高速发展阶段，不论是大型、巨型计算机，还是微型计算机，都取得长足的发展，其中，作为代表国家综合实力象征的巨型机领域，我国已经处在世界的前列。根据 2016 年 6 月 20 日国际 TOP500 组织公布的最新全球超级计算机 500 强排行榜榜单中，排在榜首的是由中国国家超级计算无锡中心研制的"神威·太湖之光"，浮点运算速度为每秒 9.3 亿亿次。"神威·太湖之光"使用的是中国自主知识产权的芯片，"TOP500"组织在一份声明中写道："中国在国际 TOP500 组织第 47 期榜单上保持第一名的位置，凭借的是一个完全基于中国设计、制造处理器而打造的新系统。"

排名第二的也是我国的计算机，是由中国国防科学技术大学研制的"天河二号"，而在此前的 3 年中，"天河二号"一直处在该榜单首位的位置，其浮点运算速度也达到了每秒 3.386 亿亿次。这次 500 强榜单还有一个重大变化是，美国入围的超级计算机总数量首次被中国超越。中国现在入榜的超级计算机数量达到 167 台，美国则是 165 台。"天河二号"计算机如图 1-5 所示。

目前，国际超算界已经把下一个速度峰值锁定为 E 级即百亿亿次。从速度上说，百亿亿次相当于现在最快计算机的 10 倍；在计算密度、通信速率、功率能耗等方面，更是提升了一个数量级。据国家超算无锡中心主任杨广文透露，"神威·太湖之光"新一代百亿亿次超算的研制已经列入国家"十三五"规划，并以"神威""曙光""天河"等系列超级计算机为龙头开展研制，有望在 2020 年左右推出首台国产百亿亿级次超级计算机。

图 1-5　天河二号

软件方面，1992 年我国的软件产业销售额仅为 43 亿元，2001 年我国的软件产业销售额达 796 亿元，其中，软件产品销售额为 330 亿元，软件服务收入为 406 亿元，软件出口额为 7.2 亿美元。到 2002 年 8 月，我国通过认定的软件企业为 4 200 家，销售额超亿元的有十几家，登记的软件产品达 9 830 个，共有各类软件从业人员近 50 万。2000 年国务院发布《关于鼓励软件产业和集成电路产业发展若干政策的通知》，为发展软件提供了有力的政策支持。20 多年来，一大批优秀的国产应用软件在办公自动化、财税、金融电子化建设等电子政务、企业信息化方面以及国民经济和社会生活中得到广泛应用，成功地为"金卡""金税""金关"等国家信息化工程开发了应用软件系统，为贯彻落实"以信息化带动工业化，以工业化促进信息化"和大力推广信息技术应用，改造提升传统产业和推动国家信息化建设工作发挥了重要作用。

1.2.4　计算机应用技术的新发展

1. 普适计算

普适计算又称普存计算、普及计算（Pervasive Computing 或 Ubiquitous Computing）。这一概念强调将计算和环境融为一体，而让计算本身从人们的视线里消失，使人的注意力回归到要完成任务的本身。在普适计算的模式下，人们能够在任何时间、任何地点、以任何方式进行信息的获取与处理。

普适计算的核心思想是小型、便宜、网络化的处理设备广泛分布在日常生活的各个场所，计算设备将不只依赖命令行、图形界面进行人机交互，而更依赖"自然"的交互方式，计算设备的尺寸将缩小到毫米甚至纳米级。在普适计算的环境中，无线传感器网络将广泛普及，在环保、交通等领域发挥作用；人体传感器网络会大大促进健康监控及人机交互等的发展。各种新型交互技术（如触觉显示等）将使交互更容易、更方便。

普适计算的目的是建立一个充满计算和通信能力的环境，同时使这个环境与人们逐渐地融合在一起。在这个融合空间中人们可以随时随地、透明地获得数字化服务。普适计算的含义十分广泛，所涉及的技术包括移动通信技术、小型计算设备制造技术、小型计算设备上的操作系统技术及软件技术等。

在信息时代，普适计算可以降低设备使用的复杂程度，使人们的生活更轻松、更有效率。实际上，普适计算是网络计算的自然延伸，它使得不仅个人电脑，而且其他小巧的智能设备也可以连接到网络中，从而方便人们及时获得信息并采取行动。

2. 网格计算

随着超级计算机的不断发展，它已经成为复杂科学计算领域的主宰。但超级计算机造价极高，通常只有一些国家级的部门，如航天、气象等部门才有能力配置这样的设备。而随着人们日常工作遇到的商业计算越来越复杂，人们越来越需要数据处理能力更强大的计算机，而超级计算机的价格显然阻止了它进入普通人的工作领域。于是，人们开始寻找一种造价低廉而数据处理能力超强的计算模式，网格计算应运而生。

网格计算（Grid Computing）是伴随着互联网而迅速发展起来的专门针对复杂科学计算的新型计算模式。这种计算模式是利用互联网把分散在不同地理位置的计算机组织成一个"虚拟的超级计算机"，其中，每一台参与计算的计算机就是一个"节点"，而整个计算是由成千上万个"节点"组成的"一张网格"。网格计算的优势有两个：一个是数据处理能力超强，另一个是能充分利用网上的闲置处理能力。

实际上，网格计算是分布式计算（Distributed Computing）的一种。如果我们说某项工作是分布式的，那么，参与这项工作的一定不只是一台计算机，而是一个计算机网络。充分利用网上的闲置处理能力是网格计算的 一个优势，网格计算模式首先把要计算的数据分割成若干"小片"，然后不同节点的计算机可以根据自己的处理能力下载一个或多个数据片断，这样这台计算机的闲置计算能力就被充分地调动起来了。

网格计算不仅受到需要大型科学计算的国家级部门，如航天、气象部门的关注，目前很多大公司如 IBM 等也开始追捧这种计算模式，并开始有了相关"动作"。除此之外，一批围绕网格计算的软件公司也逐渐壮大和为人所知。有业界专家预测，网格计算在未来将会形成一个年产值 20 万亿美元的大产业。目前，网格计算主要被各大学和研究实验室用于高性能计算的项目。这些项目要求巨大的计算能力，或需要接入大量数据。

综合来说，网格能及时响应需求的变动，通过汇聚各种分布式资源和利用未使用的容量，网格技术极大地增加了可用的计算和数据资源的总量。可以说，网格是未来计算世界中的一种划时代的新事物。

3. 云计算

云计算（Cloud Computing）是一种基于互联网的计算方式。通过这种方式，共享的软硬件资源和信息可以按需提供给计算机和其他设备。狭义云计算是指 IT 基础设施的交付和使用模式，指通过网络以按需、易扩展的方式获得所需的资源（硬件、平台、软件）。广义云计算是指服务的交付和使用模式，指通过网络以按需、易扩展的方式获得所需的服务。这种服务可以是 IT 和软件、互联网相关的，也可以是任意其他的服务。这意味着计算能力也可作为一种商品通过互联网进行流通。云计算是通过网络提供可伸缩的廉价的分布式计算能力。

云计算是网格计算、分布式计算、并行计算、效用计算、网络存储、虚拟化、负载均衡等传统计算机技术和网络技术发展融合的产物，或者说是这些计算机科学概念的商业实现。它旨在通过网络把多个成本相对较低的计算实体整合成一个具有强大计算能力的完美系统，并借助先进的商业模式把这种强大的计算能力分布到终端用户手中。云计算的一个核心理念就是通过不断提高"云"的处理能力，进而减少用户终端的处理负担，最终使用户终端简化成一个单纯的输入输出设备，并能按需享受"云"的强大计算处理能力。

互联网上的云计算服务特征和自然界的云、水循环具有一定的相似性，通常云计算服务应该具备以下几个特征。

- 基于虚拟化技术快速部署资源或获得服务。
- 实现动态的、可伸缩的扩展。
- 按需求提供资源、按使用量付费。
- 通过互联网提供、面向海量信息处理。

- 用户可以方便地参与。
- 形态灵活，聚散自如。
- 减少用户终端的处理负担。
- 降低了用户对于 IT 专业知识的依赖。
- 虚拟资源池为用户提供弹性服务。

云计算的基本原理是：计算分布在大量的分布式计算机上，而非本地计算机或远程服务器中，使企业数据中心的运行与互联网相似。这使得企业能够将资源切换到需要的应用上，根据需求访问计算机和存储系统。这是一种革命性的举措，它意味着计算能力也可以作为一种商品进行流通，就像煤气、水电一样，取用方便，费用低廉。

云计算主要分为 3 种服务模式：SaaS，PaaS 和 IaaS。

① SaaS（Software as a Service，软件即服务）：它是一种通过 Internet 提供软件的模式，用户无须购买软件，而是向提供商租用基于 Web 的软件来管理企业经营活动。

② PaaS（Platform as a Service，平台即服务）：实际上是指将软件研发的平台作为一种服务，以 SaaS 的模式提交给用户。因此，PaaS 也是 SaaS 模式的一种应用。但是，PaaS 的出现可以加快 SaaS 的发展，尤其是加快 SaaS 应用的开发速度。

③ IaaS（Infrastructure as a Service，基础设施即服务）：消费者通过 Internet 可以从完善的计算机基础设施获得服务。IaaS 的最大优势在于它允许用户动态申请或释放节点，按使用量计费。

云计算被视为科技业的一次革命，它带来了工作方式和商业模式的根本性改变。首先，对中小企业和创业者来说，云计算意味着巨大的商业机遇，他们可以借助云计算在更高的层面上和大企业竞争。其次，从某种意义上说，云计算意味着硬件之死。那些对计算需求量越来越大的中小企业，不再试图去买价格高昂的硬件，而是从云计算供应商那里租用计算能力。当计算机的计算能力不受本地硬件的限制时，企业可以以极低的成本投入获得极高的计算能力，不用再投资购买昂贵的硬件设备，负担频繁的保养与升级。

4. 人工智能

人工智能（Artificial Intelligence，AI）是研究、开发用于模拟、延伸和扩展人的智能的理论、方法、技术及应用系统的一门新的技术科学。"人工智能"一词最初是在 1956 年 Dartmouth 学会上提出的，从那以后，研究者们拓展了众多理论和原理，人工智能的概念也随之扩展。

人工智能是计算机学科的一个分支，20 世纪 70 年代以来被称为世界三大尖端技术之一（空间技术、能源技术、人工智能），也被认为是 21 世纪三大尖端技术（分别为基因工程、纳米科学、人工智能）之一。这是因为近 30 年来它获得了迅速的发展，在很多学科领域都获得了广泛应用，并取得了丰硕的成果。人工智能已逐步成为一个独立的分支，无论在理论和实践上都已自成体系。

人工智能研究的一个主要目标是使机器能够胜任一些通常需要人类智能才能完成的复杂工作。但不同的时代、不同的人对这种"复杂工作"的理解是不同的。例如，繁重的科学和工程计算本来是要人脑来承担的，现在计算机可以轻松完成这种计算，因此当代人已不再把这种计算看作是"需要人类智能才能完成的复杂任务"。可见复杂工作的定义是随着时代的发展和技术的进步而变化的。人工智能这门科学的具体目标也自然随着时代的变化而发展。它一方面不断获得新的进展，另一方面又转向更有意义、更加困难的目标。

能够用来研究人工智能的主要物质基础及能够实现人工智能技术平台的机器就是计算机，人工智能的发展历史是和计算机科学技术的发展史联系在一起的。除了计算机科学以外，人工智能还涉及信息论、控制论、自动化、仿生学、生物学、心理学、数理逻辑、语言学、医学和哲学等多门学科。人工智能学科研究的主要内容包括：知识表示、自动推理和搜索方法、机器学习和知识获取、知识处理系统、自然语言理解、计算机视觉、智能机器人、自动程序设计等方面。

从 1956 年正式提出人工智能学科算起，50 多年来，人工智能取得长足的发展。现在人工智能已经不再是几个科学家的专利了，全世界几乎所有大学的计算机系都有人在研究这门学科，各大公司或研究机构也投入力量进行研究与开发。在科学家和工程师的不懈努力下，现在计算机已经可以在很多地方帮助人进行原来只属于人类的工作，计算机以它的高速和准确为人类发挥着它的作用。目前，人工智能主要的应用领域有机器翻译、智能控制、专家系统、机器人学、语言和图像理解、遗传编程机器人工厂、自动程序设计、航天应用、庞大的信息处理、存储与管理、执行化合生命体无法执行的或复杂或规模庞大的任务等。

5. 物联网

物联网的英文名称叫 "the Internet of things"，顾名思义，物联网就是 "物物相连的互联网"。这里有两层意思：第一，物联网的核心和基础仍然是互联网，是在互联网基础上的延伸和扩展的网络；第二，其用户端延伸和扩展到了任何物品与物品之间，进行信息交换和通信。严格而言，物联网的定义是：通过射频识别（Radio Frequency Identification，RFID）、红外感应器、全球定位系统、激光扫描器等信息传感设备，按约定的协议，把任何物品与互联网连接起来，进行信息交换和通信，以实现智能化识别、定位、跟踪、监控和管理的一种网络。

物联网中非常重要的技术是 RFID 电子标签技术。以简单 RFID 系统为基础，结合已有的网络技术、数据库技术、中间件技术等，构筑一个由大量联网的阅读器和无数移动的标签组成的，比 Internet 更为庞大的物联网成为 RFID 技术发展的趋势。物联网把新一代 IT 技术充分运用在各行各业之中，具体地说，就是把感应器嵌入和装备到电网、铁路、桥梁、隧道、公路、建筑、供水系统、大坝、油气管道等各种物体中，然后将物联网与现有的互联网整合起来，实现人类社会与物理系统的整合。在这个整合的网络当中，存在能力超强的中心计算机群，能够对整合网络内的人员、机器、设备和基础设施实施实时的管理和控制。在此基础上，人类可以以更加精细和动态的方式管理生产和生活，达到 "智慧" 状态，以提高资源利用率和生产力水平，改善人与自然间的关系。

从技术架构上来看，物联网可分为 3 层，分别为感知层、网络层和应用层，其中，感知层由各种传感器以及传感器网关构成，它是物联网识别物体，采集信息的来源，其主要功能是识别物体，采集信息；网络层由各种私有网络、互联网、有线和无线通信网、网络管理系统和云计算平台等组成，负责传递和处理感知层获取的信息；应用层是物联网和用户（包括人、组织和其他系统）的接口，它与行业需求结合，实现物联网的智能应用。

物联网根据其实质用途可以归结为 3 种基本应用模式。

- 对象的智能标签。通过二维码、RFID 等技术标识特定的对象，用于区分对象个体。
- 环境监控和对象跟踪。利用多种类型的传感器和分布广泛的传感器网络，可以实现对某个对象的实时状态的获取和特定对象行为的监控。
- 对象的智能控制。物联网基于云计算平台和智能网络，可以依据传感器网络用获取的数据进行决策，改变对象的行为进行控制和反馈。

和传统的互联网相比，物联网有其鲜明的特征。

- 它是各种感知技术的广泛应用。物联网上部署了海量的多种类型传感器，每个传感器都是一个信息源，不同类别的传感器所捕获的信息内容和信息格式不同。
- 它是一种建立在互联网上的泛在网络。物联网技术的重要基础和核心仍旧是互联网，通过各种有线和无线网络与互联网融合，将物体的信息实时准确地传递出去。

- 物联网具有智能处理的能力，能够对物体实施智能控制。物联网不仅仅提供了传感器的连接，其本身也具有智能处理的能力，能够对物体实施智能控制。

物联网是利用无所不在的网络技术建立起来的，是继计算机、互联网与移动通信网之后的又一次信息产业浪潮，是一个全新的技术领域。物联网用途广泛，遍及智能交通、环境保护、政府工作、公共安全、平安家居、智能消防、工业监测、老人护理、个人健康等多个领域。预计物联网是继计算机、互联网与移动通信网之后的又一次信息产业浪潮。有专家预测随着物联网的大规模普及，这一技术将会发展成为一个上万亿元规模的高科技市场。

6. 大数据

大数据是指无法在一定时间内用常规软件工具对其内容进行抓取、管理和处理的数据集合。它具有4个基本特征：一是数据体量巨大，从TB级别跃升到PB级别（1PB=1 024TB）；二是数据类型多样，现在的数据类型不仅是文本形式，更多的是图片、视频、音频、地理位置信息等多类型的数据，个性化数据占绝对多数；三是处理速度快，数据处理遵循"1秒定律"，可从各种类型的数据中快速获得高价值的信息；四是价值密度低，商业价值高，以视频为例，连续不间断监控过程中，可能有用的数据仅仅有一两秒。业界将这4个特征归纳为4个"V"——Volume（大量）、Variety（多样）、Velocity（高速）、Value（价值）。

大数据技术具备从各种各样类型的数据中快速获得有价值信息的能力。大数据技术的战略意义不在于掌握庞大的数据信息，而在于对这些含有意义的数据进行专业化处理。如果把大数据比作一种产业，那么这种产业实现赢利的关键在于提高对数据的"加工能力"，通过"加工"实现数据的"增值"。适用于大数据的技术，包括大规模并行处理（Massive Parallel Processor，MPP）数据库、数据挖掘电网、分布式文件系统、分布式数据库、云计算平台、互联网和可扩展的存储系统。

由此可见，大数据并不只是简单的数据大的问题，重要的是通过对大数据进行分析来获取有价值的信息。所以大数据的分析方法在大数据领域就显得尤为重要，可以说是决定最终信息是否有价值的决定性因素。大数据分析的基本方法有可视化分析、数据挖掘算法、预测性分析、语义引擎和数据质量和数据管理。更深入的大数据分析，需要更有特点、更深入、更专业的大数据分析方法配合。

大数据的作用体现在以下4个方面。

第一，对大数据的处理分析正成为新一代信息技术融合应用的结点。移动互联网、物联网、社交网络、数字家庭、电子商务等是新一代信息技术的应用形态，会不断产生大数据。云计算为这些海量、多样化的大数据提供存储和运算平台。通过对不同来源数据的管理、处理、分析与优化，将结果反馈到上述应用中，将创造出巨大的经济和社会价值。

第二，大数据是信息产业持续高速增长的新引擎。面向大数据市场的新技术、新产品、新服务、新业态会不断涌现。在硬件与集成设备领域，大数据将对芯片、存储产业产生重要影响，还将催生一体化数据存储处理服务器、内存计算等市场。在软件与服务领域，大数据将引发数据快速处理分析、数据挖掘技术和软件产品的发展。

第三，大数据利用将成为提高核心竞争力的关键因素。各行各业的决策正在从"业务驱动"转变"数据驱动"。对大数据的分析可以使零售商实时掌握市场动态并迅速做出应对；可以为商家制定更加精准有效的营销策略提供决策支持；可以帮助企业为消费者提供更加及时和个性化的服务；在医疗领域，可提高诊断准确性和药物有效性；在公共事业领域，大数据也开始发挥促进经济发展、维护社会稳定等方面的重要作用。

第四，大数据时代科学研究的方法手段将发生重大改变。在大数据时代，可通过实时监测、跟踪研究对象在互联网上产生的海量行为数据，进行挖掘分析，揭示出规律性的东西，提出研究结论和对策。

1.3　数制与数制转换

1.3.1　数制

1. 数制的基本概念

人们在生产实践和日常生活中，创造了多种表示数的方法，这些数的表示规则称为数制，其中按照进位方式计数的数制叫进位计数制。例如，人们常用的十进制；钟表计时中使用的 1 小时等于 60 分、1 分等于 60 秒的六十进制；早年我国曾使用过 1 市斤等于 16 两的十六进制；计算机中使用的二进制等。

（1）十进制计数制

从最常用和最熟悉的十进制计数制可以看出，其计数规则是"逢十进一"。任意一个十进制数值都可用 0、1、2、3、4、5、6、7、8、9 共 10 个数字符号组成的字符串来表示，这些数字符号称为数码；数码处于不同的位置（数位）代表不同的数值。例如，819.18 这个数中，第 1 个数 8 处于百位数，代表 800；第 2 个数 1 处于十位数，代表 10；第 3 个数 9 处于个位数，代表 9；第 4 个数 1 处于十分位，代表 0.1；而第 5 个数 8 处于百分位，代表 0.08。也就是说，十进制数 819.18 可以写成：$819.18=8\times10^2+1\times10^1+9\times10^0+1\times10^{-1}+8\times10^{-2}$。

上式称为数值的按位权展开式，其中，10^i（10^2 对应百位，10^1 对应十位，10^0 对应个位，10^{-1} 对应十分位，10^{-2} 对应百分位）称为十进制数位的位权，10 称为基数。

（2）R 进制计数制

从对十进制计数制的分析可以得出，任意 R 进制计数制同样有基数 R、位权和按位权展开表达式，其中，R 可以为任意正整数，如二进制的 R 为 2，十六进制的 R 为 16 等。

① 基数：一种计数制所包含的数字符号的个数称为该数制的基数（radix），用 R 表示。

● 十进制（decimal）：任意一个十进制数可用 0、1、2、3、4、5、6、7、8、9 共 10 个数字符号表示，基数 $R=10$。

● 二进制（binary）：任意一个二进制数可用 0、1 两个数字符号表示，其基数 $R=2$。

● 八进制（octal）：任意一个八进制数可用 0、1、2、3、4、5、6、7 共 8 个数字符号表示，基数 $R=8$。

● 十六进制（hexadecimal）：任意一个十六进制数可用 0、1、2、3、4、5、6、7、8、9、A、B、C、D、E、F 共 16 个数字符号表示，基数 $R=16$。

为区分不同进制的数，约定对于任意 R 进制的数 N，记做 $(N)_R$。如 $(1010)_2$、$(703)_8$、$(AE05)_{16}$ 分别表示二进制数 1010、八进制数 703 和十六进制数 AE05。不用括号及下标的数，默认为十进制数，如 256。人们也习惯在一个数的后面加上字母 D（十进制）、B（二进制）、O（八进制）、H（十六进制）来表示其前面的数用的是哪种进位制，如 1010B 表示二进制数 1010，AE05H 表示十六进制数 AE05。

② 位权：任何一个 R 进制的数都是由一串数码表示的，其中每一位数码所表示的实际值的大小，除与数字本身的数值有关外，还与它所处的位置有关。该位置上的基准值就称为位权（或位值）。位权用基数 R 的 i 次幂表示。对于 R 进制数，小数点前第 1 位的位权为 R^0，小数点前第 2 位的位权为 R^1，小数点后第 1 位的位权为 R^{-1}，小数点后第 2 位的位权为 R^{-2}，依此类推。

假设一个 R 进制数具有 n 位整数，m 位小数，那么其位权为 R^i，其中 $i=-m\sim n-1$。

显然，对于任一 R 进制数，其最右边数码的位权最小，最左边数码的位权最大。

③ 数的按位权展开：类似十进制数值的表示，任一 R 进制数的值都可表示为：各位数码本身的值与其所在位位权的乘积之和，具体实例如下。

十进制数 256.16 的按位权展开式为

$256.16D=2\times10^2+5\times10^1+6\times10^0+1\times10^{-1}+6\times10^{-2}$

二进制数 101.0l 的按位权展开式为

$101.01B=1\times2^2+0\times2^1+1\times2^0+0\times2^{-1}+1\times2^{-2}$

八进制数 307.4 的按位权展开式为

$307.40=3\times8^2+0\times8^1+7\times8^0+4\times8^{-1}$

十六进制数 F2B 的按位权展开式为

$F2BH=15\times16^2+2\times16^1+11\times16^0$

2. 常用的进位计数制

根据上述计数制的规律，下面对二、八、十和十六进制数进行一下具体的讲解。

（1）十进制

基数为 10，即"逢十进一"。它含有 10 个数字符号：0、1、2、3、4、5、6、7、8、9。十位制的位权为 10^i（$i=-m\sim n-1$，其中 m、n 为自然数）。

 下列各种进位计数制中的位权均以十进制数为底的幂表示。

（2）二进制

基数为 2，即"逢二进一"。它含有两个数字符号：0、1。位权为 2^i（$i=-m\sim n-1$，其中 m、n 为自然数）。

二进制是计算机中采用的计数方式，因为二进制具有以下特点。

① 简单可行：二进制仅有两个数码"0"和"1"，可以用两种不同的稳定状态如高电位和低电位来表示。计算机的各组成部分都由仅有两个稳定状态的电子元件组成，不仅容易实现，而且稳定可靠。

② 运算规则简单：二进制的运算规则非常简单。以加法为例，二进制加法规则仅有 4 条，即 0+0=0；1+0=1；0+1=1；1+1=10（逢二进一）。如 11+101=1 000。

但是，二进制的明显缺点是数字冗长、书写量过大，容易出错、不便阅读。所以，在计算机技术文献中，常用八进制或十六进制数表示。

（3）八进制

基数为 8，即"逢八进一"。它含有 8 个数字符号：0、1、2、3、4、5、6、7。八进制的位权为 8^i（$i=-m\sim n-1$，其中 m、n 为自然数）。

（4）十六进制

基数为 16，即"逢十六进一"。它含有 16 个数字符号：0、1、2、3、4、5、6、7、8、9、A、

B、C、D、E、F，其中 A、B、C、D、E、F 分别表示十进制数 10、11、12、13、14、15。十六进制的位权为 16^i（$i=-m\sim n-1$，其中 m、n 为自然数）。

应当指出，二进制、八进制、十六进制和十进制都是计算机中常用的数制，所以在一定数值范围内直接写出它们之间的对应表示，也是经常遇到的。表 1-1 列出了 0~15 这 16 个十进制数与其他 3 种数制的对应关系。

表 1-1　　　　　　　　　　　　　各数制之间对应关系

十进制	二进制	八进制	十六进制
0	0000	0	0
1	0001	1	1
2	0010	2	2
3	0011	3	3
4	0100	4	4
5	0101	5	5
6	0110	6	6
7	0111	7	7
8	1000	10	8
9	1001	11	9
10	1010	12	A
11	1011	13	B
12	1100	14	C
13	1101	15	D
14	1110	16	E
15	1111	17	F

1.3.2　各类数制间的转换

1. 非十进制数转换成十进制数

利用按位权展开的方法，可以把任意数制的一个数转换成十进制数。下面是将二、八、十六进制数转换为十进制数的例子。

【例 1-1】将二进制数 101.101 转换成十进制数。

【解】$101.101B=1\times2^2+0\times2^1+1\times2^0+1\times2^{-1}+0\times2^{-2}+1\times2^{-3}=4+0+1+0.5+0+0.125=5.625D$

【例 1-2】将二进制数 110101 转换成十进制数。

【解】$110101B=1\times2^5+1\times2^4+0\times2^3+1\times2^2+0\times2^1+1\times2^0=32+16+4+1=53D$

【例 1-3】将八进制数 777 转换成十进制数。

【解】$777O=7\times8^2+7\times8^1+7\times8^0=448+56+7=511D$

【例 1-4】将十六进制数 BA 转换成十进制数。

【解】$BAH=11\times16^1+10\times16^0=176+10=186D$

由上述例子可见，只要掌握了数制的概念，那么将任意 R 进制数转换成十进制数时，只要将此数按位权展开即可。

2. 十进制数转换成二进制数

通常，一个十进制数包含整数和小数两部分，并且将十进制数转换成二进制数时，对整数部分和小数部分处理的方法是不同的。下面分别进行讨论。

（1）将十进制整数转换成二进制整数

十进制整数转换成二进制整数的方法是采用"除二取余"法。具体步骤是：把十进制整数除以2得一商数和一余数；再将所得的商除以2，又得到一个新的商数和余数；这样不断地用2去除所得的商数，直到商等于0为止。每次相除所得的余数便是对应的二进制整数的各位数码。第一次得到的余数为最低有效位，最后一次得到的余数为最高有效位。上述步骤可以理解为：除2取余，自下而上。

【例1-5】将十进制整数215转换成二进制整数。

【解】按上述方法得：

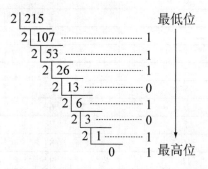

所以215=11010111B。

所有的运算都是除2取余，只是本次除法运算的被除数需用上次除法所得的商来取代，这是一个重复过程。

（2）将十进制小数转换成二进制小数

十进制小数转换成二进制小数的方法是采用"乘2取整，自上而下"法。具体步骤是：把十进制小数乘以2得一整数部分和一小数部分；再用2乘所得的小数部分，又得到一整数部分和一小数部分；这样不断地用2去乘所得的小数部分，直到所得小数部分为0或达到要求的精度为止。每次相乘后所得乘积的整数部分就是相应二进制小数的各位数字，第一次相乘所得的整数部分为最高有效位，最后一次得到的整数部分为最低有效位。

每次乘2后，取得的整数部分是1或0，若0是整数部分，也应取。另外，不是任意一个十进制小数都能完全精确地转换成二进制小数，一般根据精度要求截取到某一位小数即可。这就是说，不能用有限个二进制数字来精确地表示一个十进制小数。所以，将一个十进制小数转换成二进制小数通常只能得到近似表示。

【例1-6】将十进制小数0.687 5转换成二进制小数。

【解】

$$
\begin{array}{rl}
& 0.687\ 5 \\
最高位 \quad 1 \quad \times & 2 \\
\hline
& 0.375\ 0 \\
0 \quad \times & 2 \\
\hline
& 0.750\ 0 \\
1 \quad \times & 2 \\
\hline
& 0.500\ 0 \\
最低位 \quad 1 \quad \times & 2 \\
\hline
& 0.000\ 0
\end{array}
$$

所以0.687 5=0.1011B。

【例1-7】将十进制小数0.2转换成二进制小数（取小数点后5位）。

【解】

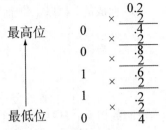

所以 0.2=0.00110B。

综上所述，要将任意一个十进制数转换为二进制数，只需将其整数、小数部分分别转换，然后用小数点连接起来即可。

上述将十进制数转换成二进制数的方法，同样适用于十进制与八进制、十进制与十六进制数之间的转换，只是使用的基数不同。

3．二进制数与八进制或十六进制数间的转换

用二进制数编码，存在这样一个规律：n 位二进制数最多能表示 2^n 种状态，分别对应 0，1，2，3，…，2^{n-1}。可见，用 3 位二进制数就可对应表示 1 位八进制数。同样，用 4 位二进制数就可对应表示 1 位十六进制数。对照关系如表 1-1 所示。

（1）二进制数转换成八进制数

将一个二进制数转换成八进制数的方法很简单，只要从小数点开始分别向左、向右按每 3 位一组划分，不足 3 位的组以"0"补足，然后将每组 3 位二进制数用与其等值的一位八进制数字代替即可。

【例 1-8】将二进制数 11101010011.10111B 转换成八进制数。

【解】按上述方法，从小数点开始向左、右方向按每 3 位二进制数一组分隔得：

011　101　010　011．101　110

在所划分的二进制位组中，第一组和最后一组是不足 3 位经补"0"而成的。再以 1 位八进制数字替代每组的 3 位二进制数字得：

3　5　2　3.5　6

故原二进制数转换为 3523.560。

（2）八进制数转换成二进制数

将八进制数转换成二进制数，其方法与二进制数转换成八进制数相反，即将每一位八进制数字用等值的 3 位二进制数表示即可。

【例 1-9】将 477.563O 转换成二进制数。

【解】

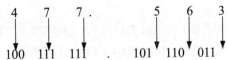

故原八进制数转换为 100111111.101110011B。

（3）二进制数转换成十六进制数

将一个二进制数转换成十六进制数的方法，与将一个二进制数转换成八进制数的方法类似，只要从小数点开始分别向左、向右按每 4 位二进制数一组划分，不足 4 位的组以"0"补足，然后将每组 4 位二进制数代之以 1 位十六进制数字表示即可。

【例 1-10】将二进制数 1111101011011.10111B 转换成十六进制数。

【解】按上述方法分组得：

$$0001 \quad 1111 \quad 0101 \quad 1011.1011 \quad 1000$$

在所划分的二进制位组中，第一组和最后一组是不足 4 位经补"0"而成的。再以 1 位十六进制数字替代每组的 4 位二进制数字得：

$$1 \quad F \quad 5 \quad B.B \quad 8$$

故原来二进制数转换为 1F5B.B8H。

（4）十六进制数转换成二进制数

将十六进制数转换成二进制数，其方法与二进制数转换成十六进制数相反，只要将每 1 位十六进制数字用等值的 4 位二进制数表示即可。

【例 1-11】将 6AF.C5H 转换成二进制数。

【解】

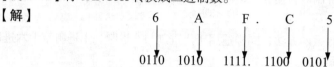

故原十六进制数转换为二进制数 11010101111.11000101B。

所以，十进制与八进制及十六进制之间的转换可以通过"除基（8 或 16）取余"的方法直接进行（其方法同十进制到二进制的转换方法），也可以借助二进制作为桥梁来完成。

1.3.3 数据存储单位及存储方式

1. 数据的存储单位

（1）位（bit）

计算机只识别二进制数，即在计算机内部，运算器运算的是二进制数。因此，计算机中数据的最小单位就是二进制的一位数，简称为位，英文名称是 bit，音译为"比特"。它是表示信息量的最小单位，只有 0、1 两种二进制状态。

（2）字节（Byte）

由于 bit 太小，一个比特只能表示两种状态（0 或 1），两个比特能表示 4 种状态（00、01、10、11）。而对于人们平时常用的字母、数字和符号，只需要用 8 位二进制进行编码就能将它们区分开来。因此，将 8 个二进制位的集合称做"字节"，英文名称是 Byte（简写为 B）。它是计算机存储和运算的基本单位。通常，一个数字、字母或字符就可以用 1 个字节来表示，如字符"A"就表示成"01000001"。由于汉字不像英文那样可以由 26 个字母组合而成，为了区分不同的汉字，每个汉字需要用两个字节来表示。

除了字节（B）外，计算机常用的存储单位还有千字节（KB）、兆字节（MB）等，它们之间的换算关系如下：

1024 B = 1 KB（千字节）	1024 TB = 1 PB（拍字节）	1024 YB = 1 BB（珀字节）
1024 KB = 1 MB（兆字节）	1024 PB = 1 EB（艾字节）	1024 BB = 1 NB（诺字节）
1024 MB = 1 GB（吉字节）	1024 EB = 1 ZB（皆字节）	1024 NB = 1 DB（刀字节）
1024 GB = 1 TB（太字节）	1024 ZB = 1 YB（佑字节）	

（3）字长（Word Size）

在计算机内部的数据传送过程中，数据通常是按字节的整数的倍数传送的，将计算机一次能同时传送数据的位数称为字长（Word Size）。字长是由 CPU 本身的硬件结构所决定的，它与数据总线的数目是对应的。不同的计算机系统内的字长是不同的。计算机中常用的字长有 8 位、16 位、32 位、64 位等。图 1-6 表示组成计算机字长的位数。

一个字长最右边的一位称为最低有效位，最左边的一位称最高有效位。在 8 位字长中，自右而左，依次为 $b_0 \sim b_7$，为一个字节。在 16 位字长中，自右而左，依次为 $b_0 \sim b_{15}$，为两个字节，左边 8 位为高位字节，右边 8 位为低位字节。

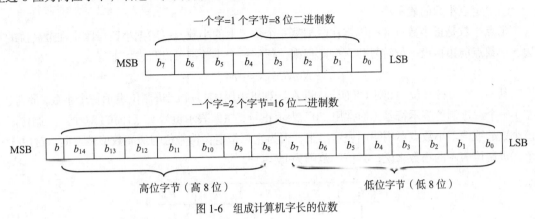

图 1-6　组成计算机字长的位数

2. 内存地址和数据的存取

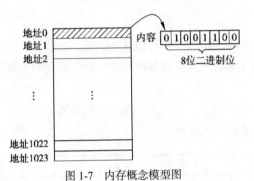

图 1-7　内存概念模型图

在计算机处理数据时，数据是存放在内存储器中的，简称为内存。实际上，内存储器是由许许多多个二进制位的线性排列构成的，为了存取到指定位置的数据，通常将每 8 位二进制位（即 1 个字节）组成的存储空间称为基本的存储单元，并给每个单元编上一个号码，称为地址（address）。图 1-7 所示的就是这种内存概念的模型。计算机需要存取数据时，只要指定该数据的地址，即可到对应的存储单元对数据进行存取操作，就像人们在旅馆中根据门牌号码找房间一样。因此，可将内存描述为由若干行组成的一个矩阵，每一行就是一个存储单元（字节）且有一个编号，称为存储单元地址。每行中有 8 列，每列代表一个存储元件，它可存储一位二进制数（"0" 或 "1"）。

1.3.4　数值数据的编码

1. 机器数

在计算机中，因为只有 "0" 和 "1" 两种形式，所以数的正、负号，也必须以 "0" 和 "1" 表示。通常把一个数的最高位定义为符号位，用 "0" 表示正，"1" 表示负，称为数符，其余位表示数值。把在机器内存放的正、负号数码化的数称为机器数；把机器外部由正、负号表示的数称为真值数。例如，真值-00101100B 对应的机器数为 10101100B。

要注意的是，机器数表示的范围受到字长和数据类型的限制，字长和数据类型定了，机器数能表示的数值范围也就定了。例如，若表示一个整数，字长为 8 位，则最大的正数为 01111111，最高位为符号位，即最大值为 127，若数值超出 127，就要"溢出"。

2. 数的定点和浮点表示

计算机内表示的数，主要有定点小数、定点整数与浮点数三种类型。

（1）定点小数的表示法

定点小数是指小数点准确固定在数据某一个位置上的小数。一般把小数点固定在最高位的左边，小数点前边再设一位符号位。按此规则，任何一个小数都可以写成如下形式。

$$N=N_S N_{-1} N_{-2} \cdots N_{-M}$$

其中，N_S 为符号位。如图 1-8 所示，即在计算机中用 $M+1$ 个二进制位表示一个小数，最高（最左）一个二进制位表示符号（通常用"0"表示正号，"1"表示负号），后面的 M 个二进制位表示该小数的数值。小数点不用明确表示出来，因为它总是定在符号位与最高数值位之间。对用 $M+1$ 个二进制位表示的小数来说，其值的范围为 $|N| \leqslant 1-2^{-M}$。

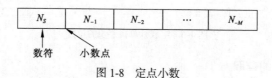

图 1-8　定点小数

（2）整数的表示法

整数所表示的数据的最小单位为 1，可以认为它是小数点定在数值最低位（最右）右边的一种表示法。整数分为带符号整数和无符号整数两类。对于带符号整数，符号位放在最高位。可以表示如下。

$$N=N_S N_{M-1} N_{M-2} \cdots N_2 N_1 N_0$$

其中，N_S 为符号位，如图 1-9 所示。

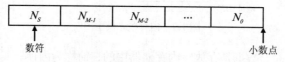

图 1-9　整数

对于用 $M+1$ 位二进制位表示的带符号整数，其值的范围为 $|N| \leqslant 2^M$。

对于无符号整数，所有的 $M+1$ 个二进制位均看成数值，此时数值表示范围为 $0 \leqslant N \leqslant 2^{M+1}-1$。在计算机中，一般用 8 位、16 位和 32 位等表示数据。一般定点数表示的范围都较小，在数值计算时，大多采用浮点数。

（3）浮点数的表示法

浮点数表示法对应于科学（指数）计数法，如 110.011 可表示如下。

$$N=110.011=1.10011 \times 2^{10}=11001.1 \times 2^{-10}=0.110011 \times 2^{+11}$$

在计算机中一个浮点数由两部分构成：阶码和尾数。阶码是指数，尾数是纯小数。浮点数的存储格式如图 1-10 所示。

图 1-10　浮点数存储格式

阶码只能是一个带符号的整数，用来指示尾数中的小数点应当向左或向右移动的位数，其本身的小数点约定在阶码最右面。尾数表示数值的有效数字，其本身的小数点约定在数符和尾数之间。在浮点数表示中，数符和阶符都各占一位，阶码的位数随数值表示的范围而定，尾数的位数则依数的精度要求而定。

　　浮点数的正、负是由尾数的数符确定，而阶码的正、负只决定小数点的位置，即决定浮点数的绝对值大小。

另外，在计算机中，带符号数还有其他的表示方法，常用的有原码、反码和补码等。

1.4　计算机中字符的编码

字符编码（Character Code）就是规定用怎样的二进制码来表示字母、汉字、数字及一些专用符号。

1.4.1　ASCII 码

在计算机系统中，有两种重要的字符编码方式。一种是美国国际商业机器公司（IBM）的扩充二进制码 EBCDIC，主要用于 IBM 的大型主机。还有一种就是微型计算机系统中用得最多最普遍的美国标准信息交换码 ASCII 码（American Standard Code for Information Interchange）。ASCII 编码已被国际标准化组织（International Organization for Standardization，ISO）接收为国际标准，所以又称为国际 5 号码。因此，ASCII 码是目前国际上比较通用的信息交换码。

ASCII 码有 7 位 ASCII 码和 8 位 ASCII 码两种。7 位 ASCII 码称为基本 ASCII 码，是国际通用的。它包含 10 个阿拉伯数字、52 个英文大小写字母、32 个字符和运算符及 34 个控制码，一共 128 个字符，具体编码如表 1-2 所示。

表 1-2　　　　　　　　　　　　　　　　　标准 ASCII 码字符集

十进制	十六进制	字符	十进制	十六进制	字符	十进制	十六进制	字符	十进制	十六进制	字符
0	00	NUL	32	20	SP	64	40	@	96	60	'
1	01	SOH	33	21	!	65	41	A	97	61	a
2	02	STX	34	22	"	66	42	B	98	62	b
3	03	ETX	35	23	#	67	43	C	99	63	c
4	04	EOT	36	24	$	68	44	D	100	64	d
5	05	ENQ	37	25	%	69	45	E	101	65	e
6	06	ACK	38	26	&	70	46	F	102	66	f
7	07	BEL	39	27	`	71	47	G	103	67	g
8	08	DS	40	28	(	72	48	H	104	68	h
9	09	HT	41	29	)	73	49	I	105	69	i
10	0A	LF	42	2A	*	74	4A	J	106	6A	j
11	0B	VT	43	2B	+	75	4B	K	107	6B	k
12	0C	FF	44	2C	,	76	4C	L	108	6C	l
13	0D	CR	45	2D	–	77	4D	M	109	6D	m
14	0E	SO	46	2E	.	78	4E	N	110	6E	n

十进制	十六进制	字符	十进制	十六进制	字符	十进制	十六进制	字符	十进制	十六进制	字符
15	0F	SI	47	2F	/	79	4F	O	111	6F	o
16	10	DLE	48	30	0	80	50	P	112	70	p
17	11	DC1	49	31	1	81	51	Q	113	71	q
18	12	DC2	50	32	2	82	52	R	114	72	r
19	13	DC3	51	33	3	83	53	S	115	73	s
20	14	DC4	52	34	4	84	54	T	116	74	t
21	15	NAK	53	35	5	85	55	U	117	75	u
22	16	SYN	54	36	6	86	56	V	118	76	v
23	17	ETB	55	37	7	87	57	W	119	77	w
24	18	CAN	56	38	8	88	58	X	120	78	x
25	19	EM	57	39	9	89	59	Y	121	79	y
26	1A	SUB	58	3A	:	90	5A	Z	122	7A	z
27	1B	ESC	59	3B	;	91	5B	[	123	7B	{
28	1C	FS	60	3C	<	92	5C	\	124	7C	|
29	1D	GS	61	3D	=	93	5D	]	125	7D	}
30	1E	RS	62	3E	>	94	5E	^	126	7E	~
31	1F	VS	63	3F	?	95	5F	_	127	7F	DEL

其中：NUL – 空白　　SOH – 序始　　STX – 文始　　ETX – 文终　　EOT – 送毕　　ENQ – 询问

　　　　ACK – 应答　　BEL – 告警　　BS – 退格　　HT – 横表　　LF – 换行　　VT – 纵表

　　　　FF – 换页　　CR – 回车　　SO – 移出　　SI – 移入　　SP – 空格　　DLE – 转义

　　　　DC1 – 设控 1　　DC2 – 设控 2　　DC3 – 设控 3　　C4 – 设控 4　　NAK – 否认　　SYN – 同步

　　　　ETB – 组终　　CAN – 作废　　EM – 载终　　SUB – 取代　　ESC – 扩展　　FS – 卷隙

　　　　GS – 勘隙　　RS – 录隙　　US – 元隙　　DEL – 删除

当微型机采用 7 位 ASCII 码作机内码时，每个字节的 8 位只占用了 7 位，而把最左边的那 1 位（最高位）置 0。

要注意的是，十进制数字字符的 ASCII 码与二进制值是有区别的。如十进制数值 3 的 7 位二进制数为 $(0000011)_2$，而十进制数字字符"3"的 ASCII 码为 $(0110011)_2$。很明显，它们在计算机中的表示是不一样的。数值 3 能表示数的大小，并且可以参与数值运算；而数字字符"3"只是一个符号，它不能参与数值运算。

8 位 ASCII 码称为扩充 ASCII 码。由于 128 个字符不够，就把原来的 7 位码扩展成 8 位码，因此它可以表示 256 个字符，前面的 ASCII 部分不变，在编码的 128～255 范围内，增加了一些字符，比如一些法语字母。

1.4.2　Unicode 编码

扩展的 ASCII 码所提供的 256 个字符，用来表示世界各地的文字编码还显得不够，还需要表示更多的字符和意义，因此又出现了 Unicode 编码。

Unicode 是计算机科学领域里的一项业界标准，包括字符集、编码方案等。Unicode 是为了解决传统的字符编码方案的局限而产生的。它为每种语言中的每个字符设定了统一并且唯一的二进制编码，以满足跨语言、跨平台进行文本转换、处理的需求。

Unicode 是一种 16 位的编码，能够表示 65 000 多个字符或符号。目前，世界上的各种语言一般所使用的字母或符号都在 3 400 个左右，所以 Unicode 编码可以用于任何一种语言。Unicode 编码与现在流行的 ASCII 码完全兼容，二者的前 256 个符号是一样的。目前，Unicode 编码已经在许多系统或办公软件中使用。

1.4.3 BCD 码

BCD（binary coded decimal）码是二进制编码的十进制数，有 4 位 BCD 码、6 位 BCD 码和扩展的 BCD 码三种。

1. 8421 BCD 码

8421 BCD 码是用 4 位二进制数表示一个十进制数字，4 位二进制数从左到右其位权依次为 8、4、2、1。它只能表示十进制数的 0～9 的 10 个字符。为了能对一个多位十进制数进行编码，需要有与十进制数的位数一样多的 4 位组。

2. 扩展 BCD 码

由于 8421 BCD 码只能表示 10 个十进制数，所以在原来 4 位 BCD 码的基础上又产生了 6 位 BCD 码。它能表示 64 个字符，其中包括 10 个十进制数、26 个英文字母和 28 个特殊字符。但在某些场合，还需要区分英文字母的大小写，这就提出了扩展 BCD 码，它是由 8 位组成的，可表示 256 个符号，其名称为 extended binary coded decimal interchange code，缩写为 EBCDIC。EBCDIC 码是常用的编码之一，IBM 及 UNIVAC 计算机均采用这种编码。

1.4.4 汉字的编码

ACSII 码只对英文字母、数字和标点符号进行编码。为了在计算机内表示汉字，用计算机处理汉字，同样也需要对汉字进行编码。计算机对汉字信息的处理过程实际上是各种汉字编码间的转换过程。这些编码主要包括：汉字输入码、汉字内码、汉字字形码、汉字地址码及汉字信息交换码等。下面分别对各种汉字编码进行介绍。

1. 汉字信息交换码

汉字信息交换码是用于汉字信息处理系统之间或汉字信息处理系统与通信系统之间进行信息交换的汉字代码，简称交换码，也叫国标码。它是为了使系统、设备之间信息交换时能够采用统一的形式而制定的。

我国 1981 年颁布了国家标准——信息交换用汉字编码字符集（基本集），代号为 GB 2312—1980，即国标码。

了解国标码的下列概念，对使用和研究汉字信息处理系统十分有益。

（1）常用汉字及其分级

国标码规定了进行一般汉字信息处理时所用的 7 445 个字符编码，其中包含 682 个非汉字图形符号（如序号、数字、罗马数字、英文字母、日文假名、俄文字母、汉语注音等）和 6 763 个汉字的代码。汉字代码中又有一级常用字 3 755 个和二级次常用字 3 008 个。一级常用汉字按汉语拼音字母顺序排列，二级次常用字按偏旁部首排列，部首依笔画多少排序。

（2）两个字节存储一个国标码

由于一个字节只能表示 2^8（256）种编码，显然用一个字节不可能表示汉字的国标码，所以一个国标码必须用两个字节来表示。

（3）国标码的编码范围

为了中英文兼容，国标 GB 2312—1980 规定，国标码中所有字符（包括符号和汉字）的每个字节的编码范围与 ASCII 码表中的 94 个字符编码相一致，所以其编码范围是 2121H～7E7EH（共可表示 94×94 个字符）。

（4）国标码是区位码

类似于 ASCII 码表，国标码也有一张国标码表。简单地说，把 7445 个国标码放置在一个 94 行×94 列的阵列中。阵列的每一行称为一个汉字的"区"，用区号表示；每一列称为一个汉字的"位"，用位号表示。显然，区号范围是 1～94，位号范围也是 1～94。这样，一个汉字在表中的位置可用它所在的区号与位号来确定。一个汉字的区号与位号的组合就是该汉字的"区位码"。区位码的形式是高两位为区号，低两位为位号。如"中"字的区位码是 5448，即 54 区 48 位。区位码与每个汉字之间具有一一对应的关系。国标码在区位码表中的安排是：1～15 区是非汉字图形符号；16～55 区是一级常用汉字区；56～87 区是二级次常用汉字区；88～94 区是保留区，可用来存储自造字代码。实际上，区位码也是一种输入法，其最大优点是一字一码的无重码输入法，最大的缺点是难以记忆。

2. 汉字输入码

为将汉字输入计算机而编制的代码称为汉字输入码，也叫外码。

目前，汉字主要是经标准键盘输入计算机的，所以汉字输入码都是由键盘上的字符或数字组合而成。例如，用全拼输入法输入"中"字，就要输入字符串"zhong"（然后选字）。汉字输入码是根据汉字的发音或字形结构等多种属性及有关规则编制的，目前流行的汉字输入码的编码方案已有许多，如全拼输入法、双拼输入法、自然码输入法、五笔输入法等。这些编码方案可分为音码、形码、音形结合码等三大类：全拼输入法和双拼输入法是根据汉字的发音进行编码的，称为音码；五笔输入法是根据汉字的字形结构进行编码的，称为形码；自然码输入法是以拼音为主，辅以字形字义进行编码的，称为音形结合码。

可以想象，对于同一个汉字，不同的输入法有不同的输入码。例如，"中"字的全拼输入码是"zhong"，其双拼输入码是"vs"，而五笔输入码是"kh"。不管采用何种输入方法，输入的汉字都会转换成对应的机内码并存储在介质中。

3. 汉字内码

汉字内码是为在计算机内部对汉字进行存储、处理而设置的汉字编码，应能满足在计算机内部存储、处理和传输的要求。当一个汉字输入计算机后就转换为内码，然后才能在机器内传输和处理。汉字内码的形式也是多种多样的，目前对应于国标码，一个汉字的内码也用两个字节存储，并把每个字节的最高二进制位置"1"作为汉字内码的标识，以免与单字节的 ASCII 码混淆产生歧义。也就是说，国标码的两个字节每个字节最高位置"1"，即转换为内码。

4. 汉字字形码

目前，汉字信息处理系统中产生汉字字形的方式，大多以点阵的方式形成汉字，汉字字形码也就是指确定一个汉字字形点阵的编码，也叫字模或汉字输出码。

汉字是方块字，将方块等分成有 n 行 n 列的格子，简称为点阵。凡笔画所到的格子点为黑点，用二进制数"1"表示，否则为白点，用二进制数"0"表示。这样，一个汉字的字形就可用一串二进制数表示了。例如，16×16 汉字点阵有 256 个点，需要 256 位二进制位来表示一个汉字的字形码。这样就形成了汉字字形码，亦即汉字点阵的二进制数字化。图 1-11 所示为"中"字的 16×16 点阵字形示意图。

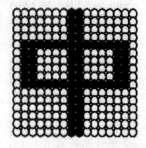

图 1-11 "中"字的 16×16
点阵字形示意图

在计算机中，8 个二进制位组成一个字节。字节是对存储空间编地址的基本单位。可见一个 16×16 点阵的字形码需要 16×16/8=32B 存储空间；同理，24×24 点阵的字形码需要 24×24/8=72B 存储空间；32×32 点阵的字形码需要 32×32/8=128B 存储空间。例如，用 16×16 点阵的字形码存储 "中国" 两个汉字，需占用 2×16×16/8=64B 的存储空间。

显然，点阵中行、列数划分越多，字形的质量越好，锯齿现象也就越小，但存储汉字字形码所占用的存储空间也就越大。

汉字的点阵字形在汉字输出时要经常使用，所以要把各个汉字的字形码固定地存储起来。存放各个汉字字形码的实体称为汉字库。为满足不同需要，还出现了各种各样的字库，如宋体字库、仿宋体字库、楷体字库、黑体字库和繁体字库等。

汉字的点阵字形的缺点是放大后会出现锯齿现象，很不美观。中文 Windows 中广泛采用了 TrueType 类型的字形码，用数学方法来描述一个汉字的字形码，可以实现无限放大而不产生锯齿现象。

5. 汉字地址码

汉字地址码是指汉字库（这里主要指字形的点阵式字模库）中存储汉字字形信息的逻辑地址码。汉字库中，字形信息都是按一定顺序（大多数按国标码中汉字的排列顺序）连续存放在存储介质中，所以汉字地址码也大多是连续有序的，而且与汉字内码间有着简单的对应关系，以简化汉字内码到汉字地址码的转换。

6. 各种汉字代码之间的关系

汉字的输入、处理和输出的过程，实际上是汉字的各种编码之间的转换过程，或者说汉字编码在系统有关部件之间传输的过程。图 1-12 所示为这些代码在汉字信息处理系统中的位置及它们之间的关系。

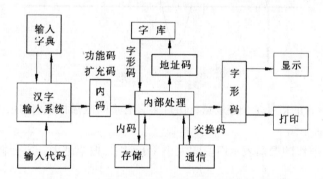

图 1-12　汉字编码在系统有关部件之间传输的过程图

汉字输入码向内码的转换，是通过使用输入字典（或称索引表，即外码与内码的对照表）实现的。一般的系统具有多种输入方法，每种输入方法都有各自的索引表。

在计算机的内部处理过程中，汉字信息的存储和各种必要的加工及向磁盘存储汉字信息，都是以汉字内码形式进行的。

汉字通信过程中，处理器将汉字内码转换为适合于通信用的交换码（国标码）以实现通信处理。

在汉字的显示和打印输出过程中，处理器根据汉字内码计算出汉字地址码，按地址码从字库中取出汉字字形码，实现汉字的显示或打印输出。

1.5 多媒体数据的编码

计算机处理的信息除了符号、数字外，还要处理诸如声音、图像这样的多媒体信息。为了在计算机内表示并处理多媒体信息，同样也需要对多媒体信息进行编码。计算机多媒体信息的处理过程实际上是将声音、图形、图像这些连续变化的模拟量数字化的过程。

1.5.1 声音的编码

1. 声音的基本知识

声音是人耳所感觉到的"弹性"介质中的振动，是压力迅速而微小的起伏变化。"声"产生于物体的振动，振动的传播形成"音"。从技术上来说，声音是物理能量（如拍手）到空气压力扰动的转换。空气压力中的这种改变通过空气以一连串振动（声波）的形式传播。声音振动也可以通过其他介质传播，如墙壁或地板。一般的声音（包括音乐、声响等）振动以周期形式传播，我们就说声音具有波形。用一些播放软件播放声音文件，可以看到声音的波形，如图1-13所示。

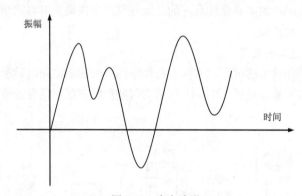

图1-13 声音波形

可以看出模拟声音的信号是个连续量，由许多具有不同振幅和频率的正弦波组成。模拟声音的主要参数是振幅和频率。

● 振幅：声音波形的振幅表示声音的大小（音量），振幅越大，声音就越响，反之声音就越轻。

● 频率：声音频率的高低表示声音音调的高低（我们平时称之为高音、低音），两波峰之间的距离越近，声音越尖锐（高音），反之声音越低沉（低音）。

声音是模拟信号，要用计算机处理，需要将模拟信号转换成数字信号。这一转换过程称为模拟音频的数字化。模拟音频信号数字化过程涉及音频的采样、量化和编码。

2. 声音的数字化

（1）采样

为将模拟信号转换成数字信号（模数/转换，A/D转换），需要把模拟音频信号波形进行分割。这种方法称为采样。采样的过程是每隔一个时间间隔在模拟声音的波形上取一个幅度值，把时间上的连续信号变成时间上的离散信号。该时间间隔称为采样周期，其倒数为采样频率。采样频率是指计算机每秒钟采集多少个声音样本。显然采样频率越高，所得到的离散幅值的数据点就越逼近于连续的模拟音频信号曲线，但同时采样的数据量也越大。采样的过程如图 1-14 所示。

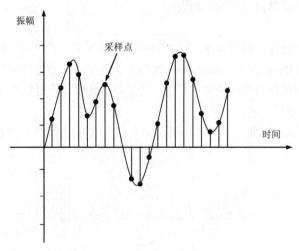

图 1-14　采样过程

采样频率与声音频率之间有一定的关系，根据奈奎斯特（Nyquist）理论，只有采样频率高于声音信号最高频率的两倍时，才能把数字信号表示的声音还原成为原来的声音。

常用的音频采样率有：8kHz、11.025kHz、22.05kHz、16kHz、37.8kHz、44.1kHz 和 48kHz。例如：话音信号频率在 0.3kHz～3.4kHz 范围内，用 8kHz 的抽样频率，就可获得能取代原来连续话音信号的抽样信号，而一般 CD 采集采样频率为 44.1kHz。

（2）量化

采样只解决了音频波形信号在时间坐标（即横轴）上把一个波形切成若干个等分的数字化问题，但是还需要用某种数字化的方法来反映某一瞬间声波幅度的电压值大小。该值的大小影响音量的高低。我们把对声波波形幅度的数字化表示称之为"量化"。量化的过程是先将采样后的信号按整个声波的幅度划分成有限个区段的集合，把落入某个区段内的样值归为一类，并赋于相同的量化值。简单来说，量化就是把采样得到的声音信号幅度转换成数字值，用于表示信号强度。量化的过程如图 1-15 所示。

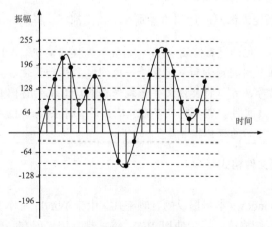

图 1-15　量化过程

用多少个二进位来表示每一个采样值，称为量化位数（也称量化精度）。声音信号的量化位数一般是 8 位、16 位或 32 位。在相同的采样频率下，量化位数越大，则采样精度越高，声音的质量也越好，当然信息的存储量也相应的越大。

（3）编码

编码是将采样和量化后的数字数据以一定的格式记录下来。编码的方式有很多，常用的编码方式是脉冲编码调制（Pulse Code Modulation，PCM），其主要优点是抗干扰能力强，失真小、传输特性稳定，但编码后的数据量比较大。因此，为了降低传输或存储的费用，有时还必须对数字音频信号进行编码的压缩。

通过采样、量化及编码，即可将模拟音频信号转化为数字信号。图 1-16 表示了模拟音频信号的数字化过程。

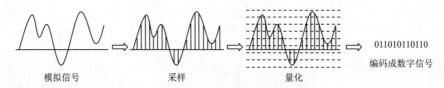

图 1-16　模拟音频信号的数字化过程

（4）有损和无损

根据前面对采样和量化的介绍可以得知，相对自然界的信号，音频编码最多只能做到无限接近，相对自然界的信号，任何数字音频编码方案都是有损的，因为无法完全还原。在计算机应用中，能够达到最高保真水平的就是 PCM 编码，被广泛用于素材保存及音乐欣赏，CD、DVD 及我们常见的 WAV 文件中均有应用。因此，PCM 约定俗成为无损编码，它代表了数字音频中最佳的保真水准。当然这并不意味着 PCM 就能够确保信号绝对保真，PCM 也只能做到最大程度的无限接近。而我们习惯性的把 MP3 列入有损音频编码范畴，是相对 PCM 编码的。

（5）音频压缩技术

采用 PCM 编码后的数据量是比较大的，比如存储一秒钟采样率为 44.1KHz，量化精度为 16 位，双声道的 PCM 编码的音频信号，需要 176.4KB 的空间，1 分钟则约为 10.34M。这对大部分用户是不可接受的，尤其是喜欢在电脑上听音乐的朋友。要降低磁盘占用，只有两种方法：降低采样指标和压缩。降低指标是不可取的，因此专家们研发了各种压缩方案。由于用途和针对的目标市场不一样，各种音频压缩编码所达到的音质和压缩比都不一样。

采样和量化的过程可由 A/D（模/数）转换器实现。A/D 转换器以固定的频率去采样，即每个周期测量和量化信号一次。经采样和量化后声音信号经编码后就成为数字音频信号，可以将其以文件形式保存在计算机的存储介质中，这样的文件一般称为数字声波文件。需要将数字音频输出时，还要通过 D/A（数/模）转换，将数字信号转换成原始的模拟信号。

3. 常见的数字音频文件格式

（1）WAV 格式

WAV 是 Microsoft Windows 本身提供的音频格式，由于 Windows 本身的影响力，这个格式已经成为了事实上的通用音频格式。通常使用 WAV 格式都是用来保存一些没有压缩的音频，但在 Windows 平台上通过 ACM 结构及相应的驱动程序，可以在 WAV 文件中存放超过 20 种的压缩格式，如 ADPCM、GSM 等，当然也包括 MP3 格式。

虽然 WAV 文件可以存放压缩音频甚至 MP3，但由于它本身的结构注定了它的用途是存放音频数据并用做进一步的处理，而不是像 MP3 那样用于聆听。目前所有的音频播放软件和编辑软件都支持这一格式，并将该格式作为默认文件保存格式之一。

（2）MP3 格式

MP3 是第一个实用的有损音频压缩编码。在 MP3 出现之前，一般的音频编码，即使以有损方式进行压缩，能达到 4∶1 的压缩比例已经很不错了。但是，MP3 可以实现 12∶1 的压缩比例，这使得 MP3 迅速地流行起来。MP3 之所以能够达到如此高的压缩比例同时又能保持相当不错的音质，是因为利用了知觉音频编码技术，也就是利用了人耳的特性，削减了音乐中人耳听不到的成分，同时尝试尽可能地维持原来的声音质量。

衡量 MP3 文件的压缩比例通常使用比特率来表示。比特率表示每 1 秒的音频可以用多少个二进制比特来表示。通常比特率越高，压缩文件就越大，但音乐中获得保留的成分就越多，音质就越好。由于比特率与文件大小、音质的关系，所以后来又出现了可变比特率方式编码的 MP3，这种编码方式的特点是可以根据编码的内容动态地选择合适的比特率，因此编码的结果是在保证音质的同时又照顾了文件的大小。目前几乎所有的音频编辑工具都支持打开和保存 MP3 文件。

（3）RealMedia

Real Media 是随着因特网的发展而出现的，这种文件格式几乎成了网络流媒体的代名词，其特点是可以在非常低的带宽下提供足够好的音质让用户能在线聆听。也就是在出现了 RealMedia 之后，相关的应用如网络广播、网上教学、在线点播等才逐渐出现，形成了一个新的行业。

网络流媒体的原理其实非常简单，简单地说就是将原来连续不断的音频，分割成一个一个带有顺序标记的小数据包，将这些小数据包通过网络进行传递，在接收的时候再将这些数据包重新按顺序组织起来播放。如果网络质量太差，有些数据包收不到或者延缓到达，它就会跳过这些数据包不播放，以保证用户在聆听的内容是基本连续的。由于 RealMedia 的用途是在线聆听，并不能编辑，所以相应的处理软件并不多。

（4）Windows Media

Windows Media 是微软公司推出的一种网络流媒体技术，本质上跟 RealMedia 是相同的，但 Real Media 是有限开放的技术，而 WindowsMedia 则没有公开任何技术细节，还创造出一种名为多媒体流（multi-mediastream，MMS）的传输协议。

由于微软公司的影响力，支持 Windows Media 的软件非常多。虽然 Windows Media 也是用于聆听，不能编辑，但几乎所有的 Windows 平台的音频编辑工具都对它提供了读/写支持。

（5）MIDI 格式

MIDI 技术最初并不是为了计算机发明的，其最初应用在电子乐器上，用来记录乐手的弹奏，以便以后重播。不过随着在计算机里面引入了支持 MIDI 合成的声音卡之后，MIDI 正式地成为了一种音频格式。

（6）AIFF 格式

AIFF 格式是 Apple 电脑上的标准音频格式，属于 QuickTime 技术的一部分。该格式的特点就是格式本身与数据的意义无关，因此受到了微软公司的青睐，并以此开发了 WAV 格式。AIFF 虽然是一种很优秀的文件格式，但由于它是 Apple 电脑上的格式，因此在 PC 平台上并没有得到很大的流行。但由于 Apple 电脑的广泛流行，因此几乎所有的音频编辑软件和播放软件都或多或少地支持 AIFF 格式。

1.5.2 图形和图像的编码

1. 计算机图形图像的基本概念

数字图形与数字图像是数字媒体中常用的两个基本概念。计算机图形主要指可用于计算机处理的，以数字的形式记录的数字化图形。计算机产生的图像是数字化的图像，简单地说数字图像是用数字或数学公式来描述的图像，它与传统图像有很大的不同。传统图像是用色彩来描述的，而色彩本身没有任何数字概念。传统电视屏幕上所见的图像，是模拟图像，是用电频来描述的。电脑显示屏上的图像，是数字图像，是使用数学算法将二维或三维图形转化为计算机显示器的栅格形式的图形。它不仅包含着诸如形、色、明暗等外在的信息显示属性，而且从产生、处理、传输、显示的过程看，还包含着诸如颜色模型、分辨率、像素深度、文件大小、真／伪彩色等计算机技术的内在属性。在数字媒体中，图形与图像主要是指静态的数字媒体形式，根据计算机对图像的处理原理以及应用的软件和使用环境的不同，静态数字图像可以分为矢量图（形）和点阵图（像）两种类型。认识它们的特色和差异，有助于创建、输入、输出、编辑和应用数字图像。

（1）图形

计算图形通常指由外部轮廓线条构成的矢量图。它用一系列指令集合来描述图形的内容，如点、直线、曲线、圆、矩形等。一幅矢量图由线框形成的外框轮廓、外框轮廓的颜色及外框所封闭的颜色所决定。矢量图通常用画图程序编辑，可对矢量图形及图元独立进行移动、缩放、旋转和扭曲等变换操作。由于矢量图可以通过公式计算获得，所以矢量图文件体积一般较小，不会因图形尺寸大而占据较大的存储空间。同时，矢量图与分辨率无关，进行放大、缩小或旋转操作时部图形不会失真，图形的大小和分辨率都不会影响打印清晰度。因此，矢量图形尤其适用于描述轮廓不很复杂，色彩不是很丰富的对象，如文字、几何图形、工程图纸、图案等。

（2）图像

计算机图像通常指由像素构成的点阵图，也称位图或栅格图。点阵图与矢量图不同，它是用扫描仪、数码相机等输入设备捕捉实际的画面或由图像处理软件绘制的数字图像。点阵图把一幅图像分成许多像素，每个像素用若干个二进制位来指定该像素的颜色、亮度和属性，因此一幅点阵图由众多描述每个像素的数据组成，在表现复杂的图像细节和丰富的色彩方面有着明显的优势，适合用于表现照片、绘画等具有复杂色彩的图像。由于一幅点阵图包含着固定数量的像素，因此它的精度和分辨率有关，分辨率越高即单位面积上的像素点越多，图像就越清晰，但同时该图像文件也就越大。当在屏幕上以较大的倍数显示，或以过低的分辨率打印时，点阵图会出现锯齿边缘或损失细节。另外，与矢量图相比，点阵图文件占用的存储空间比较大，计算机在处理的过程中相对会慢一些。

从本质上讲，数字图形和图像虽有区别，但并不是本质区别，只是从图像显示内容类别的角度加以区分，与内容形式有直接关系。一般来说，图像所表现的显示内容是自然界的真实景物，或利用计算机技术绘制出的带有光照、阴影等特性的自然界景物。而图形实际上是对图像的抽象，组成图形的画面元素主要是点、线、面或简单文本图形等。

2. 图像的数字化

要在计算机中处理图像，必须先把真实的图像（照片、画报、图书、图纸等）通过数字化转变成计算机能够接受的显示和存储格式，然后再用计算机进行分析处理。图像的数字化过程主要分采样、量化与编码3个步骤。

（1）采样

采样的实质就是要用多少点来描述一幅图像，采样结果质量的高低就是用前面所说的图像分辨率来衡量。简单来讲，对二维空间上连续的图像在水平和垂直方向上等间距地分割成矩形网状结构，所形成的微小方格称为像素点。一幅图像就被采样成有限个像素点构成的集合。例如：一副 640×480 分辨率的图像，表示这幅图像是由 640×480=307200 个像素点组成。

采样频率是指一秒钟内采样的次数，其反映了采样点之间的间隔大小。采样频率越高，得到的图像样本越逼真，图像的质量越高，但要求的存储量也越大。

在进行采样时，采样点间隔大小的选取很重要。采样点间隔决定了采样后的图像能真实地反映原图像的程度。一般来说，原图像中的画面越复杂，色彩越丰富，则采样间隔应越小。

（2）量化

量化则是在图像离散化后，将表示图像色彩浓淡的连续变化值离散化为整数值的过程。量化需要确定要使用多大范围的数值来表示图像采样之后的每一个点，其结果是图像能够容纳的颜色总数，反映了采样的质量。例如，如果以 4 位存储一个点，就表示图像只能有 16 种颜色；若采用 16 位存储一个点，则有 2^{16}=65 536 种颜色。所以，量化位数越越大，表示图像可以拥有更多的颜色，自然可以产生更为细致的图像效果。但是，也会占用更大的存储空间。两者的基本问题都是视觉效果和存储空间的取舍。

把量化时所确定的整数值取值个数称为量化级数，表示量化的色彩值（或亮度）所需的二进制位数称为量化字长。一般可用 8 位、16 位、24 位、32 位等来表示图像的颜色，24 位可以表示 2^{24}=16 777 216 种颜色，称为真彩色。

在多媒体计算机中，图像的色彩值称为图像的颜色深度，有多种表示色彩的方式。

- 黑白图：图像的颜色深度为 1，则用一个二进制位 1 和 0 表示纯白、纯黑两种颜色。
- 灰度图：图像的颜色深度为 8，占用一个字节，灰度级别为 256 级。通过调整黑白两色的程度（称为颜色灰度）来有效地显示单色图像。
- RGB：24 位真彩色彩色图像显示时，由红、绿、蓝三基色通过不同的强度混合而成，当强度分级成 256 级（值为 0～255），占 24 位，就构成了 2^{24}=16 777 216 种颜色的"真彩色"图像。

（3）压缩编码

数字化后得到的图像数据量十分巨大，必须采用编码技术来压缩其信息量。在一定意义上讲，编码压缩技术是实现图像传输与储存的关键。已有许多成熟的编码算法应用于图像压缩。常见的有图像的预测编码、变换编码、分形编码、小波变换图像压缩编码等。

当需要对所传输或存储的图像信息进行高比率压缩时，必须采取复杂的图像编码技术。但是，如果没有一个共同的标准做基础，不同系统间不能兼容，除非每一编码方法的各个细节完全相同，否则各系统间的连接十分困难。

为了使图像压缩标准化，20 世纪 90 年代后，国际电信联盟（International Telecommunication Union，ITU）、国际标准化组织 ISO 和国际电工委员会 IEC 已经制定并继续制定一系列静止和活动图像编码的国际标准，已批准的标准主要有 JPEG 标准、MPEG 标准、H.261 等。

3. 常见图形图像的文件格式

多媒体计算机系统支持很多图像文件格式，下面主要介绍几种常用的图像文件格式。了解各种文件格式的功能和用途有利于对文件进行编辑、保存和转换。

（1）BMP 格式

Windows 系统下的标准位图格式，使用很普遍，其结构简单，未经过压缩，一般图像文件会比较大。该格式最大的优点是支持多种 Windows 和 OS/2 应用程序软件，支持 RGB、索引颜色、灰度和位图颜色模式的图像。

（2）JPEG 格式

JPEG 格式是所有压缩格式中最卓越的。虽然它是一种有损失的压缩格式，但是在图像文件压缩时将不易被人眼察觉的图像颜色删除，有效地控制了 JPEG 在压缩时的损失数据量，从而达到较大的压缩比（可达到 2∶1 甚至 40∶1）。JPEG 格式支持 CMYK、RGB 和灰度颜色模式的图像。

（3）PSD 格式

这是 Photoshop 软件的专用格式，能保存图像数据的每一个小细节，可以存储成 RGB 或 CMYK 色彩模式，也能自定义颜色数目进行存储。它可以保存图像中各图层中的效果和相互关系，各层之间相互独立，以便于对单独的层进行修改和制作各种特效。该格式最突出的缺点是存储的图像的文件特别大。

（4）TIFF 格式

TIFF 格式是最常用的图像文件格式。它既能用于 MAC 也能用于 PC。这种格式的文件是以 RGB 的全彩色模式存储的，并且支持通道。

（5）GIF 格式

GIF 格式的文件是 8 位图像文件，几乎所有的软件都支持该格式。它能存储成背景透明化的图像形式，所以这种格式的文件大多用于网络传输上，并且可以将多张图像存成一个档案，形成动画效果。但最大的缺点是，它只能处理 256 种色彩。

第2章
计算机系统

计算机系统由硬件（Hardware）系统和软件（Software）系统两大部分组成。本章分别介绍组成计算机系统的硬件系统和软件系统，以及微型计算机硬件系统，使读者从整体上了解计算机系统的组成和一般工作原理，以及微型计算机硬件系统的各组成部件的有关知识。

学习目标

- 了解计算机的基本结构及硬件组成，理解计算机的工作原理。
- 了解微型计算机硬件系统的各组成部分及常用的微型计算机外部设备。
- 掌握计算机软件系统的分类，了解常用的系统软件与应用软件。

2.1　计算机系统构成

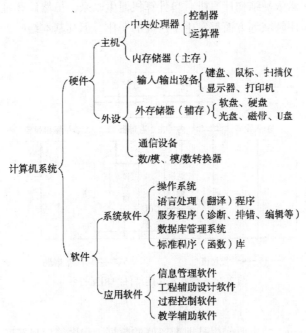

图 2-1　计算机系统的组成示意图

一个完整的计算机系统由硬件系统和软件系统两大部分组成。它们是计算机系统中相互依存、相互联系的组成部分。硬件系统指组成计算机的物理装置，是由各种有形的物理器件组成的，是计算机进行工作的物质基础。软件系统指运行在硬件系统之上的并且是管理、控制和维护计算机及外部设备的各种程序、数据和相关资料的总称。

通常，把不装备任何软件的计算机称为裸机。裸机是执行不了任务的。普通用户所面对的一般都是在裸机之上配置若干软件之后所构成的计算机系统。计算机硬件是支撑软件工作的基础，没有足够的硬件支持，软件也就无法正常地工作。硬件的性能决定了软件的运行速度、显示效果等，而软件则决定了计算机可进行的工作种类。只有将这两者有效地结合起来，才能成为计算机系统。计算机系统的组成如图 2-1 所示。

2.2　计算机硬件系统

硬件是指肉眼看得见的机器部件，就像是计算机的"躯体"，是计算机工作的物质基础。不同种类计算机的硬件组成各不相同，但无论什么类型的计算机，都可以将其硬件划分为功能相近的几大部分。

2.2.1　计算机硬件的组成

根据冯·诺依曼设计思想，计算机的硬件组成由运算器、存储器、控制器、输入设备和输出设备 5 个基本部件组成，如图 2-2 所示。图 2-2 中空心的双箭头代表数据信号流向，实心的单线箭头代表控制信号流向。从图 2-2 中可以看出，由输入装置输入数据，运算器处理数据，在存储器中存取有用的数据，在输出设备中输出运算结果，整个运算过程由控制器进行控制协调。这种结构的计算机称为冯·诺依曼结构计算机。自计算机诞生以来，虽然计算机系统从性能指标、运算速度、工作方式和应用领域等方面都发生了巨大的变化，但其基本结构仍然延续着冯·诺依曼的计算机体系结构。

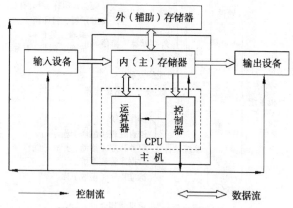

图 2-2　5 个基本功能部件的相互关系

1．输入设备

输入设备（Input Unit）的主要作用是把准备好的数据、程序等信息转变为计算机能接收的电信号送入到计算机中。例如，用键盘输入信息时，敲击它的每个键位都能产生相应的电信号送入计算机；又如模/数转换装置，把控制现场采集到的温度、压力、流量、电压、电流等模拟量转换成计算机能接收的数字信号，然后再传入计算机。目前常用的输入设备有键盘、鼠标、扫描仪等。

2. 输出设备

输出设备（Output Unit）的主要功能是把计算机处理后的数据、计算结果或工作过程等内部信息转换成人们习惯接受的信息形式（如字符、曲线、图像、表格、声音等）或能为其他机器所接受的形式输出。例如，在纸上打印出印刷符号或在屏幕上显示字符、图形等。常见的输出设备有显示器、打印机、绘图仪等，它们分别能把信息直观地显示在屏幕上或打印出来。

3. 存储器

存储器（Memory Unit）是计算机的记忆装置，其基本功能是存储二进制形式的数据和程序，所以存储器应该具备存数和取数的功能。存数是指往存储器里"写入"数据；取数则是指从存储器里"读出"数据。对存储单元进行存入操作时，即将一个数存入或写入一个存储单元时，先删去其原来存储的内容，再写入新数据；从存储单元中读取数据时，其内容保持不变。读/写操作统称为对存储器的访问。

衡量一个存储器的指标通常有存储容量、存取周期，其中，存储容量是指存储器能够存储信息的总字节数，其基本单位是 B（字节）。此外，常用的存储容量单位还有 KB（千字节）、MB（兆字节）、GB（吉字节）和 TB（太字节）等。存取周期则是存储器的存取时间，即从启动一次存储器操作到完成该操作所经历的时间。一般是从发出读信号开始，到发出通知 CPU 读出数据已经可用的信号为止之间的时间，存取周期越短越好。

（1）内存储器

内存储器可以与 CPU 直接进行信息交换，用于存放当前 CPU 要用的数据和程序，存取速度快、价格高、存储容量较小。内存储器又分为随机存储器（Random Access Memory，RAM）和只读存储器（Read Only Memory，ROM）两类。

① 随机存储器：也叫随机存取存储器。目前，所有的计算机大都使用半导体 RAM。半导体存储器是一种集成电路，其中有成千上万的存储元件。依据存储元件结构的不同，RAM 又可分为静态 RAM（Static RAM，SRAM）和动态 RAM（Dynamic RAM，DRAM）。静态 RAM 集成度低、价格高，但存取速度快，常用做高速缓冲存储器（Cache）。动态 RAM 集成度高、价格低，但存取速度慢，常做主存使用。

RAM 存储当前 CPU 使用的程序、数据、中间结果和与外存交换的数据，CPU 根据需要可以直接读/写 RAM 中的内容。RAM 有两个主要特点：一是其中的信息随时可以读出或写入；二是加电使用时其中的信息会完好无缺，但是一旦断电（关机或意外掉电），RAM 中存储的数据就会消失，而且无法恢复。

② 只读存储器：顾名思义，对只读存储器只能进行读出操作而不能进行写入操作。ROM 中的信息是在制造时用专门设备一次写入的。只读存储器常用来存放固定不变、重复执行的程序，如各种专用设备的控制程序等。ROM 中存储的内容是永久性的，即使关机或掉电也不会消失。

（2）外存储器

外存储器用来存放要长期保存的程序和数据，属于永久性存储器，需要时应先调入内存。相对内存而言，外存的容量大、价格低，但存取速度慢。它连在主机之外故称外存。常用的外存储器有硬盘、光盘、磁带、移动硬盘、U 盘等。

4. 运算器

运算器（Arithmetic Unit）是计算机的核心部件，是对信息进行加工和处理的部件，其速度几乎决定了计算机的计算速度。它的主要功能是对二进制数码进行算术运算或逻辑运算。所以也称它为算术逻辑部件（Arithmetic and Logic Unit，ALU）。参加运算的数（称为操作数）全部是在控制器的统一指挥下从内存储器中取到运算器里，绝大多数运算任务都由运算器完成。

由于在计算机内，各种运算均可归结为相加和移位这两个基本操作，所以运算器的核心是加法器（Adder）。为了能将操作数暂时存放，能将每次运算的中间结果暂时保留，运算器还需要若干个寄存数据的寄存器（Register）。若一个寄存器既保存本次运算的结果而又参与下次的运算，那它的内容就是多次累加的和。这样的寄存器又叫做累加器（Accumulator，AL）。

运算器主要由一个加法器、若干个寄存器和一些控制线路组成。

5. 控制器

控制器（Control Unit）是指挥和协调计算机各部件有条不紊工作的核心部件，可控制计算机的全部动作。控制器主要由指令寄存器、译码器、时序节拍发生器、程序计数器和操作控制部件等组成，基本功能就是从存储器中读取指令、分析指令、确定指令类型并对指令进行译码，产生控制信号去控制各个部件完成各种操作。

控制器的组成部件的功能如下。

① 指令寄存器：存放由存储器取得的指令。

② 译码器：将指令中的操作码翻译成相应的控制信号。

③ 时序节拍发生器：产生一定的时序脉冲和节拍电位，使得计算机有节奏、有次序地工作。

④ 操作控制部件：将脉冲、电位和译码器的控制信号组合起来，有时间性地、有顺序地去控制各个部件完成相应的操作。

⑤ 指令计数器：指出下一条指令的地址。当顺序执行程序中的指令时，每取出一条指令，指令计数器就自动加"1"得到下一条指令的地址；当程序开始运行或改变依次执行的顺序时，就直接把初始地址或转移地址送入指令计数器。

控制器和运算器合在一起称为中央处理器（Central Processing Unit，CPU），也就是我们所说的CPU，它是计算机的核心部件。

在计算机硬件系统的5个组成部件中，CPU和内存（通常安放在机箱里）统称为主机，是计算机系统的主体；输入设备和输出设备统称为I/O设备，通常把I/O设备和外存一起称为外部设备（简称外设），是人与主机沟通的桥梁。

2.2.2 计算机的工作原理

计算机能自动且连续地工作主要是因为在内存中装入了程序，通过控制器从内存中逐一取出程序中的每一条指令，分析指令并执行相应的操作。

1. 指令系统和程序的概念

（1）指令和指令系统

指令是计算机硬件可执行的、完成一个基本操作所发出的命令。全部指令的集合就称为该计算机的指令系统。不同类型的计算机，由于其硬件结构不同，指令系统也不同。一台计算机的指令系统是否丰富完备，在很大程度上说明了该计算机对数据信息的运算和处理能力。

一条计算机指令是用一串二进制代码表示的，它由操作码和操作数两部分组成。操作码指明该指令要完成的操作，如加、减、传送、输入等。操作数是指参加运算的数或者数所在的单元地址。不同的指令，其长度一般不同。例如，有单字节地址和双字节的地址。

由于各种CPU都有自己的指令系统，所以为某种计算机编写的程序有可能无法在另一种计算机上运行。例如，为苹果机编写的程序就无法在IBM PC上运行。如果一种计算机上编写的程序可以在另一种计算机上运行，则称两种计算机是相互兼容的。CPU 制造商一般都遵循这样一个原则：新推出的 CPU 能够执行以前生产的产品上的程序，一般称之为向下兼容。

（2）程序

计算机为完成一个完整的任务必须执行的一系列指令的集合，称为程序。用高级程序语言编写的程序称为源程序。能被计算机识别并执行的程序称为目标程序。

2. 指令和程序在计算机中的执行过程

通常，一条指令的执行分为取指令阶段、分析阶段、执行阶段 3 个过程。

（1）取指令

根据 CPU 中的程序计数器中所指出的地址，从内存中取出指令送到指令寄存器中，同时使程序计数器指向下一条指令的地址。

（2）分析指令

将保存在指令寄存器中的指令进行译码，判断该条指令将要完成的操作。

（3）执行指令

CPU 向各部件发出完成该操作的控制信号，并完成该指令的相应操作。

取指令→分析指令→执行指令→取下一条指令……周而复始地执行指令序列的过程就是进行程序控制的过程。程序的执行就是程序中所有指令执行的全过程。

2.3　微型计算机及其硬件系统

近年来由于大规模和超大规模集成电路技术的发展，微型机算机的性能大幅提高，价格不断降低，使个人计算机（Personal Computer，PC）全面普及。从实验室来到家庭成为计算机市场的主流。

2.3.1　微型计算机概述

1. 微型计算机的硬件结构

微型机的硬件结构亦遵循冯·诺依曼型计算机的基本思想，但其硬件组成也有自身的特点。微型机采用总线结构，其结构示意图如图 2-3 所示。由图 2-3 可以看出微机硬件系统由 CPU、内存、外存、I/O 设备组成，其中，核心部件 CPU 通过总线连接内存构成微型计算机的主机。主机通过接口电路配上 I/O 设备就构成了微机系统的基本硬件结构。I/O 设备、外存、内存按照一定的方式连接在主机板上，通过总线交换信息。

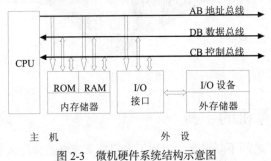

图 2-3　微机硬件系统结构示意图

所谓总线就是一组公共信息传输线路，由 3 部分组成：数据总线（Data Bus，DB）、地址总线（Address Bus，AB）、控制总线（Control Bus，CB）。三者在物理上做在一起，工作时各司其职。总线可以单向传输数据，也可以双向传输数据，并能在多个设备之间选择出唯一的源地址和目的地址。早期的微型计算机是采用单总线结构，当前较先进的微型计算机是采用面向 CPU 或面向主存的双总线结构。

2. 微型计算机的基本硬件配置

现在常用微型机硬件系统的基本配置通常包含：CPU、主板、内存、硬盘、光驱、显示器、显卡、声卡、键盘、鼠标、机箱、电源等。根据需要还可以配置音箱、打印机、扫描仪和绘图仪等。

主机箱是微机的主要设备的封装设备，有卧式和立式两种。卧式机箱的主板水平安装在主机箱的底部；而立式机箱的主板垂直安装在主机箱的右侧。立式机箱具有更多的优势。

在主机箱内安装有 CPU、内存、主板、硬盘及硬盘驱动器、光盘驱动器、软盘驱动器、机箱电源和各种接口卡等部件，如图 2-4 所示。主机箱面板上有一个电源开关（Power）和一个重启动开关（Reset）。按电源开关可启动计算机，当计算机使用过程中无法正常运行，如死机时，按重启动开关

图 2-4　机箱内部结构图

（Reset）可重新启动计算机。计算机主机箱的背面有许多专用接口，主机通过它可以与显示器、键盘、鼠标、打印机等输入、输出设备连接。

主板也称系统板，是一块多层印制电路：外表两层印制信号电路，内层印制电源和地线。来自电源部件的直流（Direct Current，DC）电压和一个电源正常信号一般通过两个 6 线插头送入主板中。

主板上插有中央处理器（Central Processing Unit，CPU），是微机的核心部分，还有用于插内存条的插槽等。另外，主板上还有 6～8 个长条形插槽，它们是扩展插槽，是主机通过系统总线与外部设备联接的通道，用来扩展系统功能的各种接口卡都插在扩展插槽上，如显卡、声卡、网卡、防病毒卡等。主板外形如图 2-5 所示。

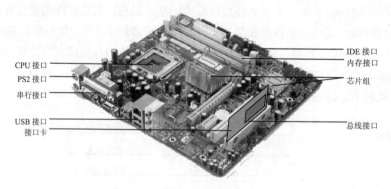

图 2-5　主板

2.3.2　微型计算机的主机

随着集成电路制作工艺的不断进步，出现了大规模集成电路和超大规模集成电路。这时可以

把计算机的核心部件运算器和控制器集成在一块集成电路芯片内，称为微处理器（micro processor unit，MPU），也称中央处理器，简称 CPU。CPU、内存、总线、I/O 接口和主板构成了微型计算机的主机，被封装在主机箱内。

1. 中央处理器

中央处理器（Central Processing Unit，CPU）主要包括运算器和控制器两大部件，是计算机的核心部件。CPU 是一个体积不大而元件集成度非常高、功能强大的芯片，一般由逻辑运算单元、控制单元和存储单元组成。在逻辑运算和控制单元中包括一些寄存器，这些寄存器用于 CPU 在处理数据过程中暂时保存数据，简单地讲，是由控制器和运算器两部分组成。图 2-6 为个人计算机的 CPU。

图 2-6　个人计算机的 CPU

CPU 主要的性能指标有以下几个。

（1）主频

主频也叫时钟频率，单位是 MHz，主频表示在 CPU 内数字脉冲信号震荡的速度，CPU 的主频=外频×倍频系数。

主频和实际的运算速度是有关的，但主频仅是 CPU 性能表现的一个方面，而不代表 CPU 的整体性能，CPU 的运算速度还要看 CPU 的流水线各方面的性能指标。

（2）外频

外频是 CPU 的基准频率，单位也是 MHz。CPU 的外频决定着整块主板的运行速度。前面说到 CPU 决定着主板的运行速度，两者是同步运行的。目前的绝大部分计算机系统中外频也是内存与主板之间的同步运行的速度。在这种方式下，CPU 的外频直接与内存相连通，实现两者间的同步运行状态。

（3）前端总线频率

前端总线（FSB）频率（即总线频率）是直接影响 CPU 与内存直接交换数据的速度。有一条公式可以计算，即数据带宽=（总线频率×数据位宽）/8，数据传输最大带宽取决于所有同时传输的数据的宽度和传输频率。

（4）CPU 字长

CPU 的字长表示 CPU 一次可以同时处理的二进制数据的位数，是 CPU 最重要的一个性能标志。人们通常所说的 16 位机、32 位机、64 位机就是指该微机中的 CPU 可以同时处理 16 位、32 位、64 位的二进制数据。

CPU 的字长取决于 CPU 中寄存器、加法器和数据总线的位数。字长的长短直接影响计算机的计算精度、功能和速度。字长越长，CPU 性能越好、速度越快。

（5）倍频系数

倍频系数是指 CPU 主频与外频之间的相对比例关系。在相同的外频下，倍频越高 CPU 的频率也越高。但实际上，在相同外频的前提下，高倍频的 CPU 本身意义并不大。这是因为 CPU 与系统之间的数据传输速度是有限的，一味追求高倍频而得到高主频的 CPU 就会出现明显的"瓶颈"效应——CPU 从系统中得到数据的极限速度不能够满足 CPU 运算的速度。

（6）高速缓存

高速缓存（Cache）的大小也是 CPU 的重要指标之一，而且缓存的结构和大小对 CPU 速度的影响也非常大。CPU 的速度在不断提高，已大大超过了内存的速度，使得 CPU 在进行数据存取时都需要进行等待，从而降低了整个计算机系统的运行速度，为解决这一问题引入了 Cache 技术。

Cache 就是一个容量小、速度快的特殊存储器。系统按照一定的方式对 CPU 访问的内存数据进行统计，将内存中被 CPU 频繁存取的数据存入 Cache，当 CPU 要读取这些数据时，则直接从 Cache 中读取，加快了 CPU 访问这些数据的速度，从而提高了整体运行速度。

Cache 分为一级、二级和三级 Cache，每级 Cache 比前一级 Cache 速度慢且容量大。Cache 最重要的技术指标是命中率。这里的命中率是指 CPU 在 Cache 中找到有用的数据占数据总量的比率。

2. 内存储器

在微机系统内部，内存是仅次于 CPU 的最重要的器件之一，是影响微机整体性能的重要部分。内存一般按字节分成许许多多的存储单元，每个存储单元均有一个编号，称为地址。CPU 通过地址查找所需的存储单元。此操作称为读操作。把数据写入指定的存储单元称为写操作。读、写操作通常又称为"访问"或"存取"操作。

存储容量和存取时间是内存性能优劣的两个重要指标。存储容量指存储器可容纳的二进制信息量，在计算机的性能指标中，常说 2GB、4GB 等，即是指内存的容量。通常情况下，内存容量越大，程序运行速度相对就越快。存取时间即指存储器收到有效地址到其输出端出现有效数据的时间间隔，存取时间越短，则性能越好。

根据功能，内存又可分为随机存取存储器（Random Access Memory，RAM）、只读存储器（Read Only Memory，ROM）和高速缓冲存储器（Cache，简称高速缓存）。

（1）随机存储器（RAM）

随机存储器 RAM 中的信息可以随时读出和写入，是计算机对程序和数据进行操作的工作区域。我们通常所说的微机的内存也是指的 RAM。在计算机工作时，只有将要执行的程序和数据放入 RAM 中，才能被 CPU 执行。由于 RAM 中存储的程序和数据在关机或断电后会丢失，不能长期存储，所以通常要将程序和数据存储在外存储器中（如硬盘），当要执行该程序时，再将其从硬盘中读入到 RAM 中，然后才能运行。目前计算机中使用的内存均为半导体存储器。它是由一组存储芯片焊制在一条印制电路板上而成的，因此通常又习惯称为内存条，如图 2-7 所示。

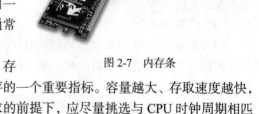

图 2-7　内存条

对于 RAM，人们总是希望其存储容量大一些、存取速度快一些，所以 RAM 的容量和存取时间是内存的一个重要指标。容量越大、存取速度越快，其价格也随之上升。在选配内存时，在满足容量要求的前提下，应尽量挑选与 CPU 时钟周期相匹配的内存条。这将有利于最大限度地发挥内存条的效率。

（2）只读存储器（ROM）

只读存储器 ROM 中的内容只能读出、不能写入，其内容是由芯片厂商在生产过程中写入的，并且断电后 ROM 中的信息也不会丢失，因此常用 ROM 来存放重要的、固定的并且反复使用的程序和数据。

众所周知，在计算机加电后，CPU 得到电能就开始准备执行指令，可由于刚开机，RAM 中还是空的，没有那些需要执行的指令，所以就需要 ROM 中保存一个称为 BIOS（基本输入/输出系统）小型指令集。BIOS 非常小，但是却非常重要。当打开计算机时，CPU 执行 ROM 中的 BIOS 指令，首先对计算机进行自检，如果自检通过，便开始引导计算机从磁盘上读入、执行操作系统，最后把对计算机的控制权交给操作系统。ROM 的只读性保证了存于其中的程序、数据不遭到破坏。由此可见，ROM 是计算机系统中不可缺少的部分。

（3）CMOS 存储器

除了 ROM 之外，在计算机中还有一个称之为 CMOS 的"小内存"。它保存着计算机当前的配置信息，如日期和时间、硬盘格式和容量、内存容量等。这些也是计算机调入操作系统之前必须知道的信息。如果将这些文件保存在 ROM 中，这些信息就不能被修改，因而也就不能将硬盘升级，或是修改日期等信息。所以计算机必须使用一种灵活的方式来保存这些引导数据：保存的时间要比 RAM 长，但又不像 ROM 那样不能修改。当计算机系统设置发生变化时，可以在启动计算机时按【Del】键进入 CMOS Setup 程序来修改其中的信息，就是 CMOS 存储器的功能。

（4）虚拟存储器

任何一个程序都要调入内存才能执行，为了能够运行更大的程序，为了同时运行多道程序，就需要配置较大的内存，或对已有的计算机扩大内存。然而，内存的扩充终归有限，目前广泛采用的是虚拟存储技术。该技术可以通过软件的方法将内存和一部分外存空间构成一个整体，为用户提供一个比实际物理存储器大得多的存储器。这称为虚拟存储器。

通常在一个程序运行时，某一时间段内并不会涉及全部指令，而仅仅是局限于在一段程序代码之内。当一个程序需要执行时，只要将其调入虚拟存储器就可以了，而不必全部调入内存。程序进入虚拟存储器后，系统会根据一定的算法，将实际执行到的那段程序代码调入物理内存（称为页进）。如果内存已满，系统会将目前暂时不执行的代码送回到作为虚拟存储器的外存区域（称为页出）中，再将当前要执行的代码调入内存。这样，操作系统会通过页进、页出，保证要执行的程序段都在内存。

虚拟存储器的技术有效地解决了内存不足的问题。但是，程序执行过程中的页进、页出实际上是内外存数据的交换，而访问外存的时间比访问内存的时间要慢得多。所以虚拟存储器实际上是用时间换取了空间。

3. 总线

总线（Bus）是连接 CPU、存储器和外部设备的公共信息通道，各部件均通过总线连接在一起进行通信。CPU 与各部件的连接线路如图 2-8 所示。总线的性能主要由总线宽度和总线频率来表示。总线宽度为一次能并行传输的二进制位数，总线越宽，速度越快。总线频率即总线中数据传输的速度，单位仍用 MHz 表示。总线时钟频率越快，数据传输越快。根据总线连接的部件不同，总线又分为内部总线、系统总线和外部总线。

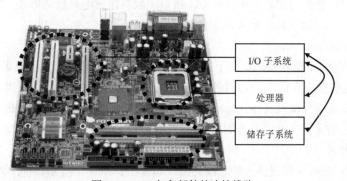

图 2-8 CPU 与各部件的连接线路

（1）内部总线

内部总线用于同一部件内部的连接，如 CPU 内部连接各内部寄存器和运算器的总线。

（2）系统总线

系统总线用于连接同一计算机的各部件，如 CPU、内存储器、I/O 设备等接口之间的互相连接的总线。系统总线按功能可分为：控制总线、数据总线和地址总线，分别用来传送控制信号、数据信息和地址信息。

① 控制总线（CB）：用来传输各种控制信号和应答信号，分为两类：一类是由 CPU 向内存或外部设备发送的控制信号；另一类是由外部设备或有关接口电路向 CPU 送回的信号。对于每条具体的控制线，信号的传递方向是固定的，不是输入到 CPU，就是从 CPU 输出。

② 数据总线（DB）：用于传送数据。DB 位数的多少，反映了 CPU 一次可以接收数据的能力。数据总线上传送的信息是双向的，数据既可以从 CPU 传送到其他部件，也可以从其他部件送入 CPU。

③ 地址总线（AB）：用来传送存储单元或 I/O 接口地址信息，以便选择需要访问的存储单元和 I/O 接口电路。地址总线是单向的，只能由 CPU 发出地址信息，地址总线的数目决定了可以直接访问的内存储器的范围。如寻址 1MB 地址空间需要 20 条地址总线。

（3）外部总线

外部总线是指与外部设备接口相连的，实际上是一种外部设备的接口标准。负责 CPU 与外部设备之间的通信。例如，目前计算机上流行的接口标准 IDE（Integrated Drive Electronics，电子集成驱动器）、SCSI（Small Computer System interface，小型计算机系统接口）、USB 和 IEEE 1394 等，前两种主要是与硬盘、光驱等 IDE 设备接口相连，后面两种新型外部总线可以用来连接多种外部设备。

总线连接的方式使机器各部件之间的联系比较规整，减少了连线，也使部件的增减方便易行。目前使用的微型计算机，都是采用总线连接，所以当需要增加一些部件时，只要这些部件发送与接收信息的方式能够满足总线规定的要求就可以与总线直接挂接。这给计算机各类外设的生产及应用都带来了极大的方便，拓展了计算机的应用领域。总线在发展过程中也形成了许多标准，如 ISA（Industry Standard Architecture，工业标准架构）、PCI（Peripheral Component Interconnect）、AGP（Accelerated Graphic Ports）等。

4. 输入/输出接口

CPU 与外部设备、存储器的连接和数据交换都需要通过接口设备来实现，前者被称为 I/O 接口，而后者则被称为存储器接口。存储器通常在 CPU 的同步控制下工作，接口电路比较简单；而 I/O 设备品种繁多，其相应的接口电路也各不相同，因此，习惯上说到接口只是指 I/O 接口，I/O 接口也称适配器或设备控制器。由于这些 I/O 接口一般制作成电路板的形式，所以常把它们称为适配器，简称 XX 卡，如声卡、显示卡、网卡等。

（1）接口的功能

在微机中，当增加外部设备时，由于主机中的 CPU 和内存都是由大规模集成电路组成的，而 I/O 设备是由机电装置组合而成，它们之间在速度、时序、信息格式和信息类型等方面存在着不匹配，所以不能直接将外部设备挂在总线上，必须经过 I/O 接口电路才能连接到总线上。接口电路具有设备选择、信号转换及缓冲等功能，以确保设备与 CPU 工作协调一致。

（2）接口的类别

① 总线接口：主板一般提供多种总线类型，如 PCI、AGP 等，供插入相应的功能卡，如显卡、声卡、网卡等。

② 串行口：采用一次传输一个二进制位的传输方式。主板上提供 COM1 和 COM2 两个串行口。

③ 并行口：采用一次传送 8 位二进制位的传输方式。主板上提供 LPT1 和 LPT2 两个并行口。

早期的打印机通常连接在并行口上。

④ USB 接口

通用串行总线（Universal Serial Bus，USB）是一种新型的接口标准。随着计算机应用技术的发展，外部设备使用越来越多，原来提供的有限接口已经不够使用。USB 接口只需一个就可以接127 个 USB 外部设备，有效扩展了计算机的外接设备能力，另外，在硬件设置上也非常容易，支持即插即用，可以在不关闭电源的情况下作热插拔。现在采用 USB 接口的外设种类有很多，如鼠标、键盘、调制解调器（Modem）、数码相机、扫描仪、音箱、打印机、摄像头、优盘和移动硬盘等。

5．主板

主板是一个提供了各种插槽和系统总线及扩展总线的电路板，又叫主机板或系统板。主板上的插槽用来安装组成微型计算机的各部件，而主板上的总线可实现各部件之间的通信，所以说主板是微机各部件的连接载体。

主板主要包括控制芯片组、CPU 插座、内存插槽、BIOS、CMOS、各种 I/O 接口、扩展插槽、键盘/鼠标接口、外存储器接口和电源插座等元器件，如图 2-9 所示。有些主板还集成了显卡、声卡和网卡等适配器。

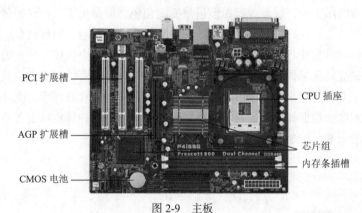

图 2-9　主板

主板在整个微机系统中起着很重要的作用，主板的类型和性能决定了系统可安装的各部件的类型和性能，从而影响整个系统的性能。

2.3.3　微型计算机的外存储器

外存属于外部设备。它既是输入设备，又是输出设备，是内存的后备与补充。与内存相比，外存容量较大，关机后信息不会丢失，但存取速度较慢，一般用来存放暂时不用的程序和数据。它只能与内存交换信息，不能被计算机系统中的其他部件直接访问。当 CPU 需要访问外存的数据时，需要先将数据读入到内存中，然后 CPU 再从内存中访问该数据。当 CPU 要输出数据时，也是将数据先写入内存，然后再由内存写入到外存中。

在计算机发展过程中曾出现过许多种外存，目前微型计算机中最常用的外存有磁盘、磁带、光盘和移动存储设备等。

1．磁盘存储器

磁盘存储器是目前各类计算机中应用最广泛的外存设备。它以铝合金或塑料为基体，两面涂有一层磁性胶体材料。通过电子方法可以控制磁盘表面的磁化，以达到记录信息（0 和 1）的目的。

磁盘的读写是通过磁盘驱动器完成的。磁盘驱动器是一个电子机械设备。它的主要部件包括：一个安装磁盘片的转轴，一个旋转磁盘的驱动电机，一个或多个读写头，一个定位读写头在磁盘位置的电机，以及控制读写操作并与主机进行数据传输的控制电路。

关于磁盘存储器有如下几个常用术语。

- 磁道（Track）：每个盘片的每一面都要划分为若干条形如同心圆的磁道。这些磁道就是磁头读写数据的路径。磁盘的最外层是第 0 道，最内层为第 n 道。每个磁道上记录的信息一样多。这样，内圈磁道上记录的密度，比外圈磁道上记录的密度大。

- 柱面（Cylinder）：一个硬盘由几个盘片组成，每个盘片又有两个盘面，每个盘面都有相同数目的磁道。所有盘面上相同位置的磁道组合在一起，叫做一个柱面。例如，有一个硬盘组，一个盘片的盘面上有 256 个磁道，对于多个盘片组成的盘片组来说，就是有 256 个柱面。

- 扇区（Sector）：为了记录信息方便，每个磁道又划分为许多称之为扇区的小区段。每个磁道上的扇区数是一样的。通常扇区是磁盘地址的最小单位，与主机交换数据是以扇区为单位的。磁道上的每一扇区记录等量的数据，一般为 512B。小于或等于 512B 的文件放在一个扇区内，大于 512B 的文件存放于多个扇区。

磁道、柱面、扇区在磁盘存储器的位置如图 2-10 所示。

在磁盘存储器的历史上，软盘曾经扮演过重要的角色，但是由于其存储容量小，数据保存不可靠，目前已被淘汰。现在提到的磁盘存储器一般是指硬盘存储器，简称硬盘，如图 2-11 所示。硬盘安装在主机箱内，盘片与读写驱动器均组合在一起，成为一个整体。硬盘的指标主要体现在容量和转速上。磁盘转速越快，存取速度也就越快，但对磁盘读写性能要求也就越高。硬盘的容量已从过去的几十 MB 字节、几百 MB 字节，发展到现在的上百 GB 字节甚至上 TB 字节。微型计算机中的大量程序、数据和文件通常都保存在硬盘上，一般的计算机可配置不同数量的硬盘，且都有扩充硬盘的余地。

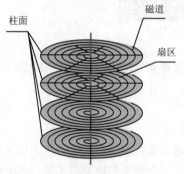

图 2-10　磁盘的磁道、扇区和柱面

图 2-11　硬盘及硬盘内部结构

硬盘的格式化分为低级格式化和高级格式化。低级格式化就是将硬盘划分磁道和扇区，这一般由厂家完成。只有当硬盘出现严重问题或被病毒感染无法清除时，用户才需要对硬盘重新进行低级格式化。进行低级格式化必须使用专门的软件。在系统安装前，还要对硬盘进行分区和高级格式化。分区是将一个硬盘划分为几个逻辑盘，分别标识出 C 盘、D 盘、E 盘等，并设定主分区（活动分区）。高级格式化的作用是建立文件的分配表和文件目录表。硬盘必须经过低级格式化、分区和高级格式化后才能使用。

2. 光盘存储器

光盘（Mognet-Optical，MO）是利用激光原理进行读、写的设备，是近代发展起来不同于完全磁性载体的光学存储介质。光盘凭借大容量得以广泛使用，其可以存放各种文字、声音、图形、图像和动画等多媒体数字信息，如图 2-12 所示。光盘需要有光盘驱动器配合使用，如图 2-13 所示。

图 2-12　光盘

图 2-13　光盘驱动器

光盘只是一个统称，可分成两类，一类是只读型光盘，其中包括 CD-Audio、CD-Video、CD-ROM、DVD-Audio、DVD-Video、DVD-ROM 等；另一类是可记录型光盘，包括 CD-R、CD-RW、DVD-R、DVD+R、DVD+RW、DVD-RAM、Double layer DVD+R 等各种类型。

根据光盘结构，光盘主要分为 CD、DVD、BD 等几种类型。这几种类型的光盘，在结构上有所区别，但主要结构原理是一致的。而只读的 CD 光盘和可记录的 CD 光盘在结构上没有区别，主要区别在于材料的应用和某些制造工序，DVD 方面也是同样的道理。

BD（Blu-ray Disc，蓝光光盘）是 DVD 之后的下一代光盘格式之一，用以储存高品质的影音及高容量的数据。"蓝光光盘"这一称谓并非官方正式中文名称，它只是人们为了易记而起的中文名称。蓝光光盘是由 SONY 及松下电器等企业组成的"蓝光光盘联盟"策划的次世代光盘规格，并以 SONY 为首于 2006 年开始全面推动相关产品。

一般 CD 光盘的最大容量大约是 700MB；DVD 盘片单面 4.7GB，最多能刻录约 4.59G 的数据（因为 DVD 的 1GB=1000MB，而硬盘的 1GB=1024MB），双面为 8.5GB，最多约能刻 8.3GB 的数据；BD 的单面单层为 25GB、双面为 50GB、三层达到 75GB、四层更达到 100GB。

3. 移动存储设备与活动硬盘

随着通用串行总线（USB）开始在 PC 上出现并逐渐盛行，借助 USB 接口，移动存储产品已经逐步成为现在存储设备的主要成员，并作为随身携带的存储设备别广泛使用。常用移动存储设备如图 2-14 所示。

（a）优盘

（b）移动硬盘

（c）存储卡

图 2-14　移动存储设备

① 优盘（Flash Memory）：优盘是一种基于 USB 接口的移动存储设备，可使用在不同的硬件平台。目前，优盘的容量一般为几十个 GB 不过，一些大容量可达到上百 GB。优盘的价格便宜，体积很小，便于携带，使用极其方便，是非常适宜随身携带的存储设备。

② 移动硬盘：移动硬盘也是基于 USB 接口的存储产品。它可以在任何不同硬件平台（PC、

MAC、笔记本电脑）上使用，容量在几百个 GB 甚至达到 TB 级别，与刻录机、MO、ZIP 相比，有体积小，重量轻，携带非常方便等优点。同时具有极强的抗震性，称得上是一款实用、稳定的移动存储产品，得到了越来越广泛的应用。

③ 存储卡：自从计算机应用变得越来越广泛之后，很多人都喜欢随身携带小巧的 IT 产品，例如数码相机、数码摄像机、掌上电脑或 MP3 随身听等。而数码相机和 MP3 均是采用存储卡作为存储设备，将数据保存在存储卡中，可以方便地与计算机进行数据交换。现在存储卡的容量也越来越大。

2.3.4 微型计算机的输入设备

键盘和鼠标器是计算机最常用的输入设备，其他输入设备还有扫描仪、磁卡读入机等。这里重点介绍键盘和鼠标器。

1. 键盘

键盘（Keyboard）是人机对话的最基本的设备，用户用它来输入数据、命令和程序，如图 2-15 所示。键盘内部有专门的控制电路，当按下键盘上的某一个按钮时，键盘内部的控制电路就会产生一个相应的二进制代码，并将此代码输入到计算机内部。现在的主流键盘大都采用 USB 接口。传统微机的键盘是 101 键/102 键，为了适应网络与其他计算机连接的需要，已增加到 104 键/106 键/108 键。键盘是通过键盘连线插入主板上的键盘接口与主机相连接的。键盘的主键盘区设置与英文打字机相同，另外还设置了一些专门键和功能键以便于操作和使用。

按各类按键的功能和位置将键盘划分为 4 个部分：主键盘区、数字小键盘区、功能键区及编辑和光标控制键区。

图 2-15　键盘

除标准键盘外，还有各类专用键盘，它们是专门为某种特殊应用而设计的。例如，银行计算机管理系统中供储户使用的键盘，按键数不多，只是为了输入储户标识码、口令和选择操作之用。专用键盘的主要优点是简单，即使没有受过训练的人也能使用。

2. 鼠标器

随着 Windows 操作系统的普及，鼠标（Mouse）也成为微机必不可少的输入设备。鼠标是一种计算机的输入设备，是计算机显示系统纵横坐标定位的指示器，因形似老鼠而得名"鼠标"。鼠标的使用代替了键盘烦琐指令的输入，使计算机的操作更加简便。

鼠标按其工作原理及其内部结构的不同可以分为机械式鼠标和光电式鼠标。

* 机械鼠标下面有一个可以滚动的小球，当鼠标在桌面上移动时，小球与桌面摩擦转动，带动鼠标内的两个光盘转动，产生脉冲，测出 X－Y 方向的相对位移量，从而反映出屏幕上鼠标的位置。由于是采用纯机械结构，导致定位精度难如人意，加上使用过程中磨损得较为厉害，直接影响了机械鼠标的使用寿命，目前机械鼠标基本已经被淘汰。

* 光电式鼠标在鼠标底部的小洞里有一个小型感光头，面对感光头的是一个发射红外线的

发光管，这个发光管每秒钟向外发射 1 500 次，然后感光头就将这 1 500 次的反射回馈给鼠标的定位系统，以此来实现准确的定位。这种鼠标可在任何地方无限制地移动。目前，鼠标基本都会选用光电式鼠标，如图 2-16（a）所示。

鼠标按接口类型可分为串行鼠标、PS/2 鼠标、总线鼠标、USB 鼠标（多为光电鼠标）4 种。USB 鼠标通过一个 USB 接口，直接插在计算机的 USB 口上。目前鼠标基本都是 USB 接口的鼠标。

鼠标按使用的形式又分为有线鼠标和无线鼠标两种。

- 有线鼠标通过连线将鼠标插在 USB 接口上。由于直接用线与电脑连接，受外界干扰非常小，因此在稳定性方面有着巨大的优势，比较适合对鼠标操作要求较高的游戏与设计使用。

- 无线鼠标是指无线缆直接连接到主机的鼠标。一般采用 27M、2.4G、蓝牙技术实现与主机的无线通讯。无线鼠标简单，无线的束缚，可以实现较远地方的电脑操作，比较适合家庭用户以及追求极致的无线体验用户。无线鼠标的另外一个优点是携带方便，并且可以保证电脑桌面的简洁，省却了线路连接的杂乱。无线鼠标如图 2-16（b）所示。

（a）光电式鼠标　　　　　　　　（b）无线鼠标

图 2-16　鼠标

3. 其他输入设备

键盘和鼠标是微型计算机中最常用的输入设备。此外，还有一些常用的输入设备，下面简要说明这些输入设备的功能和基本原理。

- 图形扫描仪：是一种图形、图像输入设备，可以直接将图形、图像、照片或文本输入计算机中，例如可以把照片、图片经扫描仪输入到计算机中。随着多媒体技术的发展，扫描仪的应用将会更为广泛。扫描仪见图 2-17。

图 2-17　扫描仪

条形码阅读器：是一种能够识别条形码的扫描装置，连接在计算机上使用。当阅读器从左向右扫描条形码时，就把不同宽窄的黑白条纹翻译成相应的编码供计算机使用。许多自选商场和图书馆里都用它管理商品和图书。

- 光学字符阅读器 OCR：一种快速字符阅读装置，用许许多多的光电管排成一个矩阵，当光源照射被扫描的一页文件时，文件中空白的白色部分会反射光线，使光电管产生一定的电压；而有字的黑色部分则把光线吸收掉，光电管不产生电压。这些有、无电压的信息组合形成一个图案，并与 OCR 系统中预先存储的模板匹配。若匹配成功，就可确认该图案是何字符。有些机器一次可阅读一整页的文件，称为读页机，有的则一次只能读一行。

- 汉字语音输入设备和手写输入设备：可以直接将人的声音或手写的文字输入到计算机中，使文字输入变得更为方便、容易。

2.3.5　微型计算机的输出设备

显示器和打印机是计算机最基本的输出设备，其他常用输出设备还有绘图仪等。

1. 显示器

计算机的显示系统由显示器、显卡和相应的驱动软件组成。

（1）显示器

显示器用来显示计算机输出的文字、图形或影像，如图 2-18 所示。早期主流的显示器是阴极射线管显示器（Cathode Ray Tube，CRT），但是目前 CRT 已经被液晶显示器（Liquid Crystal Display，LCD）所取代。液晶显示器的特点是轻、薄、耗电少，并且无辐射，目前台式机和笔记本大部分以液晶显示器作为基本的配置，因此已成为最主流的显示器产品。

LCD 显示器主要有 5 个技术参数，分别是亮度、对比度、可视角度、信号反应时间和色彩。

- 亮度的单位是坎/每平方米（cd/m^2）（每平方米烛光）。亮度值越高，画面越亮丽。
- 对比度越高，色彩越鲜艳饱和，立体感越强。对比度低，颜色显得贫瘠，影像也变得平板。
- 可视角度是在屏幕前用户观看画面可以看得清楚的范围。可视范围愈大，浏览愈轻松；而可视范围愈小，稍微变动观看位置，画面可能就会看不全面，甚至看不清楚。
- 信号反应时间（即响应时间），是指系统接收键盘或鼠标的指示，经 CPU 计算处理后，反应至显示器的时间。讯号反应时间关系到用 LCD 观察文本，以及视频（例如 VCD/DVD）时，画面是否会出现拖尾现象。
- 大多数 LCD 的真正色彩为 26 万色左右（262×144 色），彼此之间差距不大。色彩越多，则图像色彩还原就越好。

（a）液晶显示器　　　　　　　　　　　　（b）触摸屏显示器

图 2-18　显示器

除了 LCD 显示器，目前触摸屏显示器（Touch Screen）也得到很多应用。触摸屏显示器可以让使用者只要用手指轻轻地碰计算机显示屏上的图符或文字就能实现对主机操作。这样摆脱了键盘和鼠标操作，使人机交互更为直截了当。触摸屏显示器主要应用于公共场所大厅信息查询、领导办公、电子游戏、点歌点菜、多媒体教学、机票/火车票预售等。随着 iPad 的流行及触摸屏手机的广泛使用，触摸屏显示器的使用广泛得到拓展。

（2）显卡

显卡也称为显示适配器，是个人电脑最基本组成部分之一。显卡的用途是将计算机系统所需要的显示信息进行转换驱动显示器，并向显示器提供行扫描信号，控制显示器的正确显示，是连接显示器和个人电脑主板的重要组件，如图 2-19 所示。

显示器的效果如何，不光要看显示器的质量，还要看显卡的质量，而决定显卡性能的主要因素依次为显示芯片、显存带宽及显存容量。

图 2-19　显卡

- 显示芯片是显卡的核心芯片，其性能的好坏直接决定了显卡性能的好坏。它的主要任务就是处理系统输入的视频信息并将其进行构建、渲染等工作。显示芯片的性能直接决定了显卡性能的高低。家用娱乐性显卡都采用单芯片设计的显示芯片，而在部分专业的工作站显卡上有采用多个显示芯片组合的方式。目前设计、制造显示芯片的厂家只有 NVIDIA、AMD 等公司。

- 显存带宽取决于显存位宽和显存频率。显存位宽是显存在一个时钟周期内所能传送数据的位数，位数越大则瞬间所能传输的数据量越大。这是显存的重要参数之一。目前市场上的显存位宽有 128 位、256 位、512 位 3 种，人们习惯上称之为 64 位显卡、128 位显卡和 256 位显卡。显存位宽越高，性能越好价格也就越高，因此 256 位宽的显存更多应用于高端显卡，而主流显卡基本都采用 128 位显存。

显存频率是指默认情况下，该显存在显卡上工作时的频率，以 MHz（兆赫兹）为单位。显存频率一定程度上反应着该显存的速度。不同显存能提供的显存频率也差异很大，主要有 400MHz、500MHz、600MHz、650MHz 等，高端产品中还有 800MHz、1200MHz、1600MHz，甚至更高。

- 显存容量是显卡上本地显存的容量，显存容量的大小决定着显存临时存储数据的能力，在一定程度上也会影响显卡的性能。目前主流的显存容量是 512MB 和高档显卡的 1GB、2GB，某些专业显卡甚至已经具有 3GB~4GB 的显存了。

值得注意的是，显存容量越大并不一定意味着显卡的性能就越高。一款显卡究竟应该配备多大的显存容量才合适是由其所采用的显示芯片所决定的。也就是说，显存容量应该与显示核心的性能相匹配才合理：显示芯片性能越高由于其处理能力越高所配备的显存容量相应也应该越大，而低性能的显示芯片配备大容量显存对其性能是没有任何帮助的。

2. 打印机

打印机是计算机目前最常用的输出设备之一，也是品种、型号最多的输出设备之一。

打印机分为击打式打印机和非击打式打印机两种。击打式打印机利用机械动作将印刷活字压向打印纸和色带进行印字。由于击打式打印机依靠机械动作实现印字，因此工作速度不高，并且工作时噪音较大。非击打式打印机种类繁多，有静电式打印机、热敏式打印机、喷墨式打印机和激光打印机等，印字过程无机械击打动作，速度快，无噪声。这类打印机将会被越来越广泛地使用。

（1）点阵打印机

点阵打印机（如图 2-20 所示）主要由打印头、运载打印头的装置、色带装置、输纸装置和控制电路等几部分组成。打印头是点阵式打印机的核心部分，对打印速度、印字质量等性能有决定性影响。

（2）喷墨打印机

喷墨打印机属非击打式打印机，近年来发展较快。工作时，喷嘴朝着打印纸不断喷出带电的墨水雾点，当它们穿过两个带电的偏转板时接受控制，然后落在打印纸的指定位置上，形成正确的字符。喷墨打印机可打印高质量的文本和图形，还能进行彩色打印，而且噪声很小静。但喷墨打印机常要更换墨盒，增加了日常消费。

（3）激光打印机

激光打印机（如图 2-21 所示）也属非击打式打印机，工作原理与复印机相似，涉及光学、电磁学、化学等原理。简单说来，它将来自计算机的数据转换成光，射向一个充有正电的旋转的鼓上。鼓上被照射的部分便带上负电，并能吸引带色粉末。鼓与纸接触再把粉末印在纸上，接着在一定压力和温度的作用下熔结在纸的表面。激光打印机是一种新型高档打印机，打印速度快，印字质量高，常用来打印正式公文及图表。

图 2-20　点阵打印机

图 2-21　激光打印机

3．数据投影设备

现在已经有不少设备能够把计算机屏幕的信息同步地投影到更大的屏幕上，以便使更多的人可以看到屏幕上的信息。有一种叫做投影板的设备，体积较小，价格较低，采用 LCD 技术，设计成可以放在普通投影仪上的形状。另一种同类设备是投影仪，体积较大，价格较高，采用的是类似大屏幕投影电视设备的技术，将红、绿、蓝 3 种颜色聚焦在屏幕上，可供更多人观看，常用于教学、会议和展览等场合。

2.3.6　微型计算机的主要性能指标

微型计算机的技术性能指标标志着微型计算机（以下简称微机）的性能优劣及应用范围的广度，在实际应用中，常见的微型计算机性能指标主要有如下几种。

1．速度

不同配置的微机按相同的算法执行相同的任务所需要的时间可能不同。这与微机的速度有关。微机的速度可用主频和运算速度两个指标来衡量。

① 主频即计算机的时钟频率，即 CPU 在单位时间内的平均操作次数，是决定计算机速度的重要指标，以兆赫兹（MHz）为单位。它在很大程度上决定了计算机的运行速度，主频越高，计算机的运算速度相应地也就越快。

② 运算速度是指计算机每秒钟能执行的指令数，以每秒百万条指令（MIPS）为单位，此指标更客观地反映微机的运算速度。

微机的速度是一个综合指标，影响微机速度的因素很多，如存储器的存取速度、内存大小、字长、系统总线的时钟频率等。

2．字长

字长是计算机运算部件一次能同时处理的二进制数据的位数。字长越长，计算机的处理能力就越强。微机的字长总是 8 的倍数。早期的微机字长为 16 位（如 Intel 8086、80286 等），从 80386、80486 到 Pentium Ⅱ、Pentium Ⅲ 和 Pentium 4 芯片字长均为 32 位，最新的酷睿系列可以支持 64 位。字长越长，数据的运算精度也就越高，计算机的运算功能也就越强，可寻址的空间也越大。因此，微机的字长是一个很重要的技术性能指标。

3．存储容量

存储容量是指计算机能存储的信息总字节量，包括内存容量和外存容量，主要指内存储器的容量。显然，内存容量越大，计算机所能运行的程序就越大，处理能力就越强。尤其是当前微机应用多涉及图像信息处理，要求存储容量会越来越大，甚至没有足够大的内存容量就无法运行某些软件。目前，主流微机的内存容量一般为都在 2GB 以上，外存容量在几百 GB 以上。

4．存取周期

存储器完成一次读（或写）操作所需的时间称为存储器的存取时间或者访问时间。连续两次读（或写）所需的最短时间称为存储周期。内存储器的存取周期也是影响整个计算机系统性能的主要性能指标之一。

此外，还有计算机的可靠性、可维护性、平均无故障时间和性能/价格比也都是计算机的技术指标。

在多媒体计算机中，人们还常关注光驱的速度，即 CD-ROM 或 DVD-ROM 的倍速。它标志着从光盘所能获取信息的速度。

5．可靠性

计算机的可靠性以平均无故障时间（Mean Time Between Failures，MTBF）来表示的。MTBF 越大，系统性能就越好。

6．可维护性

计算机的可维护性以平均修复时间（Mean Time To Repair，MTTR）表示，MTTR 越小越好。

7．性能/价格比

性能/价格比也是一种衡量计算机产品性能优劣的概括性技术指标。性能代表系统的使用价值，包括计算机的运算速度、内存储器容量和存取周期、通道信息流量速率、I/O 设备的配置、计算机的可靠性等。价格是指计算机的售价。性能/价格比中的性能指数由专用的公式计算。性能/价格比越高，表明计算机越物有所值。

评价计算机性能的技术指标还有兼容性、汉字处理能力和网络功能等。

2.4　计算机软件系统

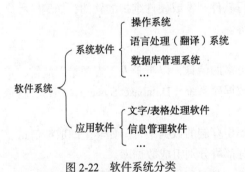

图 2-22　软件系统分类

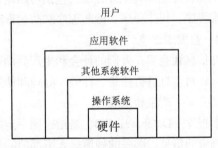

图 2-23　用户、软件和硬件的关系

软件是指为方便使用计算机和提高使用效率而组织的程序和数据及用于开发、使用和维护的有关文档的集合。软件系统可分为系统软件和应用软件两大类，如图 2-22 所示。

从用户的角度看，对计算机的使用不是直接对硬件进行操作，而是通过应用软件对计算机进行操作，而应用软件也不能直接对硬件进行操作，而是通过系统软件对硬件进行操作。用户、软件和硬件的关系如图 2-23 所示。

2.4.1　系统软件

系统软件是计算机必须具备的支撑软件，负责管理、控制和维护计算机的各种软硬件资源，并为用户提供一个友好的操作界面，帮助用户编写、调试、装配、编译和运行程序。它包括操作系统、语言处理程序、数据库管理系统和各类服务程序等。下面分别简介它们的功能。

1. 操作系统

操作系统（Operating System，OS）是对计算机全部软、硬件资源进行控制和管理的大型程序，是直接运行在裸机上的最基本的系统软件，其他软件必须在操作系统的支持下才能运行。它是软件系统的核心。

2. 语言处理系统

计算机只能直接识别和执行机器语言，除了机器语言外，其他用任何软件语言书写的程序都不能直接在计算机上执行。要在计算机中运行由其他软件语言书写的程序，都需要对这些语言进行适当的处理。语言处理系统的作用就是把用软件语言书写的各种程序处理成可在计算机上执行的程序，或最终的计算结果，或其他中间形式。

按照不同的源语言、目标语言和翻译处理方法，可把翻译程序分成若干种类。从汇编语言到机器语言的翻译程序称为汇编程序，从高级语言到机器语言或汇编语言的翻译程序称为编译程序。按源程序中指令或语句的动态执行顺序，逐条翻译并立即解释执行相应功能的处理程序称为解释程序。除了翻译程序外，语言处理系统通常还包括正文编辑程序、宏加工程序，连接编辑程序和装入程序等。

由上述可知，在计算机中运行高级语言程序就必须配备程序语言翻译程序（简称翻译程序）。翻译程序本身是一组程序，不同的高级语言都有相应的翻译程序。

对源程序进行解释和编译任务的程序，分别叫作编译程序和解释程序。如 FORTRAN、COBOL、Pascal 和 C 等高级语言，使用时需有相应的编译程序；Basic、Lisp 等高级语言，使用时需用相应的解释程序。

有关计算机语言的知识，请参阅 8.1 的相关内容。

3. 工具软件

工具软件也称为服务程序，包括协助用户进行软件开发或硬件维护的软件，如编辑程序、连接装配程序、纠错程序、诊断程序和防病毒程序等。

4. 数据库系统

在信息社会里，人们的社会和生产活动产生更多的信息，以至于人工管理难以应付，希望借助计算机对信息进行搜集、存储、处理和使用。数据库系统（Database System，DBS）就是在这种需求背景下产生和发展的。

数据库（Database，DB）是指按照一定数据模型存储的数据集合。如学生的成绩信息、工厂仓库物资的信息、医院的病历、人事部门的档案等都可分别组成数据库。

数据库管理系统（Database Management System，DBMS）则是能够对数据库进行加工、管理的系统软件，其主要功能是建立、删除、维护数据库及对库中数据进行各种操作，从而得到有用的结果。DBMS 通常自带语言进行数据操作。

数据库系统由数据库、数据库管理系统及相应的应用程序组成。数据库系统不但能够存放大量的数据，更重要的是能迅速地、自动地对数据进行增删、检索、修改、统计、排序、合并、数据挖掘等操作，为人们提供有用的信息。这一点是传统的文件系统无法做到的。

5. 网络软件

20 世纪 60 年代出现的网络技术在 20 世纪 90 年代得到了飞速发展和广泛应用。计算机网络是将分布在不同地点的、多个独立的计算机系统用通信线路连接起来，在网络通信协议和网络软件的控制下，实现互联互通、资源共享、分布式处理，提高计算机的可靠性及可用性。计算机网络是计算机技术与通信技术相结合的产物。

计算机网络由网络硬件、网络软件及网络信息构成，其中，网络软件包括网络操作系统、网络协议和各种网络应用软件。

2.4.2　应用软件

在系统软件的支持下，用户为了解决特定的问题而开发、研制或购买的各种计算机程序称为应用软件，例如文字处理、图形图像处理、计算机辅助设计和工程计算等软件。同时，各个软件公司也在不断开发各种应用软件，来满足各行各业的信息处理需求，如铁路部门的售票系统、教学辅助系统等。应用软件的种类很多，根据其服务对象，又可分为通用软件和专用软件两类。

1. 通用软件

这类软件通常是为解决某一类问题而设计的，而这类问题是很多人都要遇到和解决的。

● 文字处理软件：用计算机撰写文章、书信、公文并进行编辑、修改、排版和保存的过程称为文字处理。目前，广泛流行的 Word 就是典型的文字处理软件。

● 电子表格软件：电子表格可用来记录数值数据，可以很方便地对其进行常规计算。像文字处理软件一样，它也有许多比传统账簿和计算工具先进的功能，如快速计算、自动统计、自动造表等。Excel 软件就属此类软件的典型代表。

● 绘图软件：在工程设计中，计算机辅助设计（Computer Aided Design，CAD）已逐渐代替人工设计，完成了人工设计无法完成的巨大而烦琐的任务，极大地提高了设计质量和效率。现广泛用于半导体、飞机、汽车、船舶、建筑及其他机械、电子行业。日常通用的绘图软件有 AutoCAD、3ds max、Protel、Orcad、高华 CAD 软件等。

2. 专用软件

上述的通用软件或软件包，在市场上可以买到，但有些有特殊要求的软件是无法买到的。比如，某个用户希望对其单位保密档案进行管理，另一个用户希望有一个程序能自动控制车间里的车床同时将其与上层事务性工作集成起来统一管理等。因为它们相对于一般用户来说过于特殊，所以只能组织人力到现场调研后开发软件，当然开发出的这种软件也只适用于这种情况。

综上所述，计算机系统由硬件系统和软件系统组成，两者缺一不可。而软件系统又由系统软件和应用软件组成，操作系统是系统软件的核心，在计算机系统中是必不可少的。其他的系统软件，如语言处理系统可根据不同用户的需要配置不同的程序语言编译系统。随着各用户的应用领域不同可以配置不同的应用软件。

第 3 章
操作系统

操作系统是协调和控制计算机各部分有序工作的一个系统软件，是计算机所有软、硬件资源的管理者和组织者。Windows 是 Microsoft 公司开发的基于图形用户界面的操作系统，也是目前最流行的微机操作系统。本章首先介绍了操作系统的基本知识和概念，然后介绍 Windows 7 的使用与操作。

学习目标

- 理解操作系统的基本概念，了解操作系统的功能与种类。
- 了解 Windows 操作系统的基本知识
- 掌握 Windows 操作系统的基本操作。

3.1　操作系统知识

3.1.1　操作系统的概念

操作系统是管理、控制和监督计算机软、硬件资源协调运行的软件系统，由一系列具有不同控制和管理功能的程序组成。它是系统软件的核心，是计算机软件系统的核心。操作系统是计算机发展中的产物，引入操作系统的主要目的有两个：一是方便用户使用计算机，例如，用户输入一条简单的命令就能自动完成复杂的功能，这就是操作系统启动相应程序、调度恰当资源执行的结果；二是统一管理计算机系统的软、硬件资源，合理组织计算机工作流程，以便充分、合理地发挥计算机的效率。

操作系统是用户和计算机之间的接口，是为用户和应用程序提供进入硬件的界面。图 3-1 是计算机硬件、操作系统、其他系统软件、应用软件及用户之间的层次关系图。

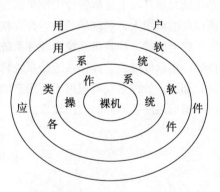

图 3-1　操作系统、软/硬件、用户间的关系

3.1.2　操作系统的功能

操作系统的主要功能是管理计算机资源，所以其大部分程序都属于资源管理程序。计算机系

统中的资源可以分为 4 类，即处理器、主存储器、外部设备和信息（程序和数据）。管理上述资源的操作系统也包含 4 个模块，即处理器管理、存储器管理、设备管理和文件管理。操作系统的其他功能是合理地组织工作流程和方便用户。操作系统提供的作业管理模块，对作业进行控制和管理，成为用户和操作系统之间的接口。由此可以看出，操作系统应包括五大基本功能模块。

1. 作业管理

作业是用户程序及所需的数据和命令的集合，任何一种操作系统都要用到作业这一概念。作业管理就是对作业的执行情况进行系统管理的程序集合，主要包括作业的组织、作业控制、作业的状况管理及作业的调动等功能。

2. 进程管理

进程是可与其他程序共同执行的程序的一次执行过程，也是系统进行资源分配和调度的一个独立单位。程序和进程不同，程序是指令的集合，是静态的概念；进程则是指令的执行，是一个动态的过程。

进程管理是操作系统中最主要又最复杂的管理。它描述和管理程序的动态执行过程。尤其是多个程序分时执行，机器各部件并行工作及系统资源共享等特点，使进程管理更为复杂和重要。它主要包括进程的组织，进程的状态，进程的控制，进程的调度和进程的通信等控制管理功能。

3. 存储管理

存储管理是操作系统中用户与主存储器之间的接口，其目的是合理利用主存储器空间并且方便用户。存储管理主要包括分配存储空间、扩充存储空间、实现虚拟操作，以及实现共享、保护和重定位等功能。

4. 设备管理

设备管理是操作系统中用户和外部设备之间的接口，其目的是合理地使用外部设备并且方便用户。设备管理主要包括管理设备的缓冲区、I/O 调度、实现中断处理及虚拟设备等功能。

5. 文件管理

文件是指一个具有符号名的一组关联元素的有序序列，计算机是以文件的形式来存放程序和数据的。文件管理是操作系统中用户与存储设备之间的接口，负责管理和存取文件信息。不同的用户共同使用同一个文件，即文件共享，以及文件本身需要防止其他用户有意或无意的破坏，即文件的保护等，也是文件管理要考虑的。

3.1.3 操作系统的分类

按照操作系统的发展过程通常可以将操作系统进行以下分类。

（1）单用户操作系统

计算机系统在同一时刻只能支持运行一个用户程序。这类系统管理起来比较简单，但最大缺点是计算机系统的资源不能得到充分利用。

（2）批处理操作系统

20 世纪 70 年代运行于大、中型计算机上的操作系统，使多个程序或多个作业同时存在和运行，能充分使用各类硬件资源，故也称为多任务操作系统。

（3）分时操作系统

分时操作系统是支持多用户同时使用计算机的操作系统。分时操作系统将 CPU 时间资源划分成极短的时间片，轮流分给每个终端用户使用，当一个用户的时间片用完后，CPU 就转给另一个用户使用。由于轮换的时间很快，虽然各用户使用的是同一台计算机，但却能给用户一种"独占计算机"的感觉。分时操作系统是多用户多任务操作系统，UNIX 是国际上最流行的分时操作系统，也是操作系统的标准。

（4）实时操作系统

在某些应用领域，要求计算机对数据能进行迅速处理。例如，在自动驾驶仪控制下飞行的飞机、导弹的自动控制系统中，计算机必须对传感系统测得的数据及时、快速地进行处理和反应。这种有响应时间要求的计算机操作系统就是实时操作系统。

（5）网络操作系统

计算机网络是通过通信线路将地理上分散且独立的计算机连接起来实现资源共享的一种系统。能进行计算机网络管理、提供网络通信和网络资源共享功能的操作系统称为网络操作系统。

3.1.4　常用的操作系统

1. DOS 操作系统

DOS 是 Microsoft 公司开发的操作系统，自 1981 年问世以来，历经十几年的发展，是 20 世纪 90 年代最流行的微机操作系统，在当时几乎垄断了 PC 操作系统市场。DOS 是单用户单任务操作系统，对 PC 硬件要求低，通常操作是利用键盘输入程序或命令。由于 DOS 命令均由若干字符构成，枯燥难记，到 20 世纪 90 年代后期，随着 Windows 的完善，DOS 逐渐被 Windows 所取代。

2. Windows 操作系统

Windows 是由 Microsoft 公司开发的基于图形用户界面（graphic user interface，GUI）的单用户多任务操作系统。20 世纪 90 年代初 Windows 一出现，即成为 90 年代最流行的微型计算机操作系统，并逐渐取代 DOS 成为微机的主流操作系统。之后历经 Windows 95、Windows 98、Windows 2000、Windows XP，直至今天的 Windows 7、Windows 8 和 Windows 10。

Windows 支持多线程、多任务与多处理，它的即插即用特性使得安装各种支持即插即用的设备变得非常容易。它还具有出色的多媒体和图像处理功能及方便安全的网络管理功能。Windows 是目前最流行的微机操作系统。

3. UNIX 操作系统

UNIX 是一个多任务多用户的分时操作系统，一般用于大型机、小型机等较大规模的计算机中，它是 20 世纪 60 年代末由美国电话电报公司（AT&T）贝尔实验室研制的。

UNIX 提供有可编程的命令语言，具有输入/输出缓冲技术，还提供了许多程序包。UNIX 系统中有一系列通信工具和协议，因此网络通信功能强、可移植性强。因特网的 TCP/IP 协议就是在 UNIX 下开发的。

4. Linux 操作系统

Linux 来源于 UNIX 的精简版本 Minix。1991 年芬兰赫尔辛基大学学生 Linus Torvalds 修改完善了 Minix，开发出了 Linux 的第一个版本，其源代码在 Internet 上公开后，世界各地的编程爱好者不断地对其进行完善。正因为这个特点，Linux 被认为是一个开放代码的操作系统，同时，由于它是在网络环境下开发完善的，因此它有着与生俱来的强大的网络功能。Linux 的这种高性能及开发的低开支，也让人们对它寄予厚望，期望能够替换其他昂贵的操作系统软件。目前 Linux 主要流行的版本有 Red Hat Linux、Turbo Linux，我国自行开发的有红旗 Linux、蓝点 Linux 等。

5. 嵌入式操作系统

嵌入式操作系统（Embedded Operating System，EOS）是指用于嵌入式系统的操作系统。嵌入式操作系统是一种用途广泛的系统软件，通常包括与硬件相关的底层驱动软件、系统内核、设备驱动接口、通信协议、图形界面、标准化浏览器等。嵌入式操作系统负责嵌入式系统的全部软、硬件资源的分配、任务调度，控制、协调并发活动。它必须体现其所在系统的特征，能够通过装卸某些模块来达到系统所要求的功能。嵌入式操作系统通常具有系统内核小、专用性强、系统精简、高实时性、多任务的操作系统及需要开发工具和环境等特点。目前在嵌入式领域广泛使用的操作系统有：嵌入式 Linux、Windows Embedded、VxWorks 等，以及应用在智能手机和平板电脑的 Android、iOS 等。

6. 平板电脑操作系统

2010 年，苹果 iPad 在全世界掀起了平板电脑热潮，自第一代 iPad 上市以来，平板以惊人的速度发展起来，其对传统 PC 产业，甚至是整个 3C 产业都带来了革命性的影响。随着平板电脑的快速发展，平板电脑在 PC 产业的地位也愈发重要，其在 PC 产业的占比也得到大幅提升。目前市场上所有的平板电脑基本使用 3 种操作系统，分别是 iOS、Android、Windows。

iOS 是由苹果公司开发的手持设备操作系统。iOS 最初是设计给 iPhone 使用的，后来陆续套用到 iPod touch、iPad 及 Apple TV 等苹果产品上。苹果的 iOS 系统是封闭的，并不开放，所以使用 iOS 的平板电脑，也只有苹果的 iPad 系列。

iOS 系统的用户界面非常精美，也得到了很多人的喜爱，其操作系统使用起来比较"傻瓜"，用户十分容易上手。此外，该系统拥有成千上万的应用也是一个比较大的优势，各式各样的游戏、娱乐应用能让用户的生活更加丰富多彩。但是 iOS 系统的缺陷也十分的明显，那就是平时除了用它玩玩游戏上上网之外似乎干不了太多的事情。

Android 是 Google 公司推出的基于 Linux 核心的软件平台和操作系统，主要用于移动设备。Android 系统最初都是应用于手机的，由于 Google 以免费开源许可证的授权方式，发布了 Android 的源代码，并允许智能手机生产商搭载 Android 系统，也正是因为这样，Android 系统很快占有了市场的份额。Android 系统逐渐拓展到平板电脑及其他领域，目前 Android 已成为 iOS 最强劲的竞争对手之一。

相较于 iOS 系统，Android 系统似乎更具有可玩性。由于谷歌对于该系统采用开源政策，所以在市面上可以见到不少不同种类的 Android 平板。对用户而言，Android 系统除了可以体验到不同厂商推出的用户界面之外，还可以免费下载到许多大型游戏应用。Android 也是国内平板电脑最主要的操作系统。

在苹果推出 iPad 平板电脑以后，微软开始并没有意识到平板电脑会发展的如此迅猛，因此也没有推出任何平板的系统。直到微软发现错过了这一大商机，马上在推出了 PC 用 Windows 8 系统以后，又推出了用于自己开发的平板电脑的 Windows 8 系统。虽然在平板电脑中 Windows 还只能算是个"新人"，但势头却一点不弱，虽然开始阶段 Windows 8 系统与 iOS、Android 相比竞争力没有优势，但随着时间的推移，特别是 Windows 10 系统的发布，平板电脑的操作系统以形成三足鼎立之势。

在我们如今生活中，娱乐时间变得愈加碎片化，时间变成零零散散。在这种形势下，Windows 平板电脑优势就显现出来了。由于 Windows 可以兼容之前版本系列的软件，所以使用 Windows 的平板电脑不仅可以玩游戏，同时也可以处理一些办公文件。这点恰恰是 iPad 和 Android 的短板。强悍的硬件配置可以让我们在平板上能够拥有完整的 PC 体验，也就是说传统台式机、笔记本能干的事情，通过 Windows 平板电脑都可以做到。这使人们的日常电脑操作更加简单和快捷，也为人们提供了高效易行的工作环境。

3.2 Windows 操作系统介绍

3.2.1 Windows 的发展

Windows 是由 Microsoft 公司开发的基于图形用户界面（graphic user interface，GUI）的多任务操作系统。20 世纪 90 年代初 Windows 一出现，即成为 90 年代最流行的微型计算机操作系统，并逐渐取代 DOS 成为微机的主流操作系统。之后历经 Windows 95、Windows 98、Windows 2000、Windows XP、Windows 7、Windows 8 直至今天的 Windows 10。

Windows 支持多线程、多任务与多处理，它的即插即用特性使得安装各种支持即插即用的设备变得非常容易。它还具有出色的多媒体和图像处理功能及方便安全的网络管理功能。Windows 是目前最流行的微机操作系统。

3.2.2 Windows 的基本知识

1. Windows 的启动与退出

开启计算机电源之后，Windows 被装载入计算机内存，并开始检测、控制和管理计算机的各种设备。这一过程叫作系统启动。启动成功后，将进入 Windows 的工作界面。

在计算机数据处理工作完成以后，需要退出 Windows，才能切断计算机的电源。直接切断计算机电源的做法，对计算机及 Windows 系统都有损害。

在关闭计算机之前，首先要保存正在做的工作并关闭所有打开的应用程序，然后在 Windows 的"开始"菜单中单击"关机"按钮。此时，系统首先会关闭所有运行中的程序，然后系统会关闭后台服务，接着系统向主板和电源发出信号，切断对所有设备的供电，即关闭了计算机。

与关机有关的还有重新启动、锁定、睡眠、注销及切换用户等操作。

2. Windows 的桌面

桌面是指 Windows 显现的主界面，在正常启动 Windows 后，首先看到的就是 Windows 的桌面，如图 3-2 所示。

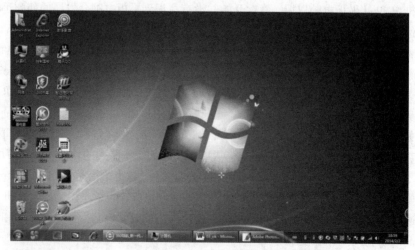

图 3-2 Windows 的桌面

在桌面上显示了一系列常用项目的程序图标，包括"计算机""网络""控制面板""回收站"和"Internet Explorer"等。

在桌面最下方是 Windows 任务栏（taskbar），任务栏的最左端是"开始"按钮，之后依次有快速启动区、应用程序区、语言选项带和托盘区等。Windows 中正在运行的程序图标会出现在任务栏的应用程序区，单击任务栏中的程序图标可以方便预览各个程序窗口内容，并进行窗口切换。

任务栏在默认情况下总是位于 Windows 工作桌面的底部，而且不被其他窗口覆盖，其高度只能容纳一行的按钮。但也可以对任务栏的状况进行调整或改变，称之为定制任务栏。

单击任务栏左端的"开始"按钮会弹出"开始"菜单。"开始"菜单集成了 Windows 中大部分的应用程序和系统设置工具，是启动应用程序最直接的工具，Windows 的几乎所有功能设置项，都可以在"开始"菜单内找到。

Windows 的开始菜单也可以进行一些自定义的设置，通过对"开始"菜单的定制，可以更方便、灵活地使用 Windows。

3．Windows 的窗口

运行一个程序或打开一个文档，Windows 系统就会在桌面上开辟一块矩形区域用来查看相应的程序或文档。在这个矩形区域内集成了诸多的元素，而这些元素则根据各自的功能又被赋予不同名字。这个集成诸多元素的矩形区域就叫作窗口。窗口具有通用性，大多数窗口的基本元素都是相同的。窗口可以打开、关闭、移动和缩放。

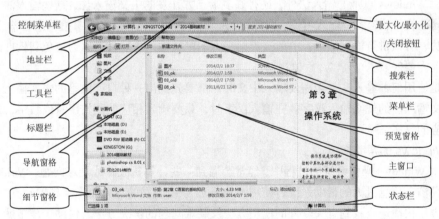

图 3-3　Windows 窗口

图 3-3 所示为一个典型的 Windows 窗口，它由边框、标题栏、菜单栏、工具栏、工作区、导航窗格、细节窗格、预览窗格、状态栏等部分组成。

Windows 窗口的操作包括窗口的最大化/还原、最小化、关闭操作、改变窗口大小的操作、移动窗口操作及在多个窗口之间进行切换的操作等。此外，为了更方便地查看和管理窗口，还可以在桌面上进行排列窗口的操作。

4．Windows 的菜单与对话框

在 Windows 中，菜单是一种用结构化方式组织的操作命令的集合，通过菜单的层次布局，复杂的系统功能才能有条不紊地为用户接受，如图 3-4 所示。在 Windows 中，有控制菜单、菜单栏或工具栏级联菜单、"开始"菜单和右键快捷菜单等几种形式的菜单。

在 Windows 菜单命令中，选择带有省略号的命令后会在屏幕上弹出一个特殊的窗口。在该窗口中列出了该命令所需的各种参数、项目名称、提示信息及参数的可选项。这种窗口叫对话框，

如图 3-5 所示。对话框是一种特殊的窗口，它没有控制菜单图标、最大/最小化按钮，对话框的大小不能改变，但可以用鼠标拖动移动它或关闭它。

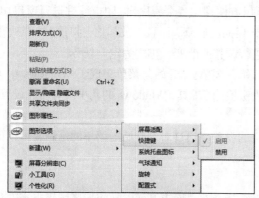

图 3-4　Windows 的菜单

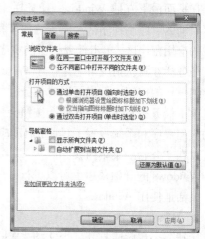

图 3-5　对话框

5. Windows 的中文输入

一般 Windows 提供有多种中文输入方法，如微软拼音输入法、智能 ABC 输入法、郑码输入法等。除了 Windows 自带的输入法外，还有许多第三方开发的中文输入法，这些输入法通常词库量大、组词准确并兼容各种输入习惯，因此得到广泛的应用，比较著名的有搜狗拼音输入法、QQ 拼音输入法、谷歌拼音输入法等。一般这类第三方的中文输入法软件可以通过免费软件的方式得到，使用前需要安装。

无论是使用何种输入法，当需要输入中文时，都要先调出一种自己熟悉的中文输入法，然后按照该中文输入法的规则输入汉字。在输入汉字时，只要输入相应的英文字符或数字，即可调出并输入对应的汉字

6. Windows 的帮助系统

在使用 Windows 操作系统的过程中，经常会遇到一些计算机故障或疑难问题，Windows 具有一个方便简洁、信息量大的帮助系统，使用 Windows 系统内置的"Windows 帮助和支持"，用户可以从中方便快捷地查找到有关软件的使用方法及疑难问题的解决方法，借助于该帮助系统，可以帮助用户解决所遇到的计算机问题。

3.2.3　Windows 的文件管理

文件管理是操作系统中的一项重要功能，Windows 具有很强的文件组织与管理功能。借助于 Windows，用户可以方便地对文件进行管理和控制。

1. 文件的有关知识

（1）文件

文件是计算机中一个非常重要的概念。它是操作系统用来存储和管理信息的基本单位。在文件中可以保存各种信息，而文件是具有名字的一组相关信息的集合。编制的程序、编辑的文档及用计算机处理的图像、声音信息等，都要以文件的形式存放在磁盘中。

每个文件都必须有一个确定的名字，这样才能做到对文件进行按名存取的操作。通常文件名称由文件名和扩展名两部分组成，文件名和扩展名之间用"."分隔。在 Windows 中，文件的扩

展名由 1~4 个合法字符组成，而文件名称（包括扩展名）可由最多达 255 个的字符组成。

（2）文件的类型

计算机中所有的信息都是以文件的形式进行存储的，如程序、文档、图像、声音信息等。由于不同类型的信息有不同的存储格式与要求，相应的就会有多种不同的文件类型，这些不同的文件类型一般通过扩展名来标明。表 3-1 所示为常见文件扩展名及其含义。

表 3-1　　　　　　　　　　　　　　常见文件扩展名及其含义

扩展名	含义	扩展名	含义
.com	系统命令文件	.exe	可执行文件
.sys	系统文件	.rtf	带格式的文本文件
.doc、.docx	Word 文档	.obj	目标文件
.txt	文本文件	.swf	Flash 动画发布文件
.bas	BASIC 源程序	.zip	ZIP 格式的压缩文件
.c	C 语言源程序	.rar	RAR 格式的压缩文件
.html	网页文件	.cpp	C++语言源程序
.bak	备份文件	.java	Java 语言源程序

（3）文件属性

文件属性是用于反映该文件的一些特征的信息。常见的文件属性如下。

● 文件的创建时间：该属性记录了文件被创建的时间。

● 文件的修改时间：文件可能经常被修改，文件修改时间属性会记录下文件最近一次被修改的时间。

● 文件的访问时间：文件会经常被访问，文件访问时间属性则记录了文件最近一次被访问的时间。

● 文件的位置：文件所在位置，一般包含盘符、文件夹。

● 文件的大小：文件实际的大小。

● 文件所占的磁盘空间：文件实际所占的磁盘空间。由于文件存储是以磁盘簇为单位，因此文件的实际大小与文件所占磁盘空间很多情况下是不同的。

● 文件的只读属性：为防止文件被意外修改，可以将文件设为只读属性，只读属性的文件可以被打开，但除非将文件另存为新的文件，否则不能将修改的内容保存下来。

● 文件的隐藏属性：对重要文件可以将其设为隐藏属性。一般情况下，隐藏属性的文件是不显示的。这样可以防止文件误删除、被破坏等。

● 文件的存档属性：当建立一个新文件或修改旧文件时，系统会把存档属性赋予这个文件，当备份程序备份文件时，会取消存档属性。这时，如果又修改了这个文件，则它又获得了存档属性。所以备份程序可以通过文件的存档属性，识别出来该文件是否备份过或做过了修改，需要时可以对该文件再进行备份。

（4）文件目录/文件夹

为了便于对文件的管理，Windows 操作系统采用类似图书馆管理图书的方法，即按照一定的层次目录结构，对文件进行管理，称为树形目录结构。

所谓的树形目录结构，就像一棵倒挂的树，树根在顶层，称为根目录，根目录下可有若干个（第一级）子目录或文件，在子目录下还可以有若干个子目录或文件，一直可嵌套若干级。

在 Windows 中，这些子目录称为文件夹，文件夹用于存放文件和子文件夹。可以根据需要，把文件分成不同的组并存放在不同的文件夹中。实际上，在 Windows 的文件夹中，不仅能存放文件和子文件夹，还可以存放其他内容，如某一程序的快捷方式等。

在对文件夹中的文件进行操作时，作为系统应该知道这个文件的位置，即它在哪个磁盘的哪个文件夹中。对文件位置的描述称为路径，如"D:\chai\练习\student.docx"就指示了"student.docx"文件的位置在 D 盘的"chai"文件夹下的"练习"文件夹中。

（5）文件通配符

在文件操作中，有时需要一次处理多个文件。当需要成批处理文件时，有两个特殊的符号非常有用，它们就是文件的通配符"*"和"?"。

- *：在文件操作中使用它代表任意多个 ASCII 字符。
- ?：在文件操作中使用它代表任意一个字符。

例如，"*.docx"表示所有扩展名为".docx"的文件；"lx*.bas"表示文件名的前两个字符是"lx"，扩展名是.bas 的所有文件；"a?e?x.*"表示文件名由 5 个字符组成，其中第 1、3、5 个字符是 a、e、x，第 2 个和第 4 个为任意字符，扩展名为任意符号的一批文件；而"a?e?x*.*"则表示了文件名的前 5 个字符中，第 1、3、5 个字符是 a、e、x，第 2 个和第 4 个为任意字符，扩展名为任意符号的一批文件（文件名不一定是 5 个字符）。当需要对所有文件进行操作时，可以使用"*.*"。

在文件搜索等操作中，通过灵活使用通配符，可以很快匹配出含有某些特征的多个文件。

2．Windows 的文件管理和操作

在 Windows 中通过"Windows 资源管理器"来对文件进行管理和操作。"Windows 资源管理器"是一个用于查看和管理系统中的所有资源的管理工具。它在一个窗口之中集成了系统的所有资源，利用它可以很方便地在不同的资源（文件夹）之间进行切换并实施操作。使用 Windows 资源管理器管理文件非常方便。图 3-6 所示为 Windows 资源管理器窗口。

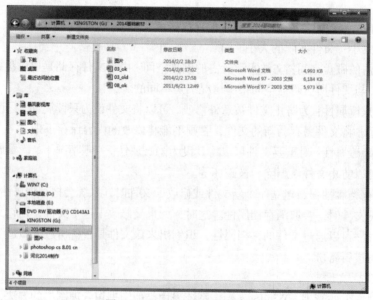

图 3-6　Windows 资源管理器窗口

（1）在 Windows 资源管理器窗口查看文件夹和文件

Windows 资源管理器窗口左侧的导航窗格中以树的形式列出了系统中的所有资源，包括"收

藏夹""库""家庭组""计算机"和"网络"，其中"计算机"用来管理所有磁盘及文件夹和文件。在导航窗格中选中"计算机"图标，主窗口中会显示出所有硬盘和移动盘的图标。

在 Windows 资源管理器中对文件进行管理和操作，最常见的操作就是逐层打开文件夹，直至找到需要操作的文件。通常的操作方法是，在导航窗格中选中"计算机"，然后在主窗口中双击需要操作的盘符（如 D 盘），此时主窗口中会显示出 D 盘中所有的文件夹和文件；继续找到需要操作的文件夹双击，此时主窗口中会显示该文件夹之下的所有子文件夹和文件，然后依此类推，直至找到需要操作的文件。

在进行文件夹操作时，也可以在导航窗格中逐层打开盘区、文件夹、子文件夹等，此时文件夹会按照层次关系依次展开。用户可以根据需要，在导航窗格中展开需要的文件夹，折叠目前不需要的文件夹，然后根据需要在不同的文件夹之间方便地进行切换，达到对文件夹和文件操作的目的。

通过 Windows 资源管理器的地址栏也可以方便地在不同文件夹之间进行切换。当在 Windows 资源管理器中查看一个文件夹时，在地址栏处会显示出当前文件夹的目录层次。在目录层次的每一级中间还有向右的小箭头，当用户单击其中某个小箭头时，该箭头会变为向下，显示该目录下所有文件夹名称。此时单击其中任一文件夹，即可快速切换至该文件夹访问页面，非常方便用户快速切换目录。

（2）设置文件夹或文件的显示选项

Windows 资源管理器提供了多种方式来显示文件或文件夹的内容，此外，还可以通过设置，排序显示文件或文件夹的内容。

图 3-7　视图模式菜单

Windows 资源管理器提供了 8 个视图模式来显示文件或文件夹的图标，如图 3-7 所示。用户可以从视图模式菜单中选择自己需要的显示模式。

在 Windows 资源管理器中，可以按照文件的名称、类型、大小和修改时间，对文件进行排序显示，以方便对文件的管理，如图 3-8 所示。4 种排序方式的含义如下。

- 按名称排列：按照文件和文件夹名称的英文字母排列。
- 按类型排列：按照文件的扩展名将同类型的文件放在一起显示。
- 按大小排列：根据各文件的字节大小进行排列。
- 按修改日期排列：根据建立或修改文件或文件夹的时间进行排列。

Windows 还可以依据上述的排列方式，进一步按组排列。在图 3-8 所示快捷菜单中选择"排序方式组依据"级联菜单，然后在"名称""修改日期""类型"和"大小"4 个分组依据中选择一种，系统就会根据选择的排序依据，进行排列显示，使排列效果更加明显。

（3）设置文件夹或文件的显示方式

在文件夹窗口下看到的可能并不是全部的内容，有些内容当前可能没有显示出来。这是因为 Windows 在默认情况下，会将某些文件（如隐藏文件等）隐藏起来不让它们显示。为了能够显示所有文件，可以打开"文件夹选项"对话框，在"查看"选项卡的"隐藏文件和文件夹"的两个单选按钮中选中"显示隐藏的文件、文件夹和驱动器"单选按钮，如图 3-9 所示。

如果在上述操作中又选择了"不显示隐藏的文件、文件夹和驱动器"，则隐藏文件又被隐藏了起来，不再显示。另外，通过在资源管理器的窗口中右击，在弹出的快捷菜单选择"显示/隐藏 隐藏文件"命令，如图 3-8 所示，可以在显示或不显示隐藏文件之间进行快速切换。

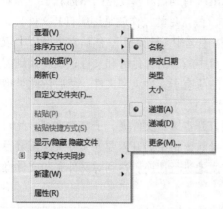

图 3-8 "排序方式"级联菜单

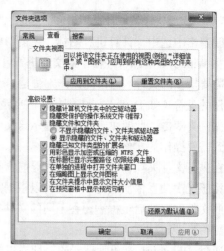

图 3-9 "文件夹选项"对话框

通常情况下，在文件夹窗口中看到的大部分文件只显示了文件名的信息，而其扩展名并没有显示。这是因为在默认情况下，Windows 对于已在注册表中登记的文件，只显示文件名信息，而不显示扩展名。也就是说，Windows 是通过文件的图标来区分不同类型的文件的，只有那些未被登记的文件才能在文件夹窗口中显示其扩展名。

如果想看到所有文件的扩展名，可以在"文件夹选项对话框"的"查看"选项卡中，取消"隐藏已知文件类型的扩展名"复选框的选中，如图 3-9 所示。

3. 文件和文件夹操作

文件和文件夹操作包括文件和文件夹的选定、复制、移动和删除等，是日常工作中最经常进行的操作。

（1）选定文件和文件夹

在 Windows 中进行操作，通常都遵循这样一个原则：先选定对象，再对选定的对象进行操作。因此，进行文件和文件夹操作之前，首先要选定欲操作的对象。

选定文件对象时可以用鼠标单击文件或文件夹图标，选定单个对象；还可以通过按住【Ctrl】或【Shift】键后鼠标单击文件对象，同时选定多个文件对象的操作。

（2）创建文件夹

在"工具栏"上直接单击"新建文件夹"；或右击想要创建文件夹的窗口或桌面，在弹出的快捷菜单中选择"新建"，在出现的级联菜单中选择"文件夹"命令，此时弹出文件夹图标并允许为新文件夹命名（系统默认文件名为"新建文件夹"）。

（3）利用 Windows 剪贴板实现移动或复制文件和文件夹的操作

为了在应用程序之间交换信息，Windows 提供了剪贴板的机制。剪贴板是内存中一个临时数据存储区，在进行剪贴板的操作时，总是通过"复制"或"剪切"命令将选定的对象送入剪贴板，然后在需要接收信息的窗口内通过"粘贴"命令从剪贴板中取出信息。

虽然"复制"和"剪切"命令都是将选定的对象送入剪贴板，但这两个命令是有区别的。"复制"命令是将选定的对象复制到剪贴板，因此执行完"复制"命令后，原来的信息仍然保留，同时剪贴板中也具有了该信息。"剪切"命令是将选定的对象移动到剪贴板，执行完"剪切"命令后，剪贴板中具有了信息，而原来的信息就被删除了。

如果进行多次的"复制"或"剪切"操作，剪贴板总是保留最后一次操作时送入的内容。但是，一旦向剪贴板中送入了信息之后，在下一次"复制"或"剪切"操作之前，剪贴板中的内容将保持不变。这也意味着可以反复使用"粘贴"命令，将剪贴板中的信息送至不同的程序或同一程序的不同地方。

由剪贴板的上述特性，可以得出利用剪贴板进行文件移动或复制的常规操作步骤如下。

① 首先选定要移动或复制的文件和文件夹。

② 如果是复制，按快捷键【Ctrl】+【C】，或在"组织"菜单中选择"复制"命令；如果是移动，按快捷键【Ctrl】+【X】，或在"组织"菜单中选择"剪切"命令。

③ 选定接收文件的位置，即打开目标位置的文件夹。

④ 按快捷键【Ctrl】+【V】，或在"组织"菜单中选择"粘贴"命令。

（4）为文件或文件夹重命名

在进行文件或文件夹的操作时，有时需要更改文件或文件夹的名字，这时选定要重命名的对象，然后单击对象的名字，或按【F2】键；也可以右击要重命名的对象，在弹出的快捷菜单中选择"重命名"命令。

（5）删除文件或文件夹

删除文件最快的方法就是用【Delete】键。先选定要删除的对象，然后按该键即可。在进行删除前，系统会给出提示信息让用户确认，确认后，系统才将文件删除。需要说明的是，在一般情况下，Windows 并不真正删除文件，而是将被删除的项目暂时放在一个称为回收站的地方。实际上，回收站是硬盘上的一块区域，被删除的文件会被暂时存放在这里，如果发现删除有误，可以通过回收站恢复。

需要说明的是，从移动盘或网络服务器删除的项目不保存在回收站中。此外，当回收站的内容过多时，最先进入回收站的项目将被真正地从硬盘删除，因此，回收站中只能保存最近删除的项目。

4. 文件的搜索

在实际操作中，经常需要找到所需的文件，但文件夹可能要嵌套很多层，尤其是当不太清楚文件在什么位置或对文件的准确名称不太清楚时，找到一个文件可能会很麻烦。此时，就需要对文件进行搜索，以便很快找到所需文件。

在 Windows 资源管理器的右上方有搜索栏，借助于搜索栏可以快速搜索当前地址栏所指定的地址（文件夹）中的文档、图片、程序、Windows 帮助甚至网络等信息。Windows 系统的搜索是动态的，当用户在搜索栏中输入第一个字符的时刻，Windows 的搜索就已经开始工作，随着用户不断输入搜索的文字，Windows 会不断缩小搜索范围，直至搜索到用户所需的结果，由此大大提高了搜索效率。

在搜索栏中输入待搜索的文件时，可以使用通配符"*"和"？"，借助于通配符，用户可以很快找到符合指定特征的文件。

5. Windows 中的收藏夹和库

（1）收藏夹

在 Windows 系统中提供了一个类似于 IE 浏览器的收藏夹功能。在 Windows 资源管理器的导航窗格的顶部显示有"收藏夹"的图标，用户可以将经常访问的文件夹保存在"收藏夹"中。这样以后使用起来就可以很方便地找到这个文件夹，而不用怕目标文件夹被一层套一层的隐藏在很深的目录里了。

如果想把自己经常访问的文件夹添加到 Windows7 的"收藏夹"中，可以先在 Windows 资源管理器中打开需要添加到"收藏夹"的文件夹，然后用鼠标右键单击"收藏夹"图标，在弹出的快捷菜单中选择"将当前位置添加到收藏夹"就可以了。用户也可以先找到需要添加到"收藏夹"中的文件夹，然后用鼠标将其直接拖拽至"收藏夹"区域，即可将其添加到"收藏夹"中。

如果用户不想用"收藏夹"中的文件夹了，则可以在"收藏夹"中选中该文件夹，然后直接按【Delete】键将其删除。用户删除"收藏夹"中的文件夹不用担心真的删掉了对应的文件夹，因为添加到"收藏夹"里文件夹只是实际文件夹的"快捷方式"。

（2）库

库用于管理文档、音乐、图片和其他文件的位置，它可以用与在文件夹中浏览文件相同的方式浏览文件，也可以查看按属性（如日期、类型和作者）排列的文件。

在某些方面，库类似于文件夹，但与文件夹不同的是，库可以收集存储在多个位置中的文件。库实际上不存储项目，它只是监视包含项目的文件夹，并允许以不同的方式访问和排列这些项目。

库是个虚拟的概念，把文件和文件夹加入到库中并不是将这些文件和文件夹真正复制到库这个位置，而是在库这个功能中登记了这些文件和文件夹的位置来由 Windows 管理而已。就是说库中并不真正存储文件，库中的对象只是各种文件和文件夹的一个指向。因此，收入到库中的内容除了它们各自占用的磁盘空间之外，几乎不会再额外占用磁盘空间，并且删除库及其内容时，也并不会影响到那些真实的文件和文件夹，这一点与快捷方式非常相像。

在 Windows 中用户可以根据自己的需要随意创建新库，在建立好自己的库之后，用户可以随意把常用的文件都拖放到自己建立的库中来。这样工作中找到自己的文件夹就变得简单容易，而且这是在非系统盘符下生成的快捷链接，既保证了高效的文件夹管理，也不占用系统盘的空间影响 Windows 运行速度。当用户不再需要某个库时，只要在 Windows 资源管理器中选中这个库，然后按【Delete】键即可将其删除，且不会影响库中的文件和文件夹。

3.2.4　Windows 中的程序运行

每一个应用程序都是以文件的形式存放在磁盘上的。所谓运行程序，实际上就是将对应的文件调入内存并执行。在 Windows 中，提供了多种方法来运行程序或打开文档。

1. 使用"开始"菜单的"所有程序"级联菜单运行程序

这是运行程序最直接也是最基本的方法，因为在"开始"菜单的"所有程序"级联菜单中，包含了 Windows 所设置的大部分程序项目，从这里可以启动 Windows 中几乎所有的应用程序。

单击"开始"按钮打开"开始"菜单，然后用鼠标单击"所有程序"，"所有程序"级联菜单即出现在菜单上。在"所有程序"级联菜单中，包含一些安装在 Windows 中的程序名，如 Adobe Photoshop CS，此外，还包含有若干级联菜单项，如"附件"、Microsoft Office 级联菜单项。每个级联菜单都是程序目录，单击这些级联菜单项，即可打开级联菜单，显示出该级联菜单下的程序项目。找到需要运行的程序并单击，即可运行该程序（即打开相应程序窗口）。

通常情况下，"所有程序"级联菜单的内容是由 Windows 设置好的，但也可以根据需要定制"开始"菜单，即在"所有程序"级联菜单中添加或取消一些程序项目。

2. 在资源管理器中直接运行程序或打开文档

（1）通过双击文件图标或名称来运行程序或打开文档

在 Windows 资源管理器中按照文件路径依次打开文件夹，找到需要运行的程序或文档，双击文件图标或直接双击文件名，将运行相应程序或打开文档。这也是运行程序或打开文档的一种常见的方式。所谓打开文档，就是运行应用程序并在该程序中调入文档文件。可见，打开文档的本质仍然是运行程序。

（2）关于 Windows 注册表及相关内容的介绍

当在 Windows 资源管理器窗口中双击一个文档图标时，将运行相应的应用程序并调入该文档。系统之所以知道该文档与哪个应用程序相对应，Windows 注册表起到了重要的作用。

Windows 注册表是由 Windows 维护着的一份系统信息存储表。该表中除了包括许多重要信息外，还包括了当前系统中安装的应用程序列表及每个应用程序所对应的文档类型的有关信息。在 Windows 中，文档类型是通过文档的扩展名来加以区分的，当在 Windows 中安装一个应用程序时，该应用程序即在注册表中进行登记，并告知该应用程序所对应的文档使用的默认的扩展名。正是有了这些信息，当在 Windows 资源管理器窗口中双击一个文档图标时，Windows 才能够启动相应的应用程序并调入该文档。

在 Windows 中，这种某一类文档与一个应用程序之间的对应关系称为关联。例如，以.docx 为扩展名的文档与 Word 相关联；以.xlsx 为扩展名的文档与 Excel 相关联。实际上在 Windows 中，大多数文档都与某些应用程序相关联。但是，也有些用户会用自己定义的扩展名来命名文件。这样的文件由于没有在注册表中与某个应用程序相对应，即没有与某个应用程序建立关联，当双击这些文档时，系统将不知道应该运行什么应用程序。为此，需要将这样的文件与某个应用程序建立关联。

当双击某个扩展名的文件时，如果系统中未安装对应的应用程序，Windows 不知道用哪个程序打开该文件。此时，系统会弹出"Windows 无法打开此文件"的提示对话框，如图 3-10（a）所示。此时需要从 Windows 安装的应用程序中找到一个来打开该文件，即自己建立该文件与某个应用程序间的关联。为此，在图 3-10（a）所示对话框中选中"从已安装程序列表中选择程序"单选按钮，然后单击"确定"按钮，打开如图 3-10（b）所示的"打开方式"对话框。

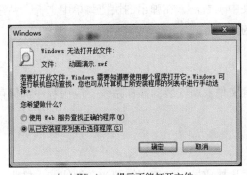
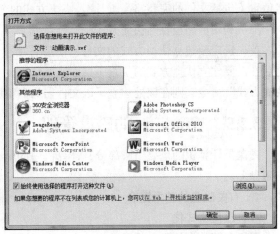

（a）Windows 提示不能打开文件　　　　　　（b）"打开方式"对话框

图 3-10　文件关联

在"打开方式"对话框中，系统会给出一个推荐的程序来打开文件，用户也可以单击"其他程序"旁的下拉图标，列出已在注册表中登记的所有应用程序，从中指定一个应用程序并单击"确定"按钮，则指定的应用程序与选定的文档建立了关联。同时，系统运行该应用程序并调入文档。

需要说明的是，所谓关联是指一个应用程序与某类文档之间的关联。虽然上述操作是通过双击一个文档与指定的应用程序建立了关联，但经过上述操作后，与这个文档同类的文档（具有相同扩展名）均与指定的应用程序建立了关联。此外，在为文档建立关联时，如果没有选中"打开方式"对话框下端的"始终使用选择的程序打开这种文件"复选框，则只是在这个文档和指定的应用程序之间创建一次性关联，即只在当前启动应用程序并调入文档，操作完成后，文档与应用程序之间仍没有关联关系。

3. 创建和使用快捷方式

快捷方式是一种特殊类型的文件，它仅包含了与程序、文档或文件夹相链接的位置信息，并不包含这些对象本身的信息。因此，快捷方式是指向对象的指针，当双击快捷方式（图标）时，相当于双击了快捷方式所指向的对象（程序、文档、文件夹等）并进而执行之。

由于快捷方式是指向对象的指针，而非对象本身，这意味着创建或删除快捷方式并不影响相应的对象。可以将某个经常使用的程序以快捷方式的形式，置于桌面上或某个文件夹中，这样每次执行时会很方便。当不需要该快捷方式时，将其删除，也不会影响到程序本身。

创建快捷方式可以利用 Windows 提供的向导或通过鼠标拖动的方法，还可以通过剪贴板来粘贴快捷方式。

（1）通过鼠标右键拖动的方法建立快捷方式

在找到需要建立快捷方式的程序文件后，用鼠标右键拖放至目的地（桌面或某个文件夹中），将弹出一个菜单，在菜单中选择"在当前位置创建快捷方式"命令，则在目的地建立了以文件名为名称的快捷方式。

（2）利用向导建立快捷方式

在需要建立快捷方式的位置（桌面或某个文件夹中）右击，在弹出的快捷菜单中选择"新建"命令下的"快捷方式"命令，打开"创建快捷方式"向导。在向导的引导下，依次指定程序文件名位置（包括文件的完整路径）、输入快捷方式的名称，即可完成快捷方式的建立。

（3）利用剪贴板粘贴快捷方式

首先选定要建立快捷方式的文件，然后直接按【Ctrl】+【C】组合键，将其复制到剪贴板；之后在需要建立快捷方式的位置（桌面或某个文件夹中）右击，在弹出的快捷菜单中选择"粘贴快捷方式"命令，则在该处建立了以文件名为名称的快捷方式。

3.2.5 Windows 的磁盘管理

磁盘是计算机的重要组成部分，计算机中的所有文件及所安装的操作系统、应用程序都保存在磁盘上。

1. 有关磁盘的基本概念

（1）磁盘格式化

用于存储数据的硬盘可以看作是由多个坚硬的磁片构成的，它们围绕同一个轴旋转。格式化磁盘就是在磁盘上建立可以存放文件或数据信息的磁道和扇区，执行格式化操作后，每个磁片被格式化为多个同心圆，称为磁道（track）。磁道进一步分成扇区（sector），扇区是磁盘存储的最小单元。

一个新的没有格式化的磁盘，操作系统和应用程序将无法向其中写入文件或数据信息。所以，新买来的磁盘在使用之前首先要对其进行格式化，才能存放文件。对使用过的磁盘进行重新格式化时一定要谨慎，因为格式化操作将清除磁盘上一切原有的信息。

（2）硬盘分区

在对新硬盘做格式化操作时，都会碰到一个对硬盘分区的操作。所谓硬盘分区是指将硬盘的整体存储空间划分成多个独立的区域，分别用来安装操作系统、安装应用程序及存储数据文件等。在实际应用中，硬盘分区并非必须和强制进行的工作，但是为了在实际应用时更加方便，通常情况下人们还是要对硬盘进行分区操作，这一般是出于如下的两点考虑。

① 安装多操作系统的需要：出于对文件安全和存取速度等方面的考虑，不同的操作系统一般采用或支持不同的文件系统，但是对于分区而言，同一个分区只能采用一种文件系统。所以，如果用户希望在同一个硬盘中安装多个支持不同文件系统的操作系统时，就需要对硬盘进行分区。

② 作为不同存储用途的需要：通常，从文件存放和管理的便利性出发，将硬盘分为多个区，用以分别放置操作系统、应用程序及数据文件等，比如，在 C 盘上安装操作系统，在 D 盘上安装应用程序，在 E 盘上存放数据文件，F 盘则用来备份数据和程序。

（3）文件系统

文件系统是指在硬盘上存储信息的格式。它规定了计算机对文件和文件夹进行操作处理的各种标准和机制，所有对文件和文件夹的操作都是通过文件系统来完成的。不同的操作系统一般使用不同的文件系统，不同的操作系统能够支持的文件系统不一定相同。目前 Windows 支持的文件系统有 FAT16、FAT32 和 NTFS。

2. 磁盘的基本操作

（1）查看磁盘容量

在"资源管理器"窗口中单击需要查看的硬盘驱动器图标，窗口底部细节窗格中就会显示出当前磁盘的总容量和可用的剩余空间信息。此外，在资源管理器窗口中右击需要查看的磁盘驱动器图标，在弹出的快捷菜单中选择"属性"命令，打开该磁盘的属性对话框，如图 3-11 所示，在其中就可了解磁盘空间占用情况等信息。

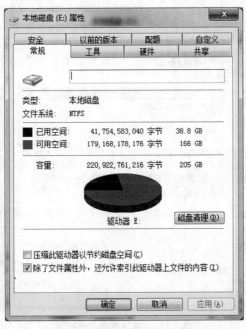

图 3-11　磁盘"属性"对话框

（2）格式化磁盘

格式化操作是分区管理中最重要的工作之一，用户可以在资源管理器中对选定的磁盘驱动器进行格式化操作。

在 Windows 资源管理器窗口中右击需要格式化的盘符图标，在弹出的快捷菜单中选择"格式化"命令，即可打开格式化对话框。在对话框中可以指定格式化分区采用的文件系统格式，指定逻辑驱动器的分配单元的大小并为驱动器设置卷标名。

如果在格式化时选中了"快速格式化"复选框，就可以快速完成格式化工作，但这种格式化不检查磁盘的损坏情况，其实际功能相当于删除文件。

需要尤其注意的是，格式化将删除磁盘上的全部数据，操作时一定小心，确认磁盘上无有用数据后，才能进行格式化操作。

3. 磁盘的高级操作

（1）磁盘备份

在实际的工作中，有可能会遇到磁盘驱动器损坏、病毒感染、供电中断等各种意外的事故。这些意外事故的发生都会造成的数据丢失和损坏。为了避免意外事故发生所带来的数据错误或数据丢失等损失，需要对磁盘数据进行备份，以便在需要时还原。在 Windows 中，利用磁盘备份向导可以方便快捷地完成磁盘备份工作。

（2）磁盘清理

用户在使用计算机的过程中会进行大量的读写、安装、下载、删除等操作，这些操作会在磁盘上留存许多临时文件和已经没有用处的文件；不但会占用磁盘空间，还会降低系统的处理速度，降低系统的整体性能。因此，计算机要定期进行磁盘清理，以便释放磁盘空间。

执行"磁盘清理"命令，系统会对指定磁盘进行扫描和计算工作，在完成扫描和计算工作之后，系统会打开"磁盘清理"对话框，并在其中按分类列出指定磁盘上所有可删除文件的大小（字节数），如图 3-12 所示。

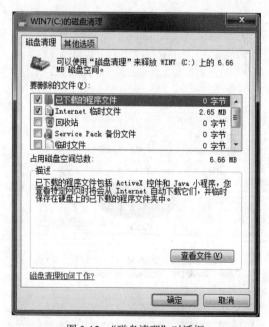

图 3-12 "磁盘清理"对话框

此时，用户根据需要，在"要删除的文件"列表中选择需要删除的某一类文件，单击"确定"按钮，即可完成磁盘清理工作。用户还可以选中"其他选项"选项卡，通过进一步的操作来清理更多的文件以提高系统的性能。

（3）磁盘碎片整理

在使用磁盘的过程中，由于不断地删除、添加文件，经过一段时间后，就会形成一些物理位置不连续的文件，这就是磁盘碎片。

Windows 的"磁盘碎片整理程序"可以清除磁盘上的碎片，重新整理文件，将每个文件存储在连续的簇块中，并且将最常用的程序移到访问时间最短的磁盘位置，以加快程序的启动速度。此外，Windows"磁盘碎片整理程序"还具有强大的分析能力，用户可使用分析功能判断进行磁盘碎片整理是否能改善计算机性能，并给出是否要进行磁盘碎片整理的建议。

由于磁盘碎片整理是一个耗时较长的工作，当不需要进行磁盘碎片整理时，根据分析报告操作，可以避免浪费时间。

3.2.6 Windows 控制面板

在 Windows 系统中有许多软、硬件资源，如系统、网络、显示、声音、打印机、键盘、鼠标、字体、日期和时间、卸载程序等。用户可以根据实际的需要，通过控制面板对这些软、硬件资源的参数进行调整和配置，以便更有效地使用它们。

1. 系统和安全

Windows 系统的系统和安全主要实现对计算机状态的查看、计算机备份及查找和解决问题的功能，包括防火墙设置，系统信息查询、系统更新、计算机备份等一系列系统安全的配置。

（1）Windows 防火墙

Windows 防火墙能够检测来自 Internet 或网络的信息，然后根据防火墙设置来阻止或允许这些信息通过计算机。防火墙可以防止黑客攻击系统或防止恶意软件、病毒、木马程序通过网络访问计算机，而且有助于提高计算机的性能。

在 Windows 防火墙的设置中可以打开或关闭防火墙，还可以在"允许的程序和功能"列表栏中，勾选信任的程序，或通过手动添加程序方式，将可信任的应用程序手动添加到信任列表中。

（2）Windows 操作中心

Windows 操作中心，通过检查各个与计算机安全相关的项目来检查计算机是否处于优化状态。当被监视的项目发生改变时，操作中心会在任务栏的右侧发布一条信息来通知用户，收到监视的项目状态颜色也会相应地改变，以反映该消息的严重性，并且还会建议用户采取相应的措施。

（3）Windows Update

一个新的操作系统诞生之初，往往是不完善的。这就需要不断地更新系统并为系统打上补丁来提高系统的稳定性和安全性。Windows Update 就是为系统更新和补丁而设置的，当用户使用了 Windows Update，用户不必手动联机更新，Windows 会自动检测适用于计算机的最新更新，并根据用户所进行的设置自动安装更新，或者只通知用户有新的更新可用。

2. 外观和个性化

Windows 系统的外观和个性化设置包括对桌面、窗口、按钮、菜单等一系列系统组件的显示设置。系统外观是计算机用户接触最多的部分。

在"控制面板"窗口中选择"外观和个性化"，打开"外观和个性化"窗口，如图 3-13 所示。

在该窗口中包含"个性化""显示""桌面小工具""任务栏和开始菜单""轻松访问中心""文件夹选项"和"字体"7 个选项。

图 3-13 "外观和个性化"窗口

（1）个性化

在"外观和个性化"窗口中单击"个性化"，可以实现更改主题、更改桌面背景、更改窗口颜色和外观、更改声音效果及更改屏幕保护程序的设置。

（2）显示

在"外观和个性化"窗口中单击"显示"，可以进行调整分辨率、调整亮度、更改显示器设置等项操作。屏幕分辨率是显示器的一项重要指标，其中，常见的分辨率包括 800×600 像素、1024×768 像素、1280×600 像素、1280×720 像素、1280×768 像素、1360×768 像素及 1366×768 像素等。显示器可用的分辨率范围取决于计算机的显示硬件，分辨率越高，屏幕中的像素点就越多，可显示的内容就越多，所显示的对象就越小。

（3）任务栏和开始菜单

在"外观和个性化"窗口中单击"任务栏和「开始」菜单"，可以"自定义开始菜单""自定义任务栏上的图标"和"更改「开始」菜单上的图片"。

（4）字体

字体是屏幕上看到的、文档中使用的、发送给打印机的各种字符的样式。在 Windows 系统的 "c:\Windows\fonts" 文件夹中安装有多种字体文件，用户可以添加和删除字体。字体文件的操作方式和其他文件操作方式相同，用户可以在 "c:\Windows\fonts" 文件夹中移动、复制或删除字体文件。系统中使用最多的字体主要有宋体、楷体、黑体、仿宋等。

3. 时钟、语言和区域设置

在"控制面板"窗口中选择"时钟、语言和区域"，用户可以在此设置计算机的日期和时间、所在位置，也可以更改日期、时间或数字的格式，更改显示的语言及键盘或其他输入法等。

4．程序

在 Windows 系统中，大部分的应用程序都需要安装到 Windows 系统中才能使用。在应用程序的安装过程中会进行诸如程序解压缩、复制文件、在注册表中注册必要信息及设置程序自动运行、注册系统服务等诸多工作。

与安装相反的一个操作就是卸载。所谓卸载就是将不需要的应用程序从系统中去除。由于应用程序的安装会涉及复制文件、注册信息等诸多工作，所以不能简单地删除应用程序文件来达到卸载的目的，必须借助控制面板中"程序和功能"工具来实现程序的卸载操作。

在"控制面板"窗口中单击"程序"，会在窗口列表中列出系统中安装的所有程序，在列表中选中某个程序项目图标，就可以利用"更改"按钮重新启动安装程序，然后对安装配置进行修改；也可以利用"卸载"按钮卸载程序。

5．用户账户和家庭安全

在"控制面板"窗口中选中"用户账户和家庭安全"，可实现对用户账户、家长控制等的操作。

（1）用户账户

Windows 系统作为一个多用户操作系统，允许多个用户共同使用一台计算机。当多个用户共同使用一台计算机时，为了使每个用户可以保存自己的文件夹及系统设置，系统就为每个用户开设一个账号。账号就是用户进入系统的出入证，用户账号一方面为每个用户设置相应的密码、隶属的组，保存个人文件夹及系统设置，另一方面将每个用户的程序、数据等相互隔离。这样用户在不关闭计算机的情况下，不同的用户可以相互访问资源。另外，如果自己的系统设置、程序和文件夹不想让别人看到和修改，只要为其他的用户创建一个受限制的账号就可以了，而且还可以使用管理员账号来控制别的用户。

（2）家长控制

Windows 中家长控制功能的目的是使家长可以对孩子玩游戏情况、网页浏览情况和整体计算机使用情况进行必要的限制。通过家长控制功能，可以帮助家长确定他们的孩子能玩哪些游戏，能使用哪些程序，能访问哪些网站及何时执行这些操作。

3.2.7　Windows 的任务管理器

1．Windows 任务管理器概述

Windows 任务管理器是一种专门管理任务进程的程序，它提供了有关计算机性能的信息，并显示了计算机上所运行的程序和进程的详细信息。它可以显示最常用的度量进程性能的单位，如果连接到网络，还可以查看网络状态并迅速了解网络是如何工作的。直接按【Ctrl】+【Shift】+【Esc】组合键，或右键单击任务栏，在弹出的快捷菜单中选择"启动任务管理器"即可打开任务管理器窗口，如图 3-14 所示。

Windows 任务管理器的用户界面提供了"文件""选项""查看""窗口""帮助"等菜单项，其下还有"应用程序""进程""服务""性能""联网""用户"6 个选项卡。在窗口底部是状态栏，在这里可以查看到当前系统的进程数、CPU 使用率、物理内存的使用情况等数据。

2．Windows 任务管理器功能介绍

任务管理器可以对应用程序、进程、服务进行管理，可以对计算机的性能等信息进行显示，还可以显示联网及用户的信息。这些内容被分别安排在 6 个选项卡中。

（1）"应用程序"选项卡

该选项卡显示了所有当前正在运行的应用程序，不过它只显示当前已打开窗口的应用程序，

如资源管理器窗口、浏览器窗口或其他应用程序窗口，而 QQ、MSN Messenger 等最小化至系统托盘区的应用程序则并不会显示出来。在这里可以选定某个应用程序，然后单击"结束任务"按钮直接关闭该应用程序。如果需要同时结束多个任务，可以按住【Ctrl】键复选。

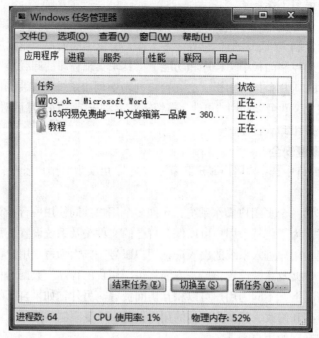

图 3-14 "Windows 任务管理器"窗口

在 Windows 中运行某个应用程序时，有时会遇到该应用程序毫无反应，从应用程序窗口中也无法关闭程序这样的情况。此时，在"应用程序"选项卡中，该应用程序的名称后会有"未响应"字样。这时就可以利用上述关闭任务的操作，强行关闭该应用程序。

（2）"进程"选项卡

进程是程序在计算机上的一次执行活动。当运行一个程序时，就启动了一个进程。显然，程序是死的（静态的），进程是活的（动态的）。进程可以分为系统进程和用户进程。凡是用于完成操作系统的各种功能的进程就是系统进程，它们就是处于运行状态下的操作系统本身；用户进程就是所有由用户启动的进程。进程是操作系统进行资源分配的单位。在 Windows 下，进程又被细化为线程，也就是一个进程下有多个能独立运行的更小的单位。

在"进程"选项卡中显示了所有当前正在运行的进程，包括用户打开的应用程序及执行操作系统各种功能的后台服务等。通常对于一般用户来说，不一定清楚地了解进程与对应服务的关系。

如果需要结束某个进程，则首先选定该进程名并右击，在弹出的快捷菜单中选择"结束进程"命令，即可强行终止。不过这种方式将丢失未保存的数据，而且如果结束的是系统服务，则系统的某些功能可能无法正常使用。

（3）"服务"选项卡

服务是系统中不可或缺的一项重要内容，很多内核程序、驱动程序需要通过服务项来加载。每个服务就是个程序，旨在执行某种功能，不用用户干预，就可以被其他程序调用。

"服务"选项卡实际上是一种精简版的服务管理控制台，列出了服务名称、PID（进程号）、对服务性质或功能的描述、服务的当前状态及工作组。单击"服务"选项卡底部的"服务"按钮，在打开的"服务"窗口中列出了系统中的所有服务项目，用户可以从中访问某个服务。如果用户感觉哪个服务有问题，可以禁止启动它，或者改成只能人工启动。这样就能查看关闭这个服务是否可以解决问题。

（4）"性能"选项卡

在任务管理器的"性能"选项卡中，动态地列出了该计算机的性能，如 CPU 的使用情况、使用记录及各种内存的使用情况。用户可以通过该选项卡了解当前计算机的使用状况。

（5）"联网"选项卡

在任务管理器的"联网"选项卡中，动态地列出了该计算机当前的联网状态，包括适配器名称、网络应用状况、链接速度、当前状态等。

（6）"用户"选项卡

在任务管理器的"用户"选项卡中，列出了在该计算机中建立的各用户的状况，包括用户名、用户标识、用户状态、客户端名、会话等。在"用户"选项卡中还可以进行用户的切换或注销。

第4章
文字处理软件 Word 2010

人们在日常生活、学习、工作中经常要处理各种类型的文档、表格、数据等，而随着计算机应用的推广，越来越多的人选择使用办公软件来帮助自己处理这些信息。Microsoft Office 办公套件是目前应用比较广泛的一类软件，其中包括文档处理、表格处理、幻灯片制作、网页制作及数据库等实用工具软件，几乎能够满足人们实现办公自动化所需要的所有功能。

本章主要介绍文字处理软件 Word 的使用与操作，使用它帮助人们进行文档的编辑与处理。

学习目标

* 了解 Word 的基本知识，包括 Word 的启动、工作环境、功能区等。
* 掌握 Word 文档的基本操作，包括文档的创建与录入、文本的查找与替换、公式编辑器的操作。
* 掌握 Word 文档版面设计操作，包括字符、段落、页面格式的设置及文档页面修饰等。
* 掌握 Word 表格的制作和处理操作。
* 掌握 Word 图文处理的操作，包括图片操作、文本框操作及图文混排。

4.1 Word 2010 的基本知识

启动 Word 后就可以打开 Word 文档窗口，如图 4-1 所示。作为 Windows 的应用程序，Word 窗口也包括标题栏、工具栏、状态栏、标尺、工作区及滚动条等窗口元素。Windows 中对窗口操作的各种方法同样适用于 Word 窗口。下面对 Word 的窗口元素进行介绍。

（1）标题栏

标题栏是位于窗口最上方的长条区域，用于显示应用程序名和当前正在编辑的文档名等信息。在左侧显示控制图标和快速访问工具栏，在右端提供"最小化""最大化/还原"和"关闭"按钮来管理界面。

（2）快速访问工具栏

快速访问工具栏中包含一些常用的命令按钮，单击某个按钮，可快速执行这个命令。默认情况下，只显示"保存""撤销"和"恢复"按钮。单击右侧的"自定义快速访问工具栏"按钮，在弹出的下拉列表中可根据需要进行添加和更改，如可以选择"新建""打开"等。此时，这些按钮即添加到快速访问工具栏中。

（3）"文件"选项卡

单击"文件"选项卡，可打开其下拉列表。该列表中包含了对文件的一些基本操作，如"保存"另存为""打开""关闭""新建""打印""帮助""退出"等命令。除此之外，还包含"选项"命令，利用该命令可对在使用 Word 时的一些常规选项进行设置。再次单击"文件"选项卡或其他选项卡即可关闭其下拉列表。

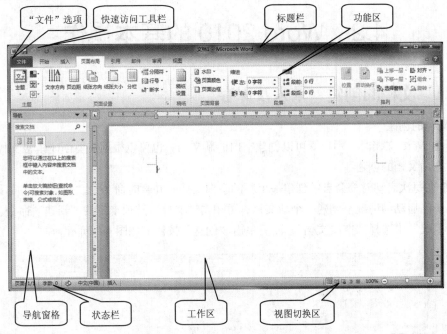

图 4-1　Word 2010 窗口的组成

（4）功能区

Word 的功能区由选项卡、选项组和一些命令按钮组成，包含用于文档操作的命令集，几乎涵盖了所有的按钮和对话框。选项卡位于功能区的顶部，默认显示的选项卡有"开始""插入"页面布局""引用""邮件""审阅"和"视图"，另外还有一些隐藏的选项卡，如"图片工具"的"格式"选项卡，只有当选中图片时该选项卡才会显示。

根据功能的不同每个选项卡下又包括若干个选项组，单击某个选项卡，在选项卡下面就显示其包含的各个选项组，默认选中的是"开始"选项卡。它包含"剪贴板""字体""段落""样式""编辑"等选项组。在各个选项组中又包含一些命令按钮和下拉列表等，用以完成对文档的各种操作。

（5）工作区

工作区就是功能区下方的白色区域，用于显示当前正在编辑的文档内容。文档的各种操作都是在工作区中完成的。

（6）视图切换区

视图指文档的显示方式，视图切换区位于工作区的右下角。Word 提供了 5 种视图方式，包括页面视图、阅读版式视图、Web 版式视图、大纲视图、草稿。通过单击这 5 个按钮可以方便地切换到相应的视图中，还可以拖动缩放滑块调整文档的缩放比例。

（7）导航窗格

导航窗格显示在工作区的左侧，其上方为搜索框，用于搜索文档中的内容。在下方的列表框中，通过单击 、 、 按钮，可以分别浏览文档中的标题、页面和搜索结果。

（8）状态栏

状态栏位于工作区的左下方，显示当前编辑文档的状态，如页码、字数统计、输入法状态、插入/改写状态等信息。

4.2　Word 2010 的基本操作

4.2.1　文档的创建、录入及保存

1. 文档的创建

在创建 Word 文档时，用户既可以创建空白的新文档，也可以根据需要创建模板文档。

（1）空白文档的创建

Word 在每次启动时都会自动创建一个新的空白文档，并暂时命名为"文档 1"。如果用户需要在 Word 已启动的情况下创建一个新文档，可单击"文件"选项卡下的"新建"命令，在打开的"可用模板"中选择"空白文档"，而后单击"创建"按钮，如图 4-2 所示。

图 4-2　"新建"任务窗格

按【Ctrl】+【N】组合键，或单击"快速访问工具栏"上的"新建"按钮都可创建一个新的空白文档。新建文档的命名是由系统按顺序自动完成的。

（2）根据现有内容创建新文档

Word 允许根据已有的文档创建新文档。此时，新文档的内容与选择的已有文档的内容完全相同。创建步骤为：单击"文件"选项卡下的"新建"命令，在打开的"可用模板"中选择"根据现有内容创建"；此时弹出"根据现有文档新建"对话框，如图 4-3 所示；选择需要的文档后，单击"开始"按钮即可创建一个内容与所选文档相同的新文档，文件名为"文档 1"。

（3）模板文档的创建

使用模板可以快速的生成文档的基本结构，Word 中内置了多种文档模板，如博客文章、书法字帖等。使用模板创建的文档，系统已经将其模式预设好，用户在使用的过程中，只需在指定的位置填写相关的文字即可。单击"文件"选项卡下的　"新建"命令，在打开的"可用模板"中选

择"博客文章"或"书法字帖"，然后单击"创建"按钮，就可以完成模板文档的创建。

图 4-3　"根据现有文档新建"对话框

除了系统自带的模板外，Office.com 的模板网站还提供了许多精美的专业联机模板，如贺卡、信封、日历等。用户只需单击"文件"选项卡下的"新建"命令，在打开的"可用模板"中的"Office.com 模板"下选择所需的模板类型进行下载即可。

2. 特殊符号的输入

编辑文字过程中，经常要使用一些从键盘上无法直接输入的特殊符号，如"☆""℃""ā"等，可使用以下方法进行输入。

（1）使用"符号"对话框输入

单击"插入"选项卡，在"符号"选项组中单击"符号"命令，在打开的下拉列表中列出了一些最常用的符号，单击所需要的符号即可将其插入到文档中。若该列表中没有所需符号，可单击"其他符合"命令，打开"符号"对话框，如图 4-4 所示。

图 4-4　"符号"对话框

可插入的符号的类型与字体有关。在"符号"对话框中"字体"下拉列表中选择所需的字体，在下面的列表框中可选择要插入的符号，然后单击"插入"按钮即可将该符号插入到文档中。已经插入的符号保存在该对话框中"近期使用过的符号"列表中，当再次需要插入这些符号时，可直接单击相应的符号。另外，还可以为符号指定快捷键，这样以后可以直接通过快捷键进行插入。在插入符号后，"符号"对话框中的"取消"按钮则变为"关闭"，单击"关闭"按钮即可关闭该对话框。

（2）使用输入法的软键盘输入

打开输入法，单击输入法提示条中的小键盘状按钮，如图4-5所示，在弹出的快捷菜单中选择一种符号的类别，如"特殊符号"；在弹出的软键盘中单击所需的符号按钮,则该符号就会出现在当前的光标所在位置；完成符号的插入后，再单击输入法提示条上的小键盘状按钮，在弹出的快捷菜单中选择"关闭软键盘"命令即可关闭软键盘。

图4-5　软键盘的快捷菜单

3. 插入日期

Word文档中的日期可以直接输入，也可以使用"插入"功能插入日期和时间。具体操作步骤如下。

① 将插入点移动到要插入日期或时间的位置。

② 单击"插入"选项卡，在"文本"组中选择"日期和时间"，打开"日期和时间"对话框，如图4-6所示。

③ 在"可用格式"列表框中选择所需格式，即可插入日期或时间。如果选中了"自动更新"复选框，则插入的日期和时间会随着打开该文档的时间不同而自动更新。

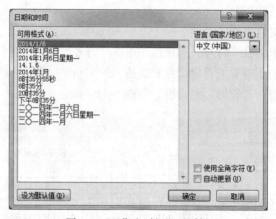

图4-6　"日期和时间"对话框

4. 插入其他文件的内容

Word允许在当前编辑的文档中插入其他文件的内容,利用该功能可以将几个文档合并成一个文档。具体操作步骤如下。

① 将插入点设置在当前文档中的合适位置，单击"插入"选项卡，单击"文本"选项组中"对象"右侧的下拉按钮。在弹出的下拉列表中选择"文件中的文字"，弹出"插入文件"对话框，如图4-7所示。

② 在"插入文件"对话框中选择需要插入的文件名。

③ 单击对话框中的"插入"按钮，完成被选文档内容的插入操作。

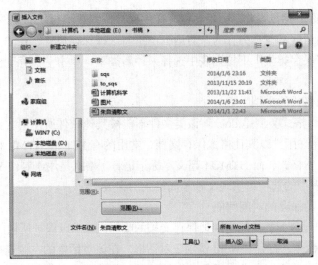

图 4-7　"插入文件"对话框

5. 文档的保存

文档编辑完成后要及时保存，以避免由于误操作或计算机故障造成的数据丢失。根据文档的格式、有无确定的文档名等情况，可用多种方法保存。

（1）保存未命名的 Word 文档

第一次保存文档时，要输入一个确定的文档名。文档的默认保存位置是在"文档"文件夹中，如果要改变文档的存放位置，可选择"文件"选项卡中的"保存"命令或"另存为"命令，也可通过单击快速访问工具栏中的"保存"按钮 来完成。此时，将打开如图 4-8 所示的"另存为"对话框，首先选择文件的保存位置，然后在"文件名"下拉列表框中输入要保存的文件名，在"保存类型"下拉列表中选择所需要的文件类型，如果没有进行该项选择，系统默认的类型是 Word 文档，扩展名为.docx。

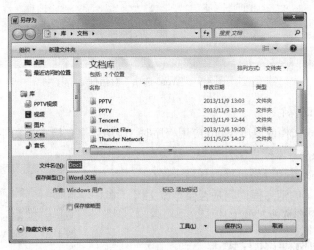

图 4-8　"另存为"对话框

（2）保存已命名的 Word 文档

对于一个已存在的 Word 文档，当对其进行再次编辑后，若不需修改文件名或文件的保存位置可选择"文件"选项卡中的"保存"命令，或单击快速访问工具栏中的"保存"按钮，或按【Ctrl】

+【S】组合键，完成原名存盘操作。如果要修改文件保存位置或不想用原文件名或文件类型保存，可打开"另存为"对话框，在"另存为"对话框中重新选择保存位置，在"文件名"文本框中输入新的文件名，在"保存类型"下拉列表中选择一种新类型，单击"保存"按钮完成已有文件的另存操作。

（3）保存为其他格式的文档

Word 默认的文档格式类型是.docx。该类文件不能被其他软件所使用。为了便于不同软件之间传递文档，Word 允许用户以其他格式保存文档，常用的有 RTF 和 HTML 格式文件。RTF 是多种软件之间通用的文本格式，而 HTML（超文本标记语言）格式是用于制作 Web 页的格式。通过"保存类型"下拉列表中的选项可实现文档不同格式的存放。

（4）修改文档自动保存的时间间隔

Word 允许用"自动恢复"功能定期地保存文档的临时副本，以保护所做的工作。选择"文件"选项卡中的"选项"命令，打开"Word 选项"对话框。在该对话框的左侧选择"保存"，如图 4-9 所示。然后在右侧选中"保存自动恢复信息时间间隔"复选框，在"分钟"微调框中输入时间间隔，以决定 Word 保存文档的频繁程度。Word 保存文档越频繁，在打开 Word 文档时出现断电或类似问题的情况下，能够恢复的信息就越多。

图 4-9 "Word 选项"对话框

（5）在关闭文档时保存

当关闭一个 Word 文档或退出 Word 应用程序时，应用程序先检查该文件是否已经保存。如果打开的文件已经保存并且未变更文件内容，就会直接关闭该文件。如果要关闭的文件曾经做过修改却尚未保存，系统便会打开如图 4-10 所示的消息框询问是否保存该文档，单击"保存"按钮，就会保存修改过的文档。

图 4-10 关闭 Word 文档时的提示信息

4.2.2 文档的视图方式

在文档的编辑过程中，常常需要因不同的编辑目的而突出文档中某一部分的内容，以便能更有效地编辑文档，此时可通过选择不同的视图方式实现。Word 提供了 5 种文档视图方式，这些视图有自己不同的作用和优点，用户可以用最适合自己的视图方式来显示文档。例如，可以用页面视图实现排版，用大纲视图查看文档结构等。不管选用什么视图方式查看文档，文档内容是不会变化的。

若要选择不同的文档视图方式，可使用以下两种方法实现：一是单击 Word 窗口右下方的视图切换区中的不同视图按钮进行选择；二是单击"视图"选项卡，在"文档视图"选项组中选择所需的视图方式。

1. 页面视图

页面视图是一种常用的文档视图，在进行文本输入和编辑时常常采用该视图方式。它按照文档的打印效果显示文档，可以更好地显示排版格式，适用于总览整个文章的总体效果，查看文档的打印外观，并可以显示出页面大小、布局，编辑页眉和页脚，查看、调整页边距，处理分栏及图形对象。

在页面视图下，页与页之间使用空白区域区分上下页，以便于文档的编辑。为方便阅读，可将页与页之间的空白区域隐藏起来，具体方法为：将鼠标移动到页与页之间的空白区域，双击鼠标即可将空白区域隐藏起来；同理，若要将空白区域显示出来，也可将鼠标移动到页与页的连接部分，双击鼠标，空白区域可再次显示。

2. 阅读版式视图

该视图方式最适合阅读长篇文章，阅读版式将原来的文档编辑区缩小，而文字大小保持不变。如果文章较长，它会自动分成多屏。在阅读版式视图下 Word 会将"文件"选项卡和功能区等窗口元素隐藏起来，以便扩大显示区，方便用户进行审阅和批注。在阅读版式视图中，单击"关闭"按钮或按下【Esc】键即可关闭阅读版式视图方式，并返回文档之前所处的视图方式。

3. Web 版式视图

Web 版式视图可以预览具有网页效果的文本。在该视图下，编辑窗口将显示得更大，并自动换行以适应窗口。该视图比较适合发送电子邮件和浏览与制作网页，此外，在这种视图下，文本的显示方式要与浏览器的效果保持一致，便于用户进一步调整样式。

4. 大纲视图

在大纲视图中能查看、修改或创建文档的大纲，突出文档的框架结构。在该视图中，可以通过拖动标题来移动、复制和重新组织文本，因此特别适合编辑含有大量章节的长文档。在查看时可以通过折叠文档来隐藏正文内容而只显示文档中的各级标题和章节目录等，或者展开文档以查看所有的正文。在大纲视图中不显示页边距、页眉和页脚、图片和背景。

5. 草稿

草稿主要用于查看草稿形式的文档，便于快速编辑文本。在草稿视图中可以输入、编辑和设置文本格式，但不显示页边距、页眉和页脚、背景、图形对象及没有设置为"嵌入型"环绕方式的图片。该视图功能简单，适合编辑内容、格式简单的文档。在草稿视图下，上下页面的空白区域转换为虚线。

6. 打印预览

在打印之前，可以使用"打印预览"功能对文档的实际打印效果进行预览，避免打印完成后才发现错误。在这种视图方式下，可以设置显示方式，调整显示比例。使用打印预览功能查看文档的具体操作步骤为：单击"文件"选项卡，而后选择"打印"命令；此时出现的最右侧窗格即为预览区，拖动滚动条即可预览其他页面；再次单击"文件"选项卡，或单击其他选项卡即可退出打印预览方式。

7．拆分

在编辑文档时，有时需要在文档的不同部分进行操作，若使用拖动滚动条的方法会很麻烦。这时可以使用 Word 中提供的拆分窗口的方法。拆分窗口就是将文档窗口一分为二变成两个窗格，两个窗格中显示的是同一个文档中的不同内容部分。这样就可以很方便地对同一个文档中的前后内容进行编辑操作了。具体步骤为：单击"视图"选项卡，在功能区中选择"窗口"选项组，单击"拆分"命令，此时鼠标变成一条横线，移动鼠标，确定窗口拆分的位置，然后单击鼠标即可将当前的文档窗口拆分为两个窗格。若要取消拆分状态，只需要单击"窗口"选项组中的"取消拆分"命令即可。

8．并排查看

在同时打开两个 Word 文档后，通过选择"视图"选项卡中"窗口"选项组中的"并排查看"命令，就可以让两个文档窗口左右并排打开。尤其方便的是，这两个并排窗口可以同步上下滚动，非常适合文档的比较和编辑。

4.2.3　文本的选定及操作

1．插入点的移动

在开始编辑文本之前，应首先找到要编辑的文本位置。这就需要移动插入点。插入点的位置指示着将要插入文字或图形的位置，以及各种编辑修改命令生效的位置。移动插入点指将光标指针移动到插入点位置后单击，出现闪烁的"Ⅰ"光标，然后从此位置可以进行编辑。

2．文本的选定

（1）在文本区选定

在文本区进行选定操作有以下几种方法。

- 按下鼠标左键不放，在文本区进行拖动，可以直观、自由地选定文本区中的文字。另外，Word 还提供了一种当鼠标指针指向工作区上下边缘时自动滚动文档的功能。这使拖动鼠标选定文本的范围更大。

- 在文本区的某个位置单击，选定一个起始点，然后拖动滚动条，再按住【Shift】键并单击另一位置，这时位于两位置点之间的文字被选定。

- Word 2010 支持多个不连续文本的选定。首先选中一个文本区，然后按住【Ctrl】键再选中另外一块文本区，即可实现不连续文本的选定。

- 先按【Alt】键，再用鼠标拖动到所选文本的末端，可以选定一个列块（矩形区域）。

（2）在选定栏选定

选定栏位于行前页边距外，鼠标指针呈反箭头形状时进行拖动，可以选定任意多行文本；也可以在选定栏处双击选定一个段落，或三击选定整个文档。

（3）利用命令选定

选择"开始"选项卡，在"编辑"组中单击"选择"命令，在打开的下拉列表中选择"全选"，或按【Ctrl】+【A】组合键均可选定所有文本内容。

3．删除和剪切文本

（1）删除文本

选定要删除的内容，然后按【Delete】键即可删除所选内容。

（2）剪切文本

选定文本后，可用以下 3 种方法完成剪切操作。

- 单击"开始"选项卡中"剪贴板"组中的"剪切"按钮。
- 右击被选定文本，在弹出的快捷菜单中选择"剪切"命令。
- 按【Ctrl】+【X】组合键。

　　删除文本和剪切文本从表面上看产生的效果是一样的，都清除了选定的内容。但实际上二者有实质性区别，删除文本是把文本内容彻底删除掉，而剪切文本是把选定内容移动到剪贴板中。

4．复制文本

要复制文本，首先应选中文本，然后使用下列方法进行复制。

- 选择"开始"选项卡中"剪贴板"组中的"复制"命令。
- 右击选定的文本，在弹出的快捷菜单中选择"复制"命令。
- 按【Ctrl】+【C】组合键。

使用上述任何一种方法，都能将选中的文本内容复制到剪贴板中。

5．粘贴文本

粘贴文本实质上是将剪贴板中的内容插入到光标所在的位置。这就要求剪贴板中必须有要粘贴的内容。因此，剪切、复制和粘贴操作常组合在一起使用。

将光标移动到要粘贴的位置，用下列方法之一进行粘贴。粘贴的内容出现在光标所在的位置，而原先光标后面的内容自动后移。

- 选择"开始"选项卡中"剪贴板"组中的"粘贴"命令。
- 按【Ctrl】+【V】组合键。
- 右击选定的文本，在弹出的快捷菜单中选择"粘贴选项"下的 3 个不同选项，其中，"保留源格式"表示粘贴后的内容保留原始内容的格式；"合并格式"表示粘贴后的内容保留原始内容的格式，并合并目标位置的格式；"只保留文本"表示粘贴后的内容不具有任何格式设置，只保留文本内容。

6．Office 2010 剪贴板

Windows 剪贴板只能保留最近一次剪切或复制的信息，而 Office 2010 提供的剪贴板在 Word 中以任务窗格的形式出现，其具有可视性，允许用户存放 24 个复制或剪切的内容，当复制第 25 项内容时，原来第一项的内容将被清除出剪贴板。在 Office 系列软件中，剪贴板信息是共用的，可以在 Office 文档内或其他程序之间进行更复杂的复制和移动操作，如可以从画图程序中选择图形的一部分进行复制，然后粘贴到 Word 文档中。

选择"开始"选项卡，单击"剪贴板"组右下角的▣按钮，打开"Office 剪贴板"任务窗格，如图 4-11 所示。单击"全部粘贴"按钮，剪贴板中的内容将从下至上全部粘贴到当前光标所在位置处。单击"全部清空"按钮，可以将剪贴板中的内容全部清空。若要粘贴其中的某一项内容，可以在"单击要粘贴的项目"列表框中找到要粘贴的内容，直接单击该项目或单击右侧的下拉按钮，在菜单中选择"粘贴"命令。若要清除一个项目，可单击项目右侧的下拉按钮，在菜单中选择"删除"命令。

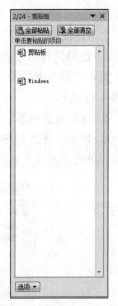

图 4-11　"剪贴板"任务窗格

7. 移动文本

在文本编辑过程中，常需要移动文本的位置。移动文本可以使用鼠标拖动、功能区按钮和菜单命令3种方法。

（1）使用鼠标拖动

鼠标拖动是短距离内移动选定文本的最简洁方法。选定要移动的文本内容，当鼠标指向选定的文本内容后按住鼠标左键进行拖动，当虚线插入点拖动到新位置时，松开鼠标左键，选定的文本内容移动到新位置。

（2）使用功能区按钮

首先选定要移动的文本内容，单击"开始"选项卡下"剪贴板"组中的"剪切"按钮，然后将插入点设置在新位置上，单击"剪贴板"组中的"粘贴"按钮。

（3）使用快捷菜单

选定要移动的文本内容，右击选定的文字并在弹出的快捷菜单中选择"剪切"命令；将插入点设置在新位置，单击鼠标右键，在弹出的快捷菜单中选择"粘贴选项"下的相应选项。

如果要长距离移动选定的文本，使用"剪切"和"粘贴"命令更为方便。

4.2.4　文本的查找与替换

Word 2010的查找和替换功能非常强大，它既可以查找和替换普通文本，也可以查找或替换带有固定格式的文本，还可以查找或替换字符格式、段落标记等特定对象；尤其值得提出的是，它也支持使用通配符（如"Word *"或"张?"）进行查找。

1. 查找文本

查找是指从当前文档中查找指定的内容，如果查找前没有选取查找范围，Word认为在整个文档中进行搜索；若要在某一部分文本范围内查找，则必须选定文本范围。

选择"开始"选项卡，在"编辑"组中单击"查找"按钮，或按【Ctrl】+【F】组合键，则在窗口左侧打开"导航"任务窗格，在搜索框中输入需要查找的内容，文档中将查找到的内容高亮显示。

也可以使用"高级查找"功能进行查找。具体操作步骤如下。

① 选择"开始"选项卡，在"编辑"组中单击"查找"按钮右侧的下拉箭头，在打开的列表中选择"高级查找"命令，则打开"查找和替换"对话框，默认显示的是"查找"选项卡，如图4-12所示。

② 在"查找内容"文本框中输入要查找的内容，或单击文本框的下拉按钮，选择查找内容。

③ 单击"查找下一处"按钮，完成第一次查找，被查找到的内容呈高亮显示。如果还要继续查找，单击"查找下一处"按钮继续向下查找。

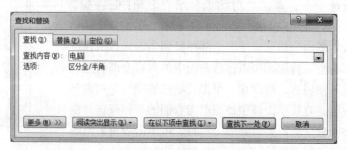

图4-12　"查找"选项卡

2．替换文本

替换文本的操作步骤如下。

① 按【Ctrl】+【H】组合键或选择"开始"选项卡中"编辑"组的"替换"按钮，则打开如图 4-13 所示的"替换"选项卡。

② 在"查找内容"文本框中输入被替换的内容，在"替换为"文本框中输入用来替换的新内容。如果未输入新内容，被替换的内容将被删除。

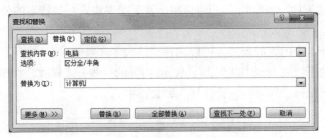

图 4-13　"替换"选项卡

3．设定替换方法

替换方法分为有选择替换和全部替换两种。

① 在"替换"选项卡中，每单击一次"查找下一处"按钮，都进行一次查找操作，若想替换则单击"替换"按钮；若不想替换则单击"查找下一处"按钮。利用该方法可以进行有选择的替换。

② 单击"替换"选项卡中的"全部替换"按钮，则将查找到的文本内容全部替换成新文本内容，并弹出消息框显示。

4．设置替换选项

若要根据某些条件进行替换，可单击"更多"按钮，打开"扩展"对话框，显示"搜索选项"列表框。该组中有 10 个复选框，用来限制查找内容的形式，如图 4-14 所示。例如，选中"区分大小写"复选框，就会只替换那些大小写与查找内容相符的情况。注意，此时"更多"按钮被替换为"更少"，单击"更少"按钮可隐藏"搜索选项"列表框。

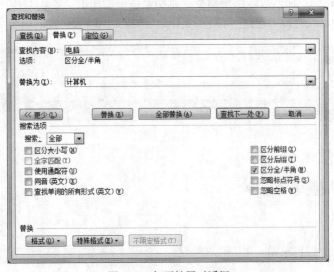

图 4-14　打开扩展对话框

另外，Word 不仅能替换文本内容，还能替换文本格式或某些特殊字符。例如，将文档中字体为黑体的"计算机"全部替换为"隶书"的"计算机"，以及将"手动换行符"替换为"段落标记"等，都可以通过图 4-14 中的"格式"按钮和"特殊格式"按钮来完成。

4.2.5 公式操作

Word 中提供了很多内置的公式，用户可以直接选择所需公式而将其快速插入到文档中；另外，Word 也提供了"公式工具"选项卡，用户可以根据实际需要输入一些特定的公式并对其进行编辑。

1. 插入公式

如果要插入 Word 中内置的公式，可以选择"插入"选项卡，在"符号"组中单击"公式"按钮，这时在展开的下拉列表框中就列出了 Word 内置的一些公式样式，如图 4-15 所示，从中选择所需的公式并单击鼠标，即可将该公式插入到文档中。

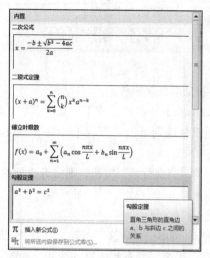

图 4-15　内置公式

若需要输入一个特定的公式，可单击"符号"组中"公式"旁的下拉按钮，此时在文档的插入点处将创建一个供用户输入公式的编辑框，且功能区中增加了"公式工具"下的"设计"选项卡，如图 4-16 所示。此时即可通过"符号"组和"结构"组输入公式的内容。

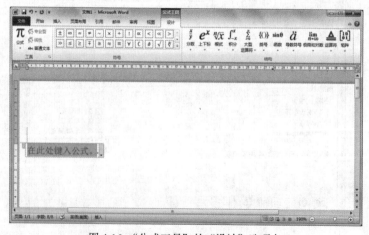

图 4-16　"公式工具"的"设计"选项卡

在"结构"组中有许多按钮，每个按钮代表了一种类型的公式模板。要输入哪一类公式，只需单击相应类别的模板。例如，要输入同时带有上、下标的公式，则单击█按钮，在展开的模板中选择合适的样式。这时在公式编辑框中就会出现用虚线框起来的对象，用户只需在虚线框中输入内容即可。

2. 编辑公式

要修改现有的公式，可单击公式，将插入点定位在公式中，Word 窗口中显示"公式工具"下的"设计"选项卡，打开其中的选项组，即可修改公式内容。

如果要修改公式中的字号或对齐方式等选项，可在选中公式后，选择"开始"选项卡下"字体"组或"段落"组中的相应命令进行修改。

4.3　文档的排版

完成文本的基本编辑后就可以对文档进行排版了，即对文档进行外观的设置。在 Word 中对文档的排版包括字符格式的设置、段落格式的设置及页面格式的设置 3 个方面。

4.3.1　设置字符格式

字符是指作为文本输入的文字、标点符号、数字及各种符号。字符格式设置是指用户对字符的屏幕显示和打印输出形式的设定，包括字符的字体、字号和字形，字符的颜色、下画线、着重号、上下标、删除线、字符间距等。在创建新文档时，Word 按系统默认的格式显示，中文字体为宋体五号字，英文字体为 Times New Roman 字体。用户可根据需要对字符的格式进行重新设置。

1. 使用"开始"选项卡中的"字体"组进行设置

首先选中需要进行格式设置的文本，然后单击"开始"选项卡，在"字体"组中可使用相应的命令按钮进行格式的设置。

（1）设置字体、字号和字形

单击"字体"框的下拉按钮，在打开的下拉列表中可选择所需字体。单击"字号"框的下拉按钮，在打开的下拉列表中可选择所需的字号。

分别单击"加粗"按钮█、"倾斜"按钮█和"下画线"按钮█，可分别对选定字符设置加粗、倾斜、增加下画线等字形格式，单击"下画线"按钮旁的下拉按钮，还可在打开的下拉列表中选择下画线线型。

（2）设置字符的修饰效果

① 单击"字体颜色"按钮█旁的下拉按钮，在打开的下拉列表中可以设置选定字符的颜色。

② 单击"字符边框"按钮█、"字符底纹"█按钮，可设置或撤销字符的边框和底纹格式。

③ 利用"文本效果"按钮█ 可以设定字符的外观效果，如发光、阴影或映像等。

④ 为突出显示文本，可将字符设置为看上去像用荧光笔标记过一样。单击"以不同颜色突出显示文本"按钮█旁的下拉按钮，在打开的下拉列表中可选择一种突出显示的颜色。

2. 使用"字体"对话框进行设置

选中需要设置字符格式的文本并单击鼠标右键，在弹出的快捷菜单中选择"字体"命令，或选中文本后单击"开始"选项卡，单击"字体"组中右下角的█按钮，都可以打开"字体"对话框。

单击"字体"选项卡，如图 4-17（a）所示，可设置字符的字体、字号、字形、颜色，以及"删除线""上标""下标"等修饰效果。

单击"高级"选项卡，如图 4-17（b）所示，从中可以设置字符的间距、缩放或位置，其中，字符间距是指两个字符之间的距离、缩放是指缩小或扩大字符宽、高的比例，当缩放值为 100% 时，字的宽高为系统默认值（字体不同，字的宽高比也不同），当缩放值大于 100% 时为扁形字，当缩放值小于 100% 时为长形字。在"开始"选项卡下的"段落"组中单击"中文版式"按钮，在其下拉列表中选择"字符缩放"命令，也可对字符进行缩放设置。

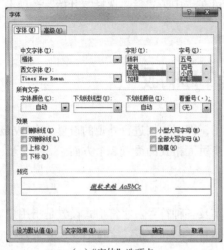　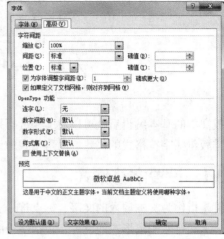

（a）"字体"选项卡　　　　　　　　　　　（b）"高级"选项卡

图 4-17　"字体"对话框

单击"字体"对话框下面的"文字效果"按钮还可以设置文字的动态效果。

4.3.2　设置段落格式

Word 中的段落是由一个或几个自然段构成的。在输入一段文字后按【Shift】+【Enter】组合键，产生一个"↓"符号，称为"手动换行符"。此时，形成的是一个自然段。如果输入一段文字后按【Enter】键，产生一个┘符号，那么这段文字就形成一个段落。该符号称为段落标记。段落标记不仅标识一个段落的结束，还存储了该段落的格式信息。

段落格式设置通常包括对齐方式、行距和段间距、缩进方式、边框和底纹等的设置。

段落格式的设置方法主要有以下 3 种。

● 使用"标尺"进行粗略设置。通过这种方法可以设置段落的缩进和制表位。

● 利用"开始"选项卡中的"段落"组进行设置，可以设置水平对齐方式（包括左对齐、居中、右对齐、两端对齐、分散对齐）、缩进（包括减少缩进量、增加缩进量）、编号、项目符号和多级列表等。

● 对于段落格式的精确设置，需要单击"开始"选项卡中"段落"组右下角的按钮，在打开的"段落"对话框中完成，如图 4-18 所示。

1. 设置水平对齐方式

Word 提供了 5 种段落水平对齐方式：左对齐、居中、右对齐、两端对齐和分散对齐。默认情况下是两端对齐。

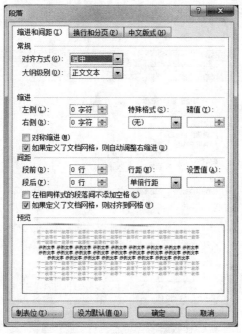

图 4-18　"段落"对话框

- 左对齐：使正文沿页的左边距对齐，采用这种对齐方式 Word 不调整一行内文字的间距，所以右边界处的文字可能产生锯齿。
- 两端对齐：使正文沿页的左、右边距对齐，Word 会自动调整每一行内文字的间距，使其均匀分布在左右页边距之间，但最后一行是靠左边距对齐。
- 居中：段落中的每一行文字都居中显示，常用于标题或表格内容的设置。
- 右对齐：使正文的每行文字沿右页边距对齐，包括最后一行。
- 分散对齐：正文沿页面的左、右边距在一行中均匀分布，最后一行也分散充满一行。

单击如图 4-18 所示的"段落"对话框的"缩进和间距"选项卡，在"对齐方式"下拉列表中可以选择不同的对齐方式。

2. 设置垂直对齐方式

垂直对齐方式决定了段落相对于上或下页边距的位置，一个段落在垂直方向上的对齐方式有顶端对齐、居中、两端对齐和底端对齐 4 种方式。要改变一个段落在垂直方向上的对齐方式，可以单击"页面布局"选项卡下"页面设置"组右下角的 按钮，打开"页面设置"对话框，在"版式"选项卡下的"垂直对齐方式"选项组中进行选择，如图 4-19 所示。

3. 设置段落缩进

所谓缩进就是文本与页面边界的距离。段落有以下几种缩进方式：首行缩进、悬挂缩进和左、右缩进。所谓首行缩进是指段落的第一行相对于段落的左边界缩进，如最常见的文本段落格式就是首行缩进两个汉字的宽度。悬挂缩进是指段落的第一行不缩进，而其他行则相对缩进。左右缩进是指段落的左右边界相对于左右页边距进行缩进。

设置段落缩进的具体方法如下。

- 打开如图 4-18 所示的"段落"对话框，选择"缩进和间距"选项卡可设置缩进方式，其中，"缩进"选项组中的"左侧"和"右侧"微调框用于设置整个段落的左、右缩进值。在"特殊格式"下拉列表中，可选择"首行缩进"或 "悬挂缩进"选项，在"磅值"下拉列表中可精确设置缩进量。

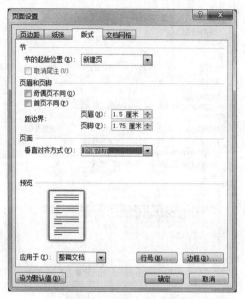

图 4-19 "版式"选项卡

- 使用标尺调整缩进。在标尺上拖动"首行缩进"标记；要调整整个段落的左缩进值，可以在标尺上拖动"左缩进"标记；要调整整个段落的右缩进值，可以在标尺上拖动"右缩进"标记。在拖动有关标记时，如果按住【Alt】键则可以看到精确的标尺读数。

4. 设置段落间距

段落间距是指两个段落之间的距离，要调整段落间距，首先选择要调整间距的段落，然后在"段落"对话框中选择"缩进和间距"选项卡，在"段前"和"段后"微调框中分别设置段前和段后的间距。

5. 设置行距

所谓行距是指段落内部行与行之间的距离。要调整行间距，首先选择要调整行间距的段落，然后单击"段落"对话框的"缩进和间距"选项卡，如图 4-18 所示，可在"行距"下拉列表中选择一种行间距。

需要注意的是，行距中的"最小值"是系统给定的一个值，用户不能改变。要想随意设置行间距，应使用"固定值"，并在"设置值"文本框中输入行距。

注意

在设置好字符或段落的格式后，可以使用格式刷将设置好的格式快速复制到其他字符或段落中。需要注意的是，格式刷复制的不是文本的内容而是字符或段落的格式。使用格式刷的操作步骤如下。

① 选定要复制格式的文本，或把光标定位在要复制格式的段落中。

② 单击"开始"选项卡中"剪贴板"组中的"格式刷"按钮后，鼠标光标会变成刷子状。

③ 用格式刷选定需要应用格式的文本，被刷子刷过的文本格式替换为复制的格式。

采用上述方法只能将格式复制一次。双击"格式刷"按钮则可以多次应用格式刷，如果要结束使用格式刷，则可再次单击"格式刷"按钮。

4.3.3　设置页面格式

页面设置的内容包括设置纸张大小，页面的上下左右边距、装订线、文字排列方向、每页行数和每行字符数，以及页码、页眉页脚等内容。这些设置是打印文档之前必须要做的工作，可以使用默认的页面设置，也可以根据需要重新设置或随时进行修改。设置页面既可以在文档的输入之前，也可以在输入的过程中或文档输入之后进行。

1．设置纸张

默认情况下，Word 创建的文档是纵向排列的，用户可以根据需要调整纸张的大小和方向。

单击"页面布局"选项卡下"页面设置"组中的"纸张方向"按钮，可在打开的下拉列表中选择"纵向"或"横向"。

单击"纸张大小"下拉按钮，在其下拉列表中列出了系统自带的标准的纸张尺寸，可从中选择打印纸型，如 A4 纸。另外，用户还可以对标准纸型进行微调，具体方法为：在"纸张大小"下拉列表中选择"其他页面大小"命令，或单击"页面设置"组右下角的▣按钮，均可弹出"页面设置"对话框；在"纸张"选项卡中选择一种纸张尺寸；然后，在"宽度"和"高度"微调框中会显示纸张的尺寸，单击"宽度"和"高度"微调框右侧的按钮可进行调整，如图 4-20 所示。

2．设置页边距

在"页面设置"对话框中选择"页边距"选项卡（见图 4-21），在"页边距"选项组的"上""下""左""右"微调框中分别输入页边距的值；在"方向"选项组中选择"纵向"或"横向"以确定文档页面的方向；如果打印后需要装订，在"装订线"文本框中输入装订线的宽度，在"装订线位置"下拉列表中选择装订线的位置。单击"确定"按钮完成页边距的设置。

图 4-20　"纸张"选项卡

图 4-21　"页边距"选项卡

3．设置页版式

在"页面设置"对话框中选择"版式"选项卡，如图 4-19 所示。在该选项卡中可以对包括节、页眉与页脚的位置等进行设置。

① 文档版式的作用单位是"节"，每一节中的文档具有相同的页边距、页面格式、页眉/页脚等版式设置内容。在"节的起始位置"下拉列表中选择当前节的起始位置。

② 在"页眉和页脚"选项组中选中"奇偶页不同"复选框，则可在奇数页和偶数页上设置不同的页眉/页脚。选中"首页不同"复选框，可以使节或文档首页的页眉或页脚与其他页的页眉或页脚不同。可以在"页眉"或"页脚"文本框中输入页眉距页边距的距离或页脚距页边距的距离。

4. 设置文档网格

在"页面设置"对话框中选择"文档网格"选项卡，如图 4-22 所示，可设置文字排列的方向、分栏数、每页行数和每行字符数。

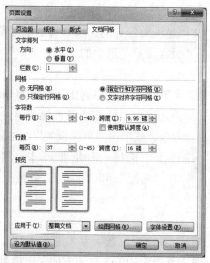

图 4-22 "文档网格"选项卡

在"网格"选项组中选择一种网格，各选项的含义如下。

①"只指定行网格"：用于设定每页中的行数。在"每页"微调框中输入行数，或者在"跨度"微调框中输入跨度的值。

②"指定行和字符网格"：同时设定每页的行数及每行的字符数。

③"文字对齐字符网格"：输入每页的行数和每行的字符数后，Word 严格按照输入的数值设置页面。

4.3.4 文档页面修饰

1. 分节与分栏

（1）分节

默认情况下，文档中每个页面的版式或格式都是相同的，若要改变文档中一个或多个页面的版式或格式，则可以使用分节符来实现。使用分节符可以将整篇文档分为若干节，每一节可以单独设置版式，如页眉、页脚、页边距等，从而使文档的编辑排版更加灵活。

选择"页面布局"选项卡下"页面设置"中的"分隔符"按钮，打开如图 4-23 所示的"分隔符"下拉列表。在"分节符"选项组中有 4 种分节符选项，选择一种分节符类型，即可完成插入分节符的操作。

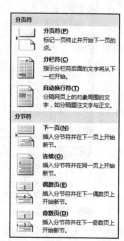

图 4-23 "分隔符"下拉列表

分节符定义了文档中格式发生更改的位置。若要查看插入的分节符，可选择"草稿"视图，此时可看到在原插入点位置插入了一条双虚线分节符。若要删除某分节符，可在草稿视图下选择要删除的分节符后按【Delete】键。删除该分节符将会同时删除该分节符之前的文本的格式。

（2）分栏

如果要使文档具有类似于报纸的分栏效果，就要用到 Word 的分栏。每一栏就是一节，可以对每一栏单独进行格式化和版面设计。在分栏的文档中，文字是逐栏排列的，填满一栏后才转到下一栏。

要把文档分栏，必须切换到页面视图方式。在页面视图方式下选定要分栏的文本，选择"页面布局"选项卡中"页面设置"组的"分栏"命令，在其下拉列表中列出了各种分栏的形式，如"两栏""三栏"等，单击"更多分栏"可弹出"分栏"对话框，如图 4-24（a）所示。在该对话框中可选择分栏形式，也可以在"栏数"微调框内直接指定栏数，最多为 11 栏，最后单击"确定"按钮，分栏的效果如图 4-24（b）所示。

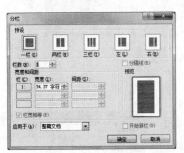

（a）"分栏"对话框

（b）"分栏"效果

图 4-24　分栏

2. 页眉与页脚

页眉和页脚通常用于显示文档的附加信息，如日期、时间、发文的文件号、章节名、文件的总页数及当前为第几页等，其中，页眉被打印在页面的顶部，而页脚被打印在页面的底部。页眉和页脚属于版式的范畴，文档的每个节可以单独设计页眉和页脚。只有页面视图方式下才能看到页眉和页脚的效果。

（1）添加页眉和页脚

在"插入"选项卡的"页眉和页脚"组中单击"页眉"或"页脚"按钮，在其下拉列表中列出了 Word 内置的页眉或页脚模板，用户可在其中选择适合的页眉或页脚样式，也可以选择"编辑页眉"或"编辑页脚"命令根据需要进行编辑。此时，页面的顶部和底部将各出现一条虚线，其中，顶部的虚线处为页眉区域，底部为页脚区域，与此同时将打开"页眉和页脚工具"下的"设计"选项卡，如图 4-25 所示。用户可在页眉或页脚区域输入相应内容，也可通过"插入"组中的各个命令按钮插入相应的内容，如"日期和时间""图片"等。

单击"设计"选项卡中"导航"组中"转至页脚"或"转至页眉"按钮可在页眉与页脚之间进行切换。编辑完成后，双击正文中的任意位置或单击"关闭"组中的"关闭页眉和页脚"按钮即可返回文档正文。

（2）页眉和页脚格式的设置

① 设置对齐方式。

默认情况下，在页眉或页脚中输入的文本或图形总是左对齐的，如果要使文本或图形居中或者居右，可选择"页眉和页脚工具"下的"设计"选项卡，单击"位置"组中的"插入

'对齐方式'选项卡"按钮，此时，将弹出"对齐制表位"对话框，在"对齐方式"组中进行选择即可，如图 4-26 所示。

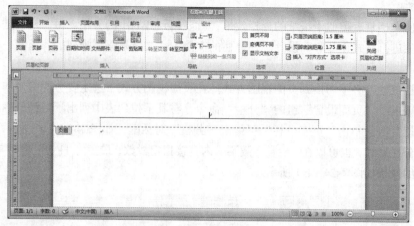

图 4-25 "页眉和页脚工具"的"设计"选项卡

② 为文档设置多个不同的页眉和页脚。

一般情况下，Word 中的每一页都显示相同的页眉和页脚。但是，有时用户需要对不同的页面使用不同的页眉和页脚，如首页需要设置一种页眉和页脚，其他页使用另外的页眉和页脚；或在奇数页和偶数页上分别使用不同的页眉和页脚；或在不同节中使用不同的页眉和页脚。具体操作方法如下。

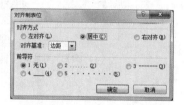

图 4-26 "对齐制表位"对话框

• 打开文档，选择"插入"选项卡，在"页眉和页脚"组中单击"页眉"按钮并在打开的下拉列表中选择"编辑页眉"命令。

• 在"页眉和页脚工具"下的"设计"选项卡中"选项"组中可按需要选择"首页不同"或"奇偶页不同"复选框。

• 此时在文档的首页将出现"首页页眉""首页页脚"的编辑区，相应地，在奇数页和偶数页的页面上也出现了"奇数页页眉""奇数页页脚""偶数页页眉""偶数页页脚"等编辑区域，单击该区域，即可创建不同的页眉或页脚。

• 单击"关闭"组中的"关闭页眉和页脚"按钮即可返回文档编辑状态。

3. 页码

当文档中包含多个页面时，往往需要插入页码。具体方法如下。

单击"插入"选项卡下"页眉和页脚"组中的"页码"按钮，将打开如图 4-27 所示的下拉列表，在该列表中指定页码出现的位置，并在其右侧显示的浏览库中选择所需的页码样式即可插入页码。

若要对页码的格式进行设置，如指定起始页码的编号或编号的格式等，可单击图 4-27 中的"设置页码格式"命令，此时将打开"页码格式"对话框，如图 4-28 所示。通常，页码的编号一般为阿拉伯数字，若要修改编号的格式，可以在"编号格式"下拉列表中选择一种数字格式，如"a，b，c，……""Ⅰ，Ⅱ，Ⅲ，……"等。默认情况下，文档的页码都从 1 开始编号的，用户可以通过"起始页码"微调框指定所需的页码编号。

若要删除页码，选择图 4-27 中的"删除页码"命令即可。

图 4-27　"页码"下拉列表　　　　图 4-28　"页码格式"对话框

4. 首字下沉和悬挂

首字下沉就是将文章开头的第一个字符放大数倍，并以下沉或悬挂的方式显示，其实质是将段落的第一个字符转换为图形。设置首字下沉和悬挂的操作步骤如下。

① 将插入点置于需要首字下沉或悬挂的段落中，该段落必须包含文字。

② 选择"插入"选项卡中的"首字下沉"按钮。

③ 在打开的下拉列表中选择下沉方式，如"无""下沉""悬挂"，单击"首字下沉选项"，可打开"首字下沉"对话框，如图 4-29 所示。在该对话框中可设置下沉字的字体、下沉的行数和下沉字距正文的间距，单击"确定"按钮即可完成首字下沉的设置。

图 4-29　"首字下沉"对话框

5. 项目符号与编号

项目符号是指在文档中的并列内容前添加的统一符号，而编号是指为具有层次区分的段落添加的号码，通常编号是连续的号码。在各段落之前添加项目符号或编号，可以使文档的条理更加清晰，层次更加分明。

为了使文本更易修改，建议段落前的编号或项目符号不应作为文本输入，而应使用 Word 自动设置项目符号和段落编号的功能。这样，在已编号的列表中添加、删除或重排列表项目时，Word 会自动更新编号。

（1）为已有文本添加项目符号或编号

首先选定需要添加项目符号或编号的段落，然后选择"开始"选项卡，在"段落"组中单击"项目符号"按钮 ☰· 或"编号"按钮 ☰· 右侧的下拉按钮，在打开的下拉列表中选择不同的项目符号或编号样式，即可看到所选段落前都添加了所选的项目符号或编号。

（2）自定义项目符号和编号

除了使用系统自动提供的项目符号和编号样式外，还可以对项目符号和编号的样式进行自定义。具体方法为：选择"开始"选项卡，在"段落"组中单击"项目符号"按钮 ☰· 或"编号"按钮 ☰· 右侧的下拉按钮，在打开的下拉列表中分别选择"定义新项目符号"或"定义新编号格式"命令，将分别弹出"定义新项目符号"对话框和"定义新编号格式"对话框，如图 4-30 和图 4-31 所示。

在图 4-30 中可单击"符号"或"图片"按钮，选择适合的自定义项目符号，然后单击"确定"按钮，即可将所选图片或字符作为项目符号添加到所选段落之前。

在图 4-31 中的"编号样式"下拉列表中选择一种编号样式，然后在"编号格式"框中对其进行修改，修改完成后单击"确定"按钮，即可将新的编号样式添加到所选段落之前。

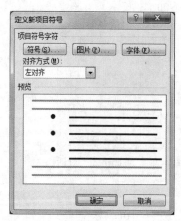

图 4-30　"定义新项目符号"对话框　　　　　图 4-31　"定义新编号格式"对话框

4.3.5　样式和模板的使用

样式和模板是 Word 中最重要的排版工具。应用样式可以直接将文字和段落设置成事先定义好的格式；应用模板可以轻松制作出精美的传真、信函、会议等文件。

1. 样式

样式是用样式名命名的一组特定格式的集合，其规定了正义和段落等的格式。段落样式可应用于整个文档，包括字体、行间距、缩进方式、对齐方式、边框、编号等。字符样式可应用于任何文字包括字体、字号、字形和其修饰效果等。

（1）新建样式

样式是由多个格式排版命令组合而成的，新建样式的操作步骤如下。

① 选中要建立样式的文本，单击"开始"选项卡中"样式"组右下角的█按钮，打开"样式"任务窗格，如图 4-32 所示。

② 单击"新样式"按钮█，打开"根据格式设置创建新样式"对话框，如图 4-33 所示。在"属性"选项组中进行样式属性设置；在"格式"选项组中设置该样式的文字格式。

图 4-32　"样式"任务窗格

图 4-33　"根据格式设置创建新样式"对话框

③ 单击"格式"按钮，在打开的列表中选择任一选项均可打开一个相应对话框。例如，选择"段落"选项，打开"段落"对话框，在对话框中可进行对齐方式、行间距等格式的设置，完成设置后单击"确定"按钮，样式的设置结果将显示在预览框的下方，单击"确定"按钮即可完成新样式的创建。

④ 选中文本按照新建样式的要求显示在文档中，而且新建样式名也会自动添加到"样式"组中和"样式"任务窗格的下拉列表框中。

（2）样式的应用

样式创建好后，即可将其应用到文档中的其他段落或字符。操作步骤为：首先选中需要应用样式的段落或字符，然后选择"开始"选项卡，在"样式"组中单击新建的样式名或者打开"样式"任务窗格，在"样式"任务窗格的下拉列表中单击新建的样式名。此时被选定的段落或字符就会自动按照样式中定义的属性进行格式化。

（3）样式的编辑

样式创建好后，可根据需要对不符合要求的样式进行修改。修改样式的操作步骤如下。

① 单击"开始"选项卡中"样式"组右下角的▣按钮，打开"样式"任务窗格。

② 在"样式"下拉列表中，将鼠标放置于需要修改的样式上，单击其右侧的下拉按钮▼，在打开的下拉列表中选择"修改"命令，打开"修改样式"对话框，如图 4-34 所示。

图 4-34　"修改样式"对话框

③ 在"修改样式"对话框中修改样式，修改完成后单击"确定"按钮，即可完成修改。

（4）样式的删除

对于不再需要的样式或自定义样式，可进行删除。单击"开始"选项卡中"样式"组右下角的▣按钮，打开"样式"任务窗格。右击需要删除的样式名，在弹出的快捷菜单中选择"删除"命令，在打开的提示框中单击"是"按钮，即可将该样式删除。

2. 模板

模板实际上是某种文档的模型，是一类特殊的文档。每个文档都是基于模板建立的，用户在打开 Word 时就启动了模板。该模板是 Word 自动提供的普通模板，即 Normal 模板。模板文件的扩展名为.dotx。除了可以使用系统内置的模板外，用户也可根据需要创建自己的模板。

（1）创建模板

完成样式创建后，即可利用文档创建模板，具体操作步骤如下。

① 打开作为模板的文档，选择"文件"选项卡中的"另存为"命令，打开"另存为"对话框。

② 在"保存类型"下拉列表中选择"Word 模板"选项，在"文件名"文本框中输入模板的名字，在"保存位置"下拉列表中选择所需位置。

③ 单击"保存"按钮，即可完成模板的创建。

（2）模板的使用

模板创建好后，即可创建基于该模板的文档。具体操作步骤如下。

① 单击"文件"选项卡，选择"选项"命令，打开"Word 选项"对话框，如图 4-35 所示。

② 选择左侧列表中的"加载项"，在右侧"管理"下拉列表中选择"模板"选项，单击"转到"按钮，打开"模板和加载项"对话框，如图 4-36 所示。

③ 单击"选用"按钮，打开"选用模板"对话框，如图 4-37 所示。选中要应用的模板文件，单击"打开"按钮，返回到"模板和加载项"对话框。此时，在"文档模板"文本框中将显示添加的模板文件名和路径。

图 4-35 "Word 选项"对话框

④ 选中"自动更新文档样式"复选框，单击"确定"按钮即可将此模板的样式应用到文档中。

图 4-36 "模板和加载项"对话框

图 4-37 "选用模板"对话框

4.4　表格处理

制表是文字处理软件的主要功能之一。利用 Word 提供的制表功能，可以创建、编辑、格式化复杂表格，也可以对表格内数据进行排序、统计等操作，还可以将表格转换成各类统计图表。

4.4.1　表格的创建

Word 中不论表格的形式如何，都是以行和列排列信息，行、列交叉处称为单元格，是输入信息的地方。在文档中要创建一个表格有以下 4 种方法。

1. 使用"插入表格"命令创建表格

具体操作步骤如下。

① 将插入点置于要插入表格的位置。

② 在"插入"选项卡的"表格"组中，单击"表格"按钮，打开如图 4-38 所示的"表格"下拉列表，单击"插入表格"命令，打开如图 4-39 所示的"插入表格"对话框。

图 4-38　"表格"下拉列表

图 4-39　"插入表格"对话框

③ 在"表格尺寸"下的"列数"和"行数"微调框中指定表格的列数和行数。在"'自动调整'操作"下，可对表格的尺寸进行调整，选中"固定列宽"单选按钮，则可由用户指定每列的列宽；若选中"根据内容调整表格"单选按钮，表示列宽自动适应内容的宽度；选中"根据窗口调整表格"单选按钮，则表示表格宽度总是与页面的宽度相同，列宽等于页面宽度除以列数。

④ 单击"确定"按钮，则创建了一个指定行列数的表格。图 4-40 所示为创建的 7 列 5 行的表格。

2. 使用快速表格模板插入表格

具体操作步骤如下。

① 把插入点置于文档中要插入表格的位置。

② 在"插入"选项卡的"表格"组中，单击"表格"按钮，打开如图 4-38 所示的"表格"下拉列表。

③ 将鼠标指向"插入表格"下的第一个网格，而后向右下方移动鼠标，鼠标经过的网格被全部选中，并在网格顶部显示被选中的行数和列数，如图 4-41 所示。同时，在文档中的插入点可预览到所插入的表格，单击鼠标完成表格的插入。

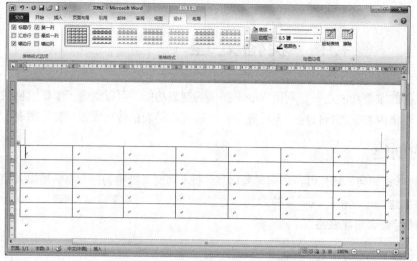

图 4-40　利用"插入表格"命令创建的表格

图 4-41　快速创建表格

3. 使用"快速表格"命令创建表格

Word 提供了预先设置好格式的表格模板库，可从中选择一种表格样式进行创建。具体操作步骤如下。

① 将插入点置于要插入表格的位置。

② 在图 4-38 所示的"表格"下拉列表中选择"快速表格"命令，在打开的内置表格样式列表中单击需要的模板（见图 4-42），可在当前文档中插入表格，该表格中包含示例数据和特定的样式。

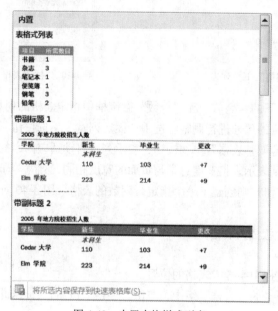

图 4-42　内置表格样式列表

③ 将表格中的数据替换为所需数据。

4. 使用"绘制表格"命令建立表格

通常，若需要制作不规则的表格，往往是先创建一个规则的表格，而后再对其进行单元格的拆分或合并等操作。除此之外，还可以利用 Word 提供的"绘制表格"命令，像用铅笔作图一样随意地绘制复杂的表格。具体方法如下。

① 将插入点置于要插入表格的位置。

② 在图 4-38 所示的下拉列表中选择"绘制表格"命令，鼠标指针变为铅笔状 $\boxed{\mathscr{O}}$。

③ 按住鼠标左键拖动，就可以在文档中任意绘制表格线。例如，若要表示表格的外围框线，可用鼠标拖动绘制出一个矩形；在需要绘制行的位置按住鼠标左键横向拖动，即可绘制出表格的行，纵向拖动鼠标可绘制表格的列。

④ 若要删除某条框线，可使用"擦除"命令。选择"表格功能"的"设计"选项卡，在"绘图边框"组中单击"擦除"命令按钮，鼠标指针变为橡皮状。将鼠标移动到要擦除的框线上单击鼠标，即可删除该框线。如图 4-43 所示为使用"绘制表格"命令制作的不规则表格。

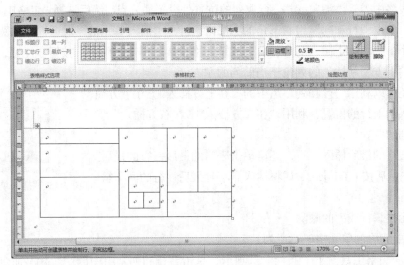

图 4-43　不规则表格

4.4.2　表格的调整

通常不可能一次就创建出符合要求的表格，此时需要对表格的结构进行适当调整。表格调整包括单元格、行、列的选定，行、列的插入与删除，行高与列宽的设置，单元格的合并与拆分，表格的合并与拆分等。

1. 单元格、行或列的选择

要对表格进行操作，首先要选定操作的单元格、行或列。可使用鼠标快速选中，也可利用"表格工具"下"布局"选项卡中的命令实现。

（1）利用鼠标进行选择

① 选择单元格。每个单元格左侧都有选定栏，当把光标指针移动到该选定栏时鼠标指针将变为指向右上方的黑色粗箭头 $\boxed{\nearrow}$，此时单击鼠标即可将该单元格选中。

② 选择行。把鼠标指针移动到该行的左侧选定栏时鼠标指针变为空心箭头，此时单击鼠标即可将该行选中，若拖动鼠标则可选中多行。

③ 选择列。将鼠标指针指向该列的顶端边界线上时鼠标指针将变为向下的黑色粗箭头 $\boxed{\downarrow}$，此时单击鼠标即可选中该列，若拖动鼠标则可选中多列。

④ 选定多个不连续的单元格、行或列。首先选中所需的第一个单元格、行或列，按住【Ctrl】

键，再单击其他单元格、行或列即可。

⑤ 选择整个表格。当鼠标指针停留在表格上时，单击表格左上角的表格移动图柄 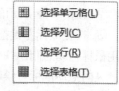 即可将该表格选中。

（2）使用"表格工具"下的"布局"选项卡

将鼠标指针移动到表格中的某一个单元格，选择"表格工具"下"布局"选项卡，单击"表"组中的"选择"命令，打开如图4-44所示的下拉列表，从中可分别选择相应的命令完成单元格、行、列或表格的选定。

图4-44 "选择"下拉列表

2. 单元格、行或列的插入与删除

（1）单元格、行或列的插入

首先在表格中需要添加单元格、行或列的位置处设置插入点。然后选择"表格工具"下的"布局"选项卡，单击"行和列"组右下角的 按钮，打开"插入单元格"对话框，如图4-45所示。从中选择一个命令，确定插入的为行、列或单元格，然后单击"确定"按钮。注意，新插入的行位于当前行的上方，新插入的列位于当前列的左方。

另外，还可以利用"行和列"组中的"在上方插入""在下方插入"确定插入的新行的位置，利用"在左方插入""在右方插入"确定插入的新列的位置。

图4-45 "插入单元格"对话框

若要在表格的最后插入一行，还可单击表格的最后一行的最后一个单元格，然后按【Tab】键，或将插入点移到最后一行的回车符后，按【Enter】键。

（2）单元格、行或列的删除

① 选定要删除的单元格、行或列。

② 选择"表格工具"下"布局"选项卡，单击"行和列"组中的"删除"命令，打开如图4-46所示的下拉列表，从中选择"删除行"或"删除列"即可将选中的行或列删除。

③ 若删除的是单元格，操作与删除行或列有所不同。若选择"删除单元格"，Word将打开"删除单元格"对话框，如图4-47所示，若选择"右侧单元格左移"表示选中的单元格将会被删除，同时该行剩余的单元格向左移；"下方单元格上移"则表示该列剩余的单元格向上移动。选择相应选项后单击"确定"按钮即可。

图4-46 "删除"下拉列表

图4-47 "删除单元格"对话框

（3）表格的删除

将插入点置于要删除的表格中，在图4-46中选择"删除表格"命令，即可将表格删除。或选中表格，按【Backspace】键也可将表格删除。需注意的是，若按【Delete】键则将表格中的内容清除而并不删除表格本身。

3. 行高和列宽的调整

创建表格时，若用户没有指定行高和列宽，则均使用默认值，用户可根据需要进行调整，具

体方法如下。

（1）用鼠标拖动调整行高与列宽

如果要调整行高，可将鼠标指针停留在要更改其高度的行边线上，当其变为 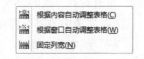 形状时，按住鼠标左键拖动边框到所需行高，释放鼠标即可。

如果要调整列宽，可将鼠标指针停留在要更改其列宽的列边线上，当其变为 ⊞ 形状时，按住鼠标左键拖动边框到所需列宽，释放鼠标即可。

对于调整列宽，不同的操作会产生不同的结果。

- 直接拖动：只改变拖动列边界相邻两列的宽度，其余的列宽不变，表的总宽度不变。
- 【Ctrl】+拖动：只改变拖动边界左边的列宽，其余各列列宽不变，表的总宽度不变。
- 【Shift】+拖动：表的总宽度不变，拖动边界时，右面各列自动调整列宽。
- 【Ctrl】+【Shift】+拖动：表的总宽度不变，右面各列均等宽。

（2）使用对话框设置具体的行高与列宽

具体操作步骤如下。

① 选中要改变行高的行或要改变列宽的列。

② 选择"表格工具"下"布局"选项卡，单击"表"组中的"属性"按钮，或单击"单元格大小"组右下角的 ⊡ 按钮，均可打开"表格属性"对话框。

③ 单击"行"选项卡，设置行的高度，如图 4-48（a）所示。在"指定高度"微调框中输入所需值，在"行高值是"下拉列表框中选择"固定值"。若需要设置其他行的高度，可单击"下一行"命令按钮。

（a）"行"选项卡　　　　　　　　　　　　　　（b）"列"选项卡

图 4-48　"表格属性"对话框

④ 单击"列"选项卡，调整列的宽度。在"指定宽度"框中输入所需值，如图 4-48（b）所示。设置完成后，可单击"后一列"按钮继续设置其他列的列宽，然后单击"确定"按钮。

（3）自动调整表格尺寸

选择"表格工具"下的"布局"选项卡，单击"单元格大小"组中的"自动调整"按钮，打开如图 4-49 所示的下拉列表，从中可选择"根据内容自动调整表格"和"根据窗口自动调整表格"选项来实现表格的自动调整。选择"单元格大小"组中的"分布行"、"分布列"命令按钮可实现平均分配各行、各列。

图 4-49　"自动调整"下拉列表

4. 表格的合并与拆分

为将一个表格一分为二，首先需要选中要成为第二个表格首行的那一行，然后选择"表格工具"下的"布局"选项卡，单击"合并"组中的"拆分表格"命令，原表格则被拆分为两个表格，两表格之间有一个空行相隔。

若要将两个表格合并为一个表格，只要将两个表格中的空行删除即可。

5. 单元格的拆分与合并

若要拆分单元格，首先选中要拆分的一个或多个单元格，然后选择"表格工具"下的"布局"选项卡，单击"合并"组中的"拆分单元格"命令，打开"拆分单元格"对话框（如图 4-50 所示），从中选择要拆分的行数及列数，然后单击"确定"按钮完成单元格的拆分。

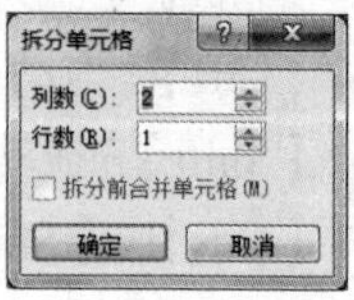

图 4-50 "拆分单元格"对话框

若要合并单元格，首先需选择希望合并的单元格（至少有两个），然后选择"表格工具"下的"布局"选项卡，单击"合并"组中的"合并单元格"命令，所选的几个单元格将合并成为一个单元格。

4.4.3 表格的编辑

表格制作完成后，就可在表格的单元格中输入数据，如文本、图形或其他表格等。

1. 数据的输入

表格中的每个单元格都相当于一个小文档，因此在单元格中输入数据的方法与之前介绍的在文档中的操作方法类似。

在输入之前，应先定位插入点，即将鼠标置于表格中需要输入数据的位置。移动插入点的方法如下。

① 直接将鼠标在需要输入数据的单元格内单击。

② 按【Tab】键可将插入点从当前单元格移动到后一个单元格；按【Shift】+【Tab】组合键将插入点从当前单元格移动到前一个单元格。

2. 文本的移动、复制和删除

如果要移动表格中的内容，首先选定要移动的内容，然后在选定区域按住鼠标左键拖动到新位置后释放鼠标即可；如果要复制选定内容，可在按住【Ctrl】键的同时将选定内容拖动到新位置。另外，还可以利用剪切、复制和粘贴命令进行移动和复制，其操作方法与在文档中的操作相同。

若要删除表格中的内容，可先选中要删除的内容，然后按【Delete】键即可。

3. 设置文本格式

可对选定的单元格、行或列中的文本进行格式化，如字体、字号、字形的设置等，其设置方法与一般的字符格式化方法类似。表格中的文本的对齐方式包括水平对齐方式和垂直对齐方式两种。默认情况下，表格文本的对齐方式为靠上两端对齐。水平对齐方式的设置与段落的对齐方式相同，垂直对齐方式的设置方法如下。

① 首先选中需要设置对齐方式的单元格、行或列，然后选择"表格工具"下"布局"选项卡，单击"表"组中的"属性"按钮，在打开的"表格属性"对话框中单击"单元格"选项卡，从中可设置垂直对齐方式。

② 可利用"表格工具"的"布局"选项卡进行设置，在"对齐方式"组中列出了相应的对齐方式按钮，如"水平居中"表示文字在单元格内水平和垂直方向均居中。

③ 选中需要设置对齐方式的单元格、行或列，单击鼠标右键，在弹出的快捷菜单中选择"单元格对齐方式"命令，在其级联菜单中也可设置文本的对齐方式。

4.4.4　表格的格式化

1．表格套用样式

Word 提供了表格样式库，可将一些预定义的外观格式应用到表格中，从而使表格的排版变得方便、轻松。将光标置于表格中任意位置，选择"表格工具"的"设计"选项框，单击"表格样式"组的下拉按钮，在打开的下拉列表的"内置"区域显示了各种表格样式供用户挑选，从中选择一种即可套用表格样式。

2．表格的边框和底纹

（1）边框

默认情况下，表格的边框（包括每个单元格的边框）为黑色、0.5 磅、细实线。如果是 Web 网页，表格默认是没有边框的。

例如，要将表格的外边框线设置为红色、0.75 磅双实线，内部框线不变，添加边框的方法如下。

① 首先选择整个表格。

② 单击鼠标右键，在弹出的快捷菜单中选择"边框和底纹"命令，打开"边框和底纹"对话框。或选择"表格工具"下的"设计"选项卡，单击"绘图边框"组右下角的▣按钮，也可打开"边框和底纹"对话框。

③ 选择"边框"选项卡，在"设置"选项组中单击"自定义"，在"样式"列表框中选择线型为双实线，单击"颜色"下拉列表框为线条颜色选择红色，在"宽度"下拉列表框中设置线条宽度为 0.75 磅，在"预览"下分别双击▣、▣、▣、▣4 个按钮，即只将外边框线设置为所选线条的样式、颜色和宽度，如图 4-51 所示。

图 4-51　"边框"选项卡

④ 单击"确定"按钮。

如果要取消边框，可在图 4-51 中单击"设置"组中的"无"，表格或单元格的边框将被取消。

此外，还可以利用"表格工具"下的"设计"选项卡添加边框，方法为：选中表格或需要添加边框的单元格，然后选择"表格工具"下的"设计"选项卡，在"绘图边框"组中设置绘图笔的样式、宽度和颜色；单击"表格样式"组中的"边框"下拉按钮，在打开的下拉列表中可对不同位置的框线分别进行设置。

（2）底纹

所谓底纹，实际上就是用指定的图案和颜色去填充表格或单元格的背景。例如，要为表格的第一行添加底纹颜色为"白色，背景1，深色15%"，添加图案样式为"浅色下斜线"、红色，设置方法如下。

① 选中第一行。

② 单击鼠标右键，在弹出的快捷菜单中选择"边框和底纹"命令，打开"边框和底纹"对话框。或选择"表格工具"下的"设计"选项卡，单击"绘图边框"组右下角的 按钮，也可打开"边框和底纹"对话框。

③ 选择"底纹"选项卡，在"填充"下拉列表中选择填充的颜色为"白色，背景1，深色15%"；在"图案"下的"样式"下拉列表中选择"浅色下斜线"，在"颜色"下拉列表中选择标准色红色，如图4-52所示。

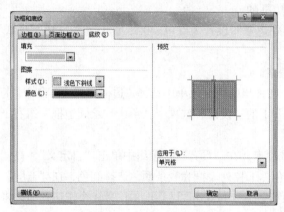

图4-52　"底纹"选项卡

④ 单击"确定"按钮。

添加完边框和底纹的表格效果如图4-53所示。

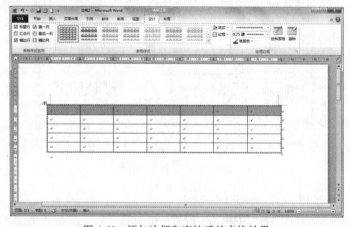

图4-53　添加边框和底纹后的表格效果

3. 设置表格的对齐方式和环绕方式

通过设置表格的对齐方式和环绕方式，可将表格放置于文档中的适当位置。具体操作步骤如下。

① 将插入点移动到表格中的任意单元格。

② 选择"表格工具"的"布局"选项卡，单击"表"组中的"属性"按钮，弹出"表格属性"对话框。

③ 选择"表格"选项卡，在该选项卡中可对表格的对齐方式和文字环绕方式进行设置。如果是左对齐，还可以在"左缩进"微调框中输入缩进量。

④ 单击"定位"按钮，弹出"表格定位"对话框，如图 4-54 所示，在该对话框中可对表格的具体位置进行设置。

⑤ 单击"确定"按钮完成表格的定位设置，返回"表格属性"对话框，再次单击"确定"按钮完成表格的对齐和环绕方式的设置。

图 4-54　"表格定位"对话框

4. 设置斜线表头

首先将插入点置于要绘制斜线表头的单元格内，选择"表格工具"的"设计"选项卡，在"表格样式"组中单击"边框"下拉按钮，在打开的下拉列表中选择"斜下框线"，即可在该单元格内显示斜线，然后在单元格中输入文本，并对文本进行格式设置，使其成为斜线表头中的行标题和列标题。

5. 设置表格内的文字方向

默认情况下，表格中的文字都是沿水平方向显示的。要改变文字方向，可先选中需要改变方向的单元格，然后单击鼠标右键，在弹出的快捷菜单中选择"文字方向"命令，打开"文字方向"对话框，如图 4-55 所示。在"方向"选项组中选择一种文字方向，然后单击"确定"按钮。

图 4-55　"文字方向"对话框

除此之外，选择"表格工具"的"布局"选项卡，单击"对齐方式"组中的"文字方向"按钮，也可更改所选单元格内的文字的方向，多次单击该按钮可切换各个可用的方向。

6. 重复表格标题

当表格很长时，可能会跨几页，若希望每一页的续表中包含前一页表中的标题行，可按以下步骤操作。

① 选中表格中需要重复的标题行（可为一行或多行，应包含第一行）。

② 选择"表格工具"的"布局"选项卡，单击"数据"组中的"重复标题行"命令即可。

若要取消重复的标题行，可再次单击"数据"组中的"重复标题行"命令。

4.4.5　表格和文本的互换

表格转换在文本编辑中经常使用。有时需要将文本转换成表格，以便说明一些问题；或将表格转换成文本，以增加文档的可读性及条理性。

1. 文本转换成表格

将文本转换为表格时，首先要在文本中添加逗号、制表符或其他分隔符来把文本分行、分列。一般情况下，建议使用制表符来分列，使用段落标记来分行。文本转换成表格的操作步骤如下。

① 选择要转换的文本。

② 选择"插入"选项卡，单击"表格"组中的"表格"命令，在打开的下拉列表中选择"文本转换成表格"命令，打开"将文字转换成表格"对话框，如图 4-56 所示。

图 4-56　"将文字转换成表格"对话框

③ Word 会自动检测出文本中的分隔符，并计算出表格的列数。当然，也可以重新指定一种分隔符，或者重新指定表格的列数。

④ 设置完毕后单击"确定"按钮。

2. 表格转换成文本

表格转换成文本的操作步骤如下。

① 选择需要转换成文本的整个表格或部分单元格。

② 选择"表格工具"的"布局"选项卡，单击"数据"组中的"转换为文本"命令，打开"表格转换成文本"对话框，如图 4-57 所示。

图 4-57　"表格转换成文本"对话框

③ 在"文字分隔符"选项中指定一种分隔符，作为替代列边框的分隔符，如段落标记、制表符、逗号或其他符号，然后单击"确定"按钮。

4.4.6　表格数据的计算

利用 Word 提供的表格计算功能，可以对表格中的数据进行一些简单的运算，如求和、求平均值、求最大值、求最小值等操作，从而可方便、快捷地得到计算结果。需要注意的是，对于需要进行复杂计算的表格，应使用 Excel 电子表格来实现。

下面以图 4-58 所示的成绩表格中的数据计算为例进行说明。

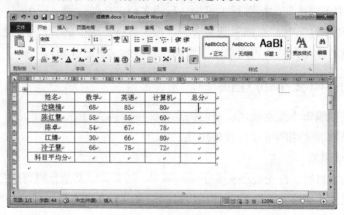

图 4-58　成绩表格

1. 求和

若需要在"总分"列填充每个学生三科成绩的总和，具体操作步骤如下。

① 将插入点置于总分列的第 1 个单元格中。

② 选择"表格工具"的"布局"选项卡，单击"数据"组中的"公式"按钮，打开"公式"对话框，如图 4-59（a）所示。

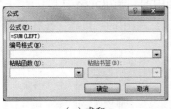 

　　　　（a）求和　　　　　　　　　　　　　　　（b）求平均

图 4-59　"公式"对话框

③ 在该对话框中，"公式"框用于设置计算所用的公式，"编号格式"框用于设置计算结果的数字格式，"粘贴函数"下拉列表中列出了 Word 中提供的函数。在"公式"框中的"=SUM（LEFT）"，表示对插入点左边的单元格中的各项数据求和。

④ 单击"确定"按钮，即可将计算结果填充到当前单元格中。

⑤ 将插入点置于总分列的第 2 个单元格，再次打开"公式"对话框。这时"公式"框中显示为"=SUM（ABOVE）"，将其中的"ABOVE"更改为"LEFT"后单击"确定"按钮。

对该列中的其他单元格重复上述步骤，即可完成数据的求和计算。

2. 求平均值

若要在"科目平均分"行填充每门科目的平均分，具体操作步骤如下。

① 将插入点置于需要放置计算结果的单元格中。

② 选择"表格工具"的"布局"选项卡，单击"数据"组中的"公式"按钮，打开"公式"对话框。

③ 将公式框中的公式删除，在"粘贴函数"下拉列表中选择"AVERAGE"，然后在括号中输入"ABOVE"，表示对插入点上方的单元格中的数据进行计算，在"编号格式"下拉列表中选择"0.00"，表示小数点后保留两位数字，如图 4-59（b）所示。

④ 单击"确定"按钮，即可将计算结果填充到当前单元格中。

对该行中的其他单元格重复上述步骤，即可完成数据的求平均值的计算。

完成数据计算后的表格如图 4-60 所示。

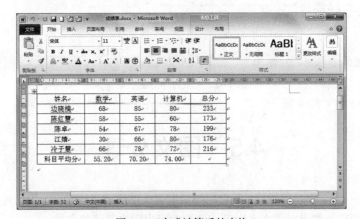

图 4-60　完成计算后的表格

3. 排序

在 Word 中，可按照升序或降序的顺序把表格中的内容按照笔画、数字、拼音及日期等进行排序。例如，若要对成绩表中的数据按照"总分"列进行降序排列，具体操作步骤如下。

① 将插入点置于表格中的任意单元格或"总分"列中的某个单元格中。

② 选择"表格工具"的"布局"选项卡，单击"数据"组中的"排序"按钮，整个表格被选中，并且打开"排序"对话框，如图 4-61 所示。

图 4-61 "排序"对话框

③ 单击"主要关键字"下拉列表框用于选择排序的依据，一般为标题行中某个单元格的内容，本例中选择"总分"；"类型"下拉列表框用于指定排序依据的值的类型，选择"数字"；"升序"和"降序"单选按钮用于选择排序的顺序，这里单击"降序"。

④ 单击"确定"按钮，表格中的数据则按设置的排序依据进行重新排列，如图 4-62 所示。

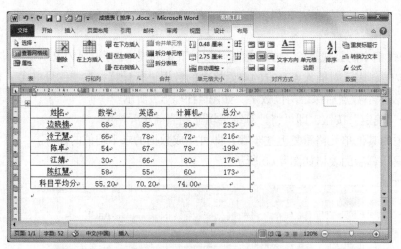

图 4-62 完成排序后的表格

4.5 图文处理

Word 虽然是一个文字处理软件，但它同样具有强大的图形处理功能。用户可以在文档的任意位置插入图片、图形、艺术字或文本框等，从而编辑出图文并茂的文档。

4.5.1　插入图片

在 Word 文档中插入图片的方法很多，常用的有插入剪贴画，插入来自文件的图片，或用数字扫描仪、数码照相机等获得图片，然后将这些图像文件插入到文档中，也可通过剪贴板在文档中复制图像，还可以插入屏幕截图。图像被插入到文档中后，可以添加各种特殊效果，如三维效果、纹理填充等。

1．插入剪贴画

Word 中提供了多种剪贴画，并以不同的主题进行分类。例如，若要使用与"运动"有关的剪贴画时可以选择"运动"主题。在文档中插入剪贴画的具体操作步骤如下。

① 将插入点置于要插入剪贴画的位置。

② 选择"插入"选项卡，单击"插图"组中的"剪贴画"按钮，打开"剪贴画"任务窗格。

③ 在"搜索文字"文本框中输入一种主题，如"运动"，然后单击"搜索"按钮，片刻后，系统中有关运动的剪贴画都以缩略图的方式显示出来，如图 4-63 所示。

④ 单击所需的剪贴画，则该剪贴画即插入到了当前光标所在位置。

2．插入来自文件的图片

除剪贴画外，还可在文档中插入来自图形图像文件中的图片，如.jpg、.wmf、.bmp 等文件。插入来自文件的图片的操作步骤如下。

① 将插入点置于要插入图片的位置。

图 4-63　搜索剪贴画

② 选择"插入"选项卡，单击"插图"组中的"图片"按钮，打开"插入图片"对话框，如图 4-64 所示。

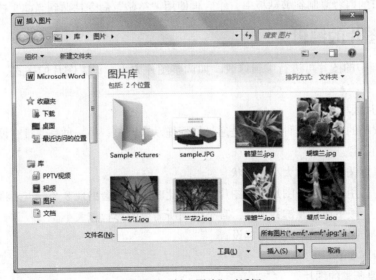

图 4-64　"插入图片"对话框

③ 在对话框中选择所需图片文件，单击"插入"按钮，则所选文件中的图片以嵌入的方式插入到文档中。如果单击"插入"按钮右侧的下拉按钮▼，在弹出的下拉列表中选择"链接到文件"

命令，Word 将把所选文件中的图片以链接的方式插入到文档中。当该图片文件发生变化时，文档中的图片会随之自动更新。当保存文档时，图片会随文档一起保存。

3. 插入屏幕截图

利用"屏幕截图"功能可以很方便地将活动窗口截取为图片插入到当前正在编辑的 Word 文档中。具体操作步骤如下。

① 单击要添加屏幕截图的文档并定位插入点。

② 在"插入"选项卡上的"插图"组中单击"屏幕截图"，打开如图 4-65 所示的下拉列表。

③ 若要添加整个窗口，可单击"可用视窗"库中的缩略图，Word 自动截取该窗口图片并插入到文档中。

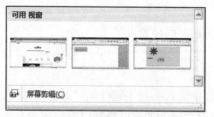

图 4-65　"屏幕截图"下拉列表

④ 若要添加窗口的一部分区域，可单击"屏幕剪辑"命令，当鼠标指针变成十字时，按住鼠标左键拖动以选择要捕获的屏幕区域，释放鼠标后，该区域图片则插入到文档中。

4. 利用剪贴板插入图片

可以将存放于剪贴板中的图片粘贴到当前文档中，常见的方法有以下两种。

① 利用"剪切"或"复制"命令将其他应用程序制作的图片放入剪贴板中，如可将"画图"软件中制作的图片复制或剪切到剪贴板，然后使用"粘贴"命令粘贴到当前文档中。

② 按【PrtSc】键可将整个屏幕窗口的内容复制到剪贴板中，或按【Alt】+【PrtSc】组合键将当前活动窗口的内容复制到剪贴板中，然后再使用"粘贴"命令粘贴到当前文档中。

4.5.2　图片的编辑

插入到文档中的图片可进行编辑修改，如调整图片大小，设置图片的格式、位置、文字环绕等。

1. 调整图片大小

调整图片大小的方法有两种：一种是通过鼠标拖动来调整；另一种是通过"设置图片格式"对话框进行精确设置。

（1）通过鼠标调整图片的大小和形状

具体方法为：用鼠标单击图片可将图片选中，此时图片上会出现 8 个控点。将鼠标指针移至其中一个控点上，按下鼠标左键并拖动，直至得到所需要的形状和大小。

（2）通过"布局"对话框进行精确设置

具体操作步骤如下。

① 选定需要调整的图片。

② 选择"图片工具"下的"格式"选项卡，单击"大小"组右下角的 按钮，或者右击图片，在弹出的快捷菜单中选择"大小和位置"命令，均可打开"布局"对话框的"大小"选项卡，如图 4-66 所示。

③ 在"高度"和"宽度"选项组中输入具体数值设置图片的高度和宽度；在"缩放"选项组中设置图片的高度与宽度的比例。如果选中"锁定纵横比"复选框，图片的尺寸按比例调整。如果要恢复图片的原始尺寸，可单击"重置"按钮。

④ 设置完毕后，单击"确定"按钮。

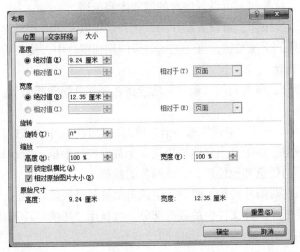

图 4-66　"大小"选项卡

2. 设置图片的格式

可将插入的图片快速设置为 Word 内置的图片样式，方法为：选中图片，单击"图片工具"下的"格式"选项卡，在"图片样式"组中选择"快速样式"下拉按钮，在打开的下拉列表中选择所需的图片外观样式，如金属框架、矩形投影等。

除此之外，还可以根据需要设置图片的格式，方法为：选中图片，选择"图片工具"下的"格式"选项卡，在"图片样式"组中单击"图片边框"下拉按钮可设置图片轮廓的颜色、宽度和线型；单击"图片效果"下拉按钮可对图片应用视觉效果，如发光、映像等；单击"图片版式"下拉按钮可将图片转换为 SmartArt 图形。

单击"图片样式"组右下角的 按钮，可打开如图 4-67 所示的"设置图片格式"对话框，从中也可对图片进行各种设置。

图 4-67　"设置图片格式"对话框

3. 调整图片的显示效果

选中图片，选择"图片工具"下的"格式"选项卡，利用"调整"组中的命令按钮可对图片的亮度、对比度、颜色、艺术效果等进行设置。具体操作步骤如下。

① 单击需要设置的图片。

② 单击"颜色"下拉按钮，可设置图片的饱和度和色调。

③ 单击"更正"下拉按钮，可设置图片的锐化和柔化以及亮度和对比度等。

④ 单击"艺术效果"下拉按钮，可将艺术效果应用到图片中，使其看上去更像油画或草图。

4. 图片的裁剪与删除

若只需图片的一部分，则可利用"裁剪"功能将多余部分隐藏起来。具体操作步骤如下。

① 单击选中图片。

② 选择"图片工具"下的"格式"选项卡，单击"大小"组中"裁剪"的下拉按钮，在打开的下拉列表中选择"裁剪"命令，图片边缘出现8个裁剪控制手柄，拖动其到适合的位置后释放鼠标，然后再单击文档的任意其他位置，完成图片的裁剪。

需要注意的是，虽然对图片进行了裁剪，但裁剪部分只是被隐藏而已，其仍将作为图片文件的一部分保留。若需要删除图片文件中的裁剪部分，可利用"压缩图片"命令完成。删除图片的裁剪区域的操作步骤如下。

① 选中裁剪后的图片。

② 选择"图片工具"的"格式"选项卡，单击"调整"组中的 "压缩图片"按钮，打开"压缩图片"对话框，如图 4-68 所示。

③ 在"压缩选项"下，选中"删除图片的裁剪区域"复选框，然后单击"确定"按钮。

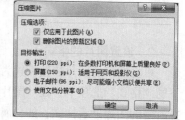

图 4-68 "压缩图片"对话框

删除图片的裁剪部分后不仅可以减小文件大小，还有助于防止其他人查看已删除的图片部分。值得注意的是，此操作是不可撤销的。因此，只有在确定已经进行所需的全部裁剪和更改后，才能执行此操作。

5. 设置图片的文字环绕方式和位置

文字环绕方式是指图片周围的文字分布情况。图片在文档中的存放方式分为嵌入式和浮动式，其中，嵌入式指图片位于文本中，可随文本一起移动及设定格式，但图片本身不能自由移动；浮动式使文字环绕在图片四周或将图片浮于文字上方等，图片在页面上可以自由移动，但当图片移动时周围文字的位置将发生变化。

默认情况下，插入到文档内的图片为嵌入式，可根据需要对其环绕方式和位置进行修改。具体操作步骤如下。

① 首先选中图片。

② 选择"图片工具"下的"格式"选项卡，单击"排列"组中的"自动换行"下拉按钮，在打开的下拉列表中可设置图片与文字的环绕方式，如四周型环绕、上下型环绕等。单击"其他布局选项"命令，可打开"布局"对话框的"文字环绕"选项卡，如图 4-69（a）所示，除文字环绕方式外，还可设置图片距正文的距离。

③ 单击"排列"组中的"位置"下拉按钮，在打开的下拉列表中可对图片在文档中的位置进行设置，如顶端居左、中间居中等，单击"其他布局选项"命令，可打开"布局"对话框的"位置"选项卡，如图 4-69（b）所示，从中可设置图片在水平和垂直方向的对齐方式和具体位置。

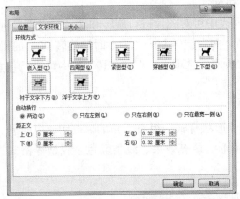

（a）"文字环绕"选项卡

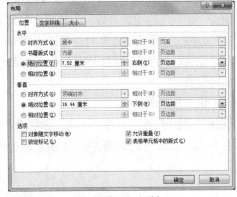

（b）"位置"选项卡

图 4-69　"布局"对话框

4.5.3　绘制自选图形

1．插入自选图形

Word 中可用的形状包括线条、基本几何形状、箭头、公式形状、流程图、星与旗帜、标注，利用这些形状可以组合成更复杂的形状。插入自选图形的操作步骤如下。

① 选择"插入"选项卡，单击"插图"组中的"形状"按钮，在打开的下拉列表中列出了各种形状。

② 选择所需图形，鼠标指针变为十字形，在文档中单击鼠标即可将所选图形插入到文档中，或按下鼠标左键并拖动，松开鼠标后即可绘制出所选图形。

③ 如需要连续插入多个相同的形状，可在所需图形上单击鼠标右键，在弹出的快捷菜单中选择"锁定绘图模式"命令，然后在文档中连续单击鼠标即可插入多个所选形状。绘制完成后按【Esc】键取消插入。

2．图形的编辑

（1）图形的选择

对画好的图形进行操作，首先要选择图形。常用的方法有如下几种。

① 对于单个图形，只需把鼠标指针移动到图形中单击即可。

② 如果要同时选中多个图形，可先按住【Shift】键，再用鼠标依次单击每个图形。

③ 选择"绘图工具"的"格式"选项卡，单击"排列"组中的"选择窗格"命令，可打开"选择和可见性"窗格，单击其中需要选中的形状名称即可选中该图形。若按住【Ctrl】键，再依次单击每个图形名称，即可同时选中多个图形。

选中一个或多个图形后，可以对其进行拖动、调整大小、剪切、复制、粘贴等操作。

（2）调整图形的大小和旋转角度

调整图形的方法与调整图片大小的方法类似，也可通过"布局"对话框进行设置。两种方法的区别在于，当选中图形时，功能区上显示的为"绘图工具"的"格式"选项卡，而选中图片时，功能区上显示的是"图片工具"的"格式"选项卡。

选中图形，选择"绘图工具"下的"格式"选项卡，单击"大小"组的右下角的 按钮，弹出"布局"对话框，在"大小"选项卡下即可设置图形的高度和宽度。另外，在"大小"组的"形状高度"和"形状宽度"框中也可设置图形的高度和宽度。

单击"排列"组中的"旋转"按钮，在其下拉列表中可对图片进行旋转和翻转的设置。例如，"向左旋转90°"可完成图形的逆时针旋转90°，而"向右旋转90°"为顺时针旋转90°的操作，选择"其他旋转选项"，可打开"布局"对话框的"大小"选项卡，在"旋转"框中可进行任意角度的旋转设置。

（3）设置图形的格式

选择"绘图工具"下的"格式"选项卡，单击"形状样式"组右下角的▣按钮，可打开"设置形状格式"对话框，如图4-70所示，从中可对图形的填充效果、线条颜色、线型等格式进行设置。

图 4-70　"设置形状格式"对话框

（4）多个图形对象的编辑

当在文档中有多个图形对象时，为了使页面整齐，也使图文混排变得容易方便，需要进行图形对象的组合、对齐方式和层次关系的调整等操作。

① 组合和取消组合。各自的操作方法如下。

● 组合图形：如果要把几个图形组合成一个整体进行操作，首先要用上述方法选中一组图形，然后选择"绘图工具"下的"格式"选项卡，单击"排列"组中的"组合"按钮，在打开的下拉列表中选择"组合"命令。这样选中的多个图形就形成了一个图形对象。

● 对组合图形取消组合：选中组合对象，单击"排列"组中的"组合"按钮，在打开的下拉列表中选择"取消组合"命令，即可将组合的图形对象分离为独立的图形。

② 多图形的对齐方式。

选中一组图形，选择"绘图工具"下的"格式"选项卡，单击"排列"组中的"对齐"按钮，在打开的下拉列表中可选择相关的命令，可以安排这组图形的水平对齐方式，如左对齐、居中和右对齐，也可以对垂直对齐方式进行选择，主要有顶端对齐、垂直居中和底端对齐。

③ 多图形的层次关系。

在文档中插入的多个图形时，若位置相同时会造成重叠。调整重叠图形的前后次序的具体操作方法如下。

● 选中一个图形，选择"绘图工具"下的"格式"选项卡，单击"排列"组中的"上移一层"按钮和"下移一层"按钮,在打开的下拉列表中可选择相关的命令对多个图形对象叠放的次序进行调整。

- 对于两个图形,可以选择"置于顶层"和"置于底层"命令使两个图形处于前后两个层次上。
- 如果是 3 个以上的图形,还涉及中间层的调整,最顶层和最底层可以选择"置于顶层"和"置于底层"命令完成,中间层的操作需选择"上移一层"和"下移一层"命令。

4.5.4　艺术字

艺术字不同于普通文字,它具有很多特殊的效果,本质上也是图形对象。

1. 插入艺术字

① 选择"插入"选项卡,单击"文本"组中的"艺术字"按钮,在打开的下拉列表中列出了艺术字的样式,如图 4-71 所示。

② 单击选择一种艺术字样式,则在文档中添加了内容为"请在此放置您的文字"的文本框,删除其中的内容,输入所需文字,然后用鼠标单击文档的其他任意位置完成艺术字的插入。图 4-72 所示为在文档中插入的艺术字。

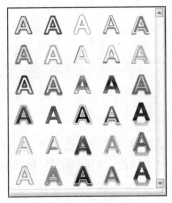

图 4-71 　"艺术字样式"下拉列表

图 4-72 　在文档中插入的艺术字

2. 艺术字的编辑

(1)修改艺术字文本

若插入的艺术字有误,可对其进行修改。单击艺术字,即可进入编辑状态,从而可对其进行修改。

(2)设置艺术字的字体与字号

选择艺术字,在"开始"选项卡下的"字体"组中可设置艺术字的"字体""字号"等格式。

(3)修改艺术字样式

选择艺术字,选择"绘图工具"下的"格式"选项卡,单击"艺术字样式"组中的"快速样式"按钮,在打开的下拉列表中选择所需样式即可。单击"文本填充"按钮,在打开的下拉列表中可重新设置文本的填充效果;单击"文本轮廓"下拉按钮,可设置文本轮廓线的线型、粗细和颜色;单击"文本效果"下拉按钮,在打开的下拉列表中可设置艺术字的外观效果,如"发光""阴影"等。在"转换"下拉列表中可对艺术字进行形状的设置,如"上弯弧""下弯弧"等,如图 4-73 所示。

（4）设置艺术字文本框的形状样式

选择艺术字，在"绘图工具"的"格式"选项卡下，单击"形状样式"组中的下拉按钮，在打开的下拉列表中可选择需要的样式。

除此之外，还可以利用"绘图工具"的"格式"选项卡，"形状样式"组的"形状填充""形状轮廓"和"形状效果"按钮分别设置艺术字文本框的填充效果、轮廓线的颜色、线型和宽度及外观效果等。图4-74所示为艺术字设置形状样式后的效果，形状填充为纹理中的"水滴"，形状效果为"发光"。

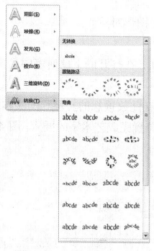

图4-73 "转换"下拉列表

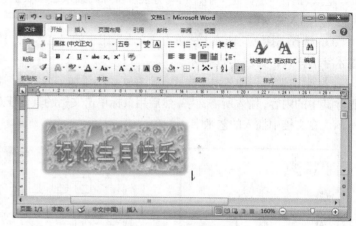

图4-74 为艺术字设置形状样式

（5）设置艺术字文本框的大小

单击艺术字，在艺术字文本框上会出现8个控点，用鼠标拖动控点，可修改艺术字文本框的大小。此外，选择"绘图工具"的"格式"选项卡，在"大小"组中修改"形状高度"和"形状宽度"的数值也可修改其大小。

4.5.5 文本框操作

文本框作为一种图形对象，可用于存放文本或图形。文本框可放置于文档的任意位置，也可以根据需要调整其大小。对文本框内的文字可设置字体、对齐方式等格式，也可对文本框本身设置填充颜色、线条的颜色和线型等格式。

1. 插入文本框

文本框有两种类型：横排文本框和竖排文本框。要插入一个空的文本框，具体操作步骤如下。

① 选择"插入"选项卡，单击"文本"组中的"文本框"按钮，在打开的下拉列表中选择"绘制文本框"命令，以便插入横排文本框；若单击"绘制竖排文本框"命令，则可以插入竖排文本框。

② 此时鼠标指针变为十字形，按下鼠标并拖动至所需文本框的大小后，释放鼠标。

③ 在文本框中输入文字，然后利用"开始"选项卡下的"字体"组可设置文本框内文字的字体格式，利用"段落"组设置文字的对齐方式等。

除了插入空白文本框之外，也可对选中的文本增加文本框，方法为：选定文本，选择"插入"选项卡，单击"文本"组中的"文本框"按钮，在打开的下拉列表中选择"绘制文本框"或"绘制竖排文本框"命令，将自动为选定文本周围加上文本框。

2. 文本框的编辑

（1）文本框的移动与缩放

用鼠标单击文本框的边框，则可将文本框选中，此时若将鼠标停留在文本框的边框上，鼠标指针会变为 4 向箭头⊞形状，表明此时可以移动文本框，拖动鼠标会看到一个虚线轮廓随之移动。释放鼠标，文本框就移动到了一个新位置。选中文本框后，文本框的周围出现 8 个控制点，利用控制点可以调整文本框的大小。若要精确设置文本框的大小，可选择"绘图工具"的"格式"选项卡，在"大小"组中通过"形状高度"框和"形状宽度"框进行调整。

（2）设置文本框的格式

选中文本框，选择"绘图工具"的"格式"选项卡，单击"形状样式"组的"形状填充"按钮，在打开的下拉列表中可设置文本框的填充效果，如选择"无填充"，表示文本框无填充色。单击"形状轮廓"按钮，在打开的下拉列表中可设置轮廓的线型、颜色和宽度。单击"形状效果"按钮，在打开的下拉列表中可设置文本框的外观效果。

另外，单击"形状样式"组右下角的⊞按钮，在打开的"设置形状格式"对话框中也可对文本框的格式进行设置。例如，若要将文本框的内部边距均设置为 0，可在该对话框中的左侧选择"文本框"，在右侧的"内部边距"组中将"左""右""上""下"框中的数值分别设置为 0 即可。

（3）设置文本框的文字环绕方式

文本框与其周围的文字之间的环绕方式有嵌入型、四周型、穿越型等。设置文字环绕方式的操作为：选定文本框，选择"绘图工具"的"格式"选项卡，单击"排列"组中的"自动换行"按钮，在打开的下拉列表中选择所需的环绕方式即可。

第 5 章
电子表格处理软件 Excel 2010

Excel 是一种电子表格处理软件，在 Excel 电子表格中不仅可以输入文本、图表和多媒体对象，而且还能对表格中的大量数据进行处理和分析。

本章将介绍在 Excel 中创建工作簿、工作表的基本操作，图表技术及数据管理和分析功能。

学习目标

- 了解 Excel 的基本知识，包括 Excel 的概念和术语、Excel 的工作环境。
- 掌握 Excel 基本操作，包括数据输入、工作表的编辑与格式化、工作表的管理操作。
- 理解 Excel 的公式和函数，掌握 Excel 公式和函数的操作。
- 掌握 Excel 数据图表操作。
- 理解 Excel 数据管理中的概念，掌握数据排序、数据筛选、分类汇总及数据透视表的操作。

5.1　Excel 2010 的基本知识

5.1.1　Excel 2010 的基本概念及术语

1. 工作簿

所谓工作簿就是指在 Excel 中用来保存并处理工作数据的文件，扩展名是.xlsx。一个工作簿文件中可以有多张工作表。

2. 工作表

工作簿中的每一张表称为一个工作表。如果把一个工作簿比作一个账本，一张工作表就相当于账本中的一页。每张工作表都有一个名称，显示在工作簿窗口底部的工作表标签上。新建的工作簿文件包含 3 张空工作表，其默认的名称为 Sheet1、Sheet2、Sheet3，用户可以根据需要增加或删除工作表。每张工作表由 1 048 576（2^{20}）行和 16 384（2^{14}）列构成，行的编号在屏幕中自上而下为 1～1 048 576，列号则由左到右采用字母 A，B，C，…表示，当超过 26 列时用两个字母 AA，AB，…，AZ 表示，当超过 256 列时，则用 AAA，AAB，…，XFD 表示作为编号。

3. 单元格

工作表中行、列交叉所围成的方格称为单元格，单元格是工作表的最小单位，也是 Excel 用于保存数据的最小单位。单元格中可以输入各种数据，如一组数字、一个字符串、一个公式，也可以是一个图形或一个声音等。每个单元格都有自己的名称，也叫作单元格地址。该地址由列号和行号构成，如第 1 列与第 1 行构成的单元格名称为 A1，同理 D2 表示的是第 4 列与第 2 行构成的单元格地址。为了用于不同工作表中的单元格，还可以在单元格地址的前面增加工作表名称，如 Sheet1!A1、Sheet2!C4 等。

5.1.2　Excel 2010 窗口的组成

Excel 2010 的工作窗口与 Word 2010 窗口类似，也包括标题栏、快速访问工具栏、"文件"选项卡、功能区、状态栏、工作区、滚动条等。除此之外，Excel 2010 还包括 Excel 独有的一些窗口元素，如行标签、列标签、名称框、编辑栏等。图 5-1 中列出了 Excel 窗口元素的名称，下面简单介绍 Excel 窗口中主要元素的功能。

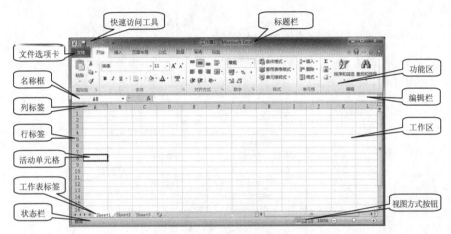

图 5-1　Excel 窗口的组成

1．功能区

Excel 2010 的功能区同样是由选项卡、选项组和一些命令按钮组成的，默认显示的选项卡有开始、插入、页面布局、公式、数据、审阅和视图。默认打开的是"开始"选项卡，在该选项卡下包括剪贴板、字体、对齐方式、数字、样式、单元格、编辑等选项组。各个选项组中的命令组合在一起来完成各种任务。

2．活动单元格

当用鼠标单击任意一个单元格后，该单元格即成为活动单元格，也称为当前单元格。此时，该单元格周围出现黑色的粗线方框。通常在启动 Excel 应用程序后，默认活动单元格为 A1。

3．名称框与编辑栏

名称框可随时显示当前活动单元格的名称，比如光标位于 A 列 8 行，则名称框中显示 A8。

编辑栏可同步显示当前活动单元格中的具体内容，如果单元格中被输入的是公式，则即使最终的单元格中显示的是公式的计算结果，但在编辑栏中也仍然会显示具体的公式内容。另外，有时单元格中的内容较长，无法在单元格中完整显示时，单击该单元格后，在编辑栏中可看到完整的内容。

4．工作表行标签和列标签

工作表的行标签和列标签表明了行和列的位置，并由行列的交叉决定了单元格的位置。

5．工作表标签

工作表标签有时也称为页标，一个页标就代表一个独立的工作表。默认情况下，Excel 在新建一个工作簿后会自动创建 3 个空白的工作表并使用默认名称"Sheet1""Sheet2""Sheet3"。

6．状态栏

状态栏位于窗口最下方，平时它并没有什么丰富的显示信息，但如果在状态栏上右击，将弹出如图5-2所示的快捷菜单，从中可选择常用Excel函数。这样，当在单元格中输入一些数值后，只需用鼠标批量选中这些单元格，状态栏中就会立即以上述快捷菜单中默认的计算方法给出计算结果。

图5-2　快捷菜单

7．水平分隔线和垂直分隔线

在垂直滚动条的上方是水平分隔线，在水平滚动条的右侧是垂直分隔线，如图5-3所示。用鼠标按住它们向下或向左拖动，就会把当前活动窗口一分为二，并且被拆分的窗口都各自有独立的滚动条。这在操作内容较多的工作表时是极其方便的。图5-4所示为进行了水平和垂直分隔后的窗口。

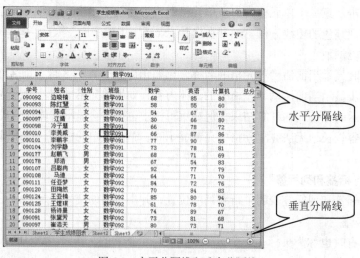

图5-3　水平分隔线和垂直分隔线

水平分隔线及垂直分隔线都可以通过鼠标拖动来更改窗口的拆分比例；双击分隔线可取消拆分状态，双击水平与垂直分隔线的交叉处可同时取消水平和垂直拆分状态；将水平分隔线向顶部列标签方向或向底部的水平滚动条方向拖动、将垂直分隔线向左侧行标签方向或右侧滚动条方向拖动，到达工作区域的边缘后，也可隐藏分隔线。

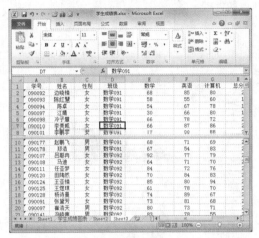

（a）水平分隔　　　　　　　　　　　　　　　　　（b）垂直分隔

图 5-4　分隔窗口示例

5.2　Excel 2010 的基本操作

5.2.1　工作簿的新建、打开与保存

1．工作簿的新建

① 启动 Excel 2010 后，程序默认会新建一个空白的工作簿，这个工作簿以"Book1.xlsx"命名，用户可以在对该文件保存时更改默认的工作簿名称。

② 若 Excel 已启动，单击"文件"选项卡中的"新建"命令，在右侧打开的任务窗格中"可用模板"下选择"空白工作簿"，如图 5-5 所示，单击"创建"按钮，即可创建一个新的空白工作簿。在该窗格中还有多种灵活地创建工作簿的方式，如"根据现有内容新建"、使用 Office.com 的在线模板创建工作簿等。在 Excel 窗口中按【Ctrl】+【N】组合键或单击"快速访问工具栏"中的"新建"按钮也可创建一个新的空白的工作簿。

③ 在某个文件夹内的空白处右击，在弹出的快捷菜单中选择"新建"命令，在出现的级联菜单中选择"Microsoft Excel 工作表"命令，也可新建一个 Excel 文档。

2．工作簿的打开和保存

（1）工作簿的打开

打开 Excel 工作簿的方法有以下几种，用户可根据自己的习惯任意选择其中的一种。

- 从"资源管理器"中找到要打开的 Excel 文档后双击可直接打开该文档。

- 在 Excel 窗口中，单击"快速访问工具栏"中的"打开"按钮，可弹出"打开"对话框，从中选择要打开的文件，然后单击"打开"按钮，即可打开该文件。

图 5-5 "新建"任务窗格

（2）工作簿的保存与另存

保存 Excel 工作簿有以下几种方法。

- 单击"快速访问工具栏"中的"保存"按钮，或选择"文件"选项卡中的"保存"命令，或按【Ctrl】+【S】组合键，都可以对已打开并编辑过的工作簿进行随时保存。

- 如果是新建的工作簿，则执行上述任意一种操作后，均打开"另存为"对话框，在该对话框中指定保存文件的路径和文件名，然后单击"保存"按钮即可对新建工作簿进行保存。

- 对于已经打开的工作簿文件，如果要重命名保存或更改保存位置，则只需选择"文件"选项卡中的"另存为"命令，在打开的"另存为"对话框中，指定保存文件的路径和新的文件名，然后单击"保存"按钮即可对工作簿进行重新保存。

图 5-6 "Excel 选项"对话框

（3）设置工作簿的默认保存位置

选择"文件"选项卡中的"选项"命令，打开如图 5-6 所示的"Excel 选项"对话框，在左侧窗格中选择"保存"，在打开的右侧窗格的"默认文件位置"文本框中输入合适的目录路径，再单击"确定"按钮，即可完成默认保存位置的设定。

5.2.2　工作表数据的输入

1.　单元格及单元格区域的选定

在输入和编辑单元格内容之前，必须先选定单元格，被选定的单元格称为活动单元格。当一个单元格成为活动单元格时，它的边框变成黑线，其行号、列号会突出显示，可以看到其坐标，在名称框中将显示该单元格的名称。单元格右下角的小黑块称作填充柄，将鼠标指向填充柄时，鼠标的形状变为黑 ✚ 字。

选定单元格、单元格区域、行或列的操作如表 5-1 所示。

表 5-1　　　　　　　　　　　　　　　　选定操作

选定内容	操作
单个单元格	单击相应的单元格，或用方向键移动到相应的单元格
连续单元格区域	单击选定该区域的第一个单元格，然后拖动鼠标直到要选定的最后一个单元格
工作表中所有单元格	单击"全选"按钮，单击第一列列号上面的矩形框
不相邻的单元格或单元格区域	选定第一个单元格或单元格区域，然后按住【Ctrl】键再选定其他的单元格或单元格区域
较大的单元格区域	选定第一个单元格，然后按住【Shift】键再单击区域中最后一个单元格
整行	单击行号
整列	单击列号
相邻的行或列	沿行号或列标拖动鼠标，或者先选定第一行或第一列，然后按住【Shift】键再选定其他的行或列
不相邻的行或列	先选定第一行或第一列，然后按住【Ctrl】键再选定其他的行或列
增加或减少活动区域中的单元格	按住【Shift】键并单击新选定区域中最后一个单元格，在活动单元格和所单击的单元格之间的矩形区域将成为新的选定区域
取消单元格选定区域	单击工作表中其他任意一个单元格

2.　数据的输入

在 Excel 中，可以为单元格输入两种类型的数据：常量和公式。常量是指没有以"="开头的单元格数据，包括数字、文字、日期、时间等。数据输入时只要选中需要输入数据的单元格，然后输入数据并按【Enter】键或【Tab】键即可。

（1）数据显示格式

Excel 提供了一些数据格式，包括常规、数值、分数、文本、日期、时间、会计、货币等格式。单元格的数据格式决定了数据的显示方式。默认情况下，单元格的数据格式是"常规"格式，此时 Excel 会根据输入的数据形式，套用不同的数据显示格式。例如，如果输入 ¥14.73，Excel 将套用货币格式。

（2）数字的输入

在 Excel 中直接输入 0、1、2、…、9 这 10 个数字及+、-、*、/、.、$、%、E 等符号，在默

认的"常规"格式下，将作为数值来处理。为避免将输入的分数当作日期，应在分数前冠以0加一个空格，即"0"，如0 2/3。在单元格中输入数值时，所有数字在单元格中均右对齐。如果要改变其对齐方式，可以选择"开始"选项卡下"对齐方式"组中的相应命令按钮进行设置。

（3）文本的输入

在 Excel 中如果输入非数字字符或汉字，则在默认的"常规"格式下，将作为文本来处理，所有文本均左对齐。

若文本是由一串数字组成的，如学号之类的数据，输入时可使用以下方法之一。

- 在该串数字的前面加一个半角单撇号，如单元格内容为093011，则需要输入"′093011"。
- 先设置相应单元格为"文本"格式，再输入数据。关于单元格格式的设置，见5.2.4 工作表的格式化。

（4）日期与时间的输入

在一个单元格中输入日期时，可使用斜杠（/）或连字符（-），如"年-月-日""年/月/日"等，默认状态下，日期和时间项在单元格中右对齐。

3. 有规律的数据输入

表格处理过程中，经常会遇到要输入大量的、连续性的、有规律的数据，如序号、连续的日期、连续的数值等。如果人工输入，则这些机械性操作既麻烦又容易出错，效率非常低。使用 Excel 的自动填充功能，可以极大地提高工作效率。

（1）鼠标左键拖动输入序列数据

在单元格中输入某个数据后，用鼠标左键按住填充柄向下或向右拖动（当然也可以向上或向左拖动），则鼠标经过的单元格中就会以原单元格中相同的数据填充，如图5-7（a）中 A 列所示。

按住【Ctrl】键的同时，按住鼠标左键拖动填充柄进行填充，如果原单元格中的内容是数值，则 Excel 会自动以递增的方式进行填充，如图5-7（a）中 B 列所示；如果原单元格中的内容是普通文本，则 Excel 只会在拖动的目标单元格中复制原单元格里的内容。

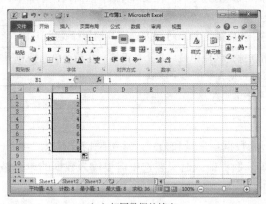

（a）相同数据的填充

（b）填充时的快捷菜单

图5-7 自动填充

（2）鼠标右键拖动输入序列数据

使用鼠标右键拖动填充柄，可以获得非常灵活的填充效果。

单击用来填充的原单元格，按住鼠标右键拖动填充柄，拖动经过若干单元格后松开鼠标右键，此时会弹出如图5-7（b）所示的快捷菜单，该菜单中列出了多种填充方式。

① 复制单元格：即简单地复制原单元格内容，其效果与上述用鼠标左键拖动填充的效果相同。

② 填充序列：即按一定的规律进行填充。比如原单元格是数字 1，则选中此方式填充后，可依次填充为 1、2、3、…；如果原单元格为"五"，则填充内容是"五、六、日、一、二、三、…"；如果是其他无规律的普通文本，则"以序列方式填充"的快捷菜单为灰色的不可用状态。

③ 仅填充格式：被填充的单元格中，不会出现原单元格中的数据，而仅复制原单元格中的格式到目标单元格中。此选项的功能类似于 Word 的格式刷。

④ 不带格式填充：被填充的单元格中仅填充数据，而原单元格中的各种格式设置不会被复制到目标单元格。

⑤ 等差序列、等比序列：这种填充方式要求事先选定两个以上的带有数据的单元格。例如，选定了已经输入 1、2 的两个单元格，再用鼠标右键拖动填充柄，释放鼠标右键即可选择快捷菜单中的"等差序列"或"等比序列"。

⑥ 序列：当原单元格中内容为数值时，用鼠标右键拖动填充柄后选择"序列"命令后，可打开如图 5-8 所示的"序列"对话框。在此对话框中可以灵活地选择多种序列填充方式。

图 5-8　"序列"对话框

（3）使用填充命令填充数据

选择"开始"选项卡，在"编辑"选项组中单击"填充"命令按钮，此时会打开下拉列表，该列表中有"向下""向右""向上""向左"及"系列"等命令。选择不同的命令可以将内容填充到不同位置的单元格，比如，如果选择列表中的"系列"命令，则打开"序列"对话框。

5.2.3　工作表的编辑操作

1. 单元格编辑

单元格编辑包括对单元格及单元格内数据的操作，其中，对单元格的操作包括移动和复制单元格、插入单元格、删除单元格、插入行、插入列、删除行、删除列等；对单元格内数据的操作包括复制和删除单元格数据，清除单元格内容、格式等。

（1）移动和复制单元格数据

① 通过鼠标移动、复制有以下几种方法。

• 选定要移动数据的单元格或单元格区域，将鼠标置于选定单元格或单元格区域的边缘处，当鼠标指针变成 ✥ 形状时，按住鼠标左键并拖动，即可移动单元格数据。

• 按住【Ctrl】键，鼠标指针变成 ⬚ 形状时，拖动鼠标进行操作，完成的是单元格数据的复制操作。

• 按住【Shift】+【Ctrl】组合键，再进行拖动操作，则将选中单元格内容插入到已有单元格中。

• 按住【Alt】键可将选中区域的内容拖动到其他工作表中。

② 通过命令移动、复制：选定要进行移动或复制的单元格或单元格区域，单击"开始"选项卡下"编辑"选项组中的"复制"或"剪切"按钮，或单击鼠标右键，在弹出的快捷菜单中选择"复制"或"剪切"命令。选定要粘贴到的单元格或单元格区域左上角的单元格，单击"编辑"选项组中的"粘贴"按钮可完成复制或移动操作。

（2）选择性粘贴

除了复制整个单元格外，Excel 还可以选择单元格中的特定内容进行复制，具体操作步骤如下。

① 选定需要复制的单元格。

② 单击"开始"选项卡下"编辑"选项组中的"复制"按钮。

③ 选定粘贴区域左上角的单元格。

④ 单击"编辑"选项组中的"粘贴"按钮下的下拉列表按钮，在打开的下拉列表中选择"选择性粘贴"命令，打开如图 5-9 所示的对话框。

⑤ 选择"粘贴"选项组中所需的选项，再单击"确定"按钮。

图 5-9 "选择性粘贴"对话框

图 5-10 "插入"对话框

（3）插入单元格

① 在需要插入空单元格处选定相应的单元格区域，选定的单元格数量应与待插入的空单元格的数量相等。

② 单击"开始"选项卡，在"单元格"组中单击"插入"按钮下的下拉按钮，在打开的下拉列表中选择"插入单元格"命令，或右击相应单元格并在弹出的快捷菜单中选择"插入"命令，打开如图 5-10 所示的"插入"对话框。

③ 在对话框中选定相应的插入方式选项，再单击"确定"按钮。

（4）插入行或列

① 如果需要插入一行，则单击需要插入的新行之下相邻行中的任意单元格；如果要插入多行，则选定需要插入的新行之下相邻的若干行，选定的行数应与待插入空行的数量相等。

② 如果要插入一列，则单击需要插入的新列右侧相邻列中的任意单元格；如果要插入多列，则选定需要插入的新列右侧相邻的若干列，选定的列数应与待插入的新列数量相等。

③ 在"开始"选项卡下的"单元格"组中，单击"插入"命令下的下拉按钮，在弹出的下拉列表中选择"插入工作表行"或"插入工作表列"命令，或右击相应单元格并在弹出的快捷菜单中选择相应命令。

在日常操作中，使用更多的方法是：要插入一行，则单击行号，然后在"开始"选项卡下的"单元格"组中，单击"插入"命令按钮；要插入一列，则在单击列号后在"开始"选项卡下的"单元格"组中，单击"插入"命令按钮，新插入的行或列出现在选定行的上面或选定列的左侧。

（5）为单元格插入批注

为了对数据进行补充说明，可以为一些特殊数字或公式添加批注。

① 选定要添加批注的单元格或单元格区域。

② 选择"审阅"选项卡，在"批注"组中单击"新建批注"命令，或者按【Shift】+【F2】组合键，打开批注文本框，在批注文本框中输入内容，该内容即为批注内容。

（6）单元格的删除与清除

删除单元格是指将选定的单元格从工作表中移走，并自动调整周围的单元格填补删除后的空缺，具体操作步骤如下。

① 选定需要删除的单元格。

② 在"开始"选项卡下的"单元格"组中单击"删除"命令后的下拉按钮，在弹出的下拉列表中选择"删除单元格"命令，或右击要删除的单元格并在弹出的快捷菜单中选择"删除"命令，打开如图 5-11 所示的"删除"对话框。

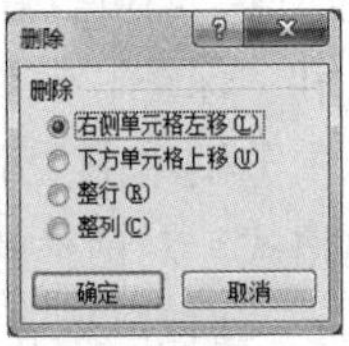

③ 选择所需的删除方式，单击"确定"按钮。

清除单元格是指将选定的单元格中的内容、格式或批注等从工作表中删除，单元格仍保留在工作表中，具体操作步骤如下。

① 选定需要清除的单元格。

② 在"开始"选项卡下的"编辑"组中选择"清除"命令，在出现的下拉列表中选择相应的命令即可。

图 5-11　"删除"对话框

（7）行、列的删除与清除

删除行、列是指将选定的行、列从工作表中移走，并将后续的行或列自动递补上来，具体操作步骤如下。

① 选定需要删除的行或列。

② 在"开始"选项卡下的"单元格"组中单击"删除"命令后的下拉按钮，在弹出的下拉列表中选择"删除工作表行"或"删除工作表列"命令，或右击要删除的行或列，在弹出的快捷菜单中选择"删除"命令即可。

清除行、列是指将选定的行、列中的内容、格式或批注等从工作表中删除，行、列仍保留在工作表中，具体操作步骤如下。

① 选定需要清除的行或列。

② 在"开始"选项卡下的"编辑"组中选择"清除"命令，在出现的下拉列表中选择相应的命令即可。

2. 表格行高和列宽的设置

（1）通过鼠标拖动改变行高和列宽

将鼠标移动到要调整宽度的行标签或列标签的边线上，此时鼠标指针的形状变为上下或左右双箭头，按住鼠标左键拖动，即可调整行高或列宽。

（2）通过菜单命令精确设置行高和列宽

① 选定需要调整的行或列，在"开始"选项卡下的"单元格"组中单击"格式"按钮，弹出相应的下拉列表，如图 5-12 所示。

② 选择"行高"命令，在打开的"行高"对话框中输入确定的值，即可设定行高值；也可以选择"自动调整行高"命令，使行高正好容纳下一行中最大的文字。

③ 选择"列宽"命令，在打开的"列宽"对话框中输入确定的值，即可设定列宽值；也可以选择"自动调整列宽"命令，使列宽正好容纳一列中最多的文字。

图 5-12　"格式"下拉列表

5.2.4 工作表的格式化

建立一张工作表后，可以建立不同风格的数据表现形式。工作表的格式化设置包括单元格格式的设置和单元格中的数据格式的设置。

在"开始"选项卡下的"单元格"组中单击"格式"按钮，弹出如图5-12所示的下拉列表，选择"设置单元格格式"命令，或选中单元格后右击并在弹出的快捷菜单中选择"设置单元格格式"命令，均可打开"设置单元格格式"对话框。对话框中有"数字""对齐""字体""边框""填充"和"保护"6个选项卡，每个选项卡都可以完成各自内容的排版设计。另外，在"开始"选项卡中分别单击"字体"组、"对齐方式"组、"数字"组右下角的▣按钮，可分别显示"设置单元格格式"对话框的"字体"选项卡、"对齐"选项卡和"数字"选项卡。

1. 数据的格式化

"数字"选项卡（如图5-13所示）用于设置单元格中数字的数据格式。在"分类"列表框中有十多种不同类别的数据，选定某一类别的数据后，将在右侧显示出该类别数据不同的数据格式列表，以及有关的设置选项。在这里可以选择所需要的数据格式类型。

也可以通过"开始"选项卡下"数字"选项组中的格式化数字按钮进行设置。这些按钮有"会计数字格式样式""百分比样式""千位分隔符样式""增加小数位数""减少小数位数"等。

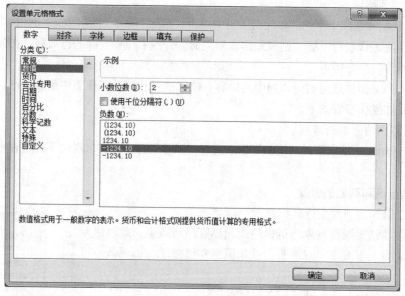

图5-13 "数字"选项卡

2. 单元格内容的对齐

"对齐"选项卡（如图5-14所示）用于设置单元格中文字的对齐方式、旋转方向及各种文本控制。

（1）文本对齐方式

① 在"水平对齐"下拉列表框中可以设置单元格的水平对齐方式，包括常规、居中、靠左、靠右、跨列居中等，默认为"常规"方式，此时单元格按照输入的默认方式对齐（数字右对齐、文本左对齐、日期右对齐等）。也可以在"开始"选项卡下的"对齐方式"组中直接单击相应的按钮进行水平对齐方式的选择（与Word操作基本相同）。

②　在"垂直对齐"下拉列表框中可以设置单元格的垂直对齐方式，包括靠下、靠上、居中等，默认为"居中"方式。

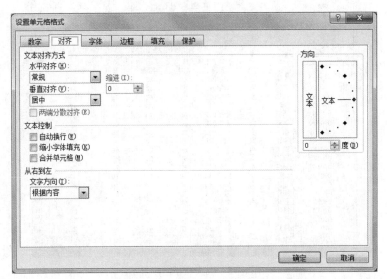

图 5-14　"对齐"选项卡

（2）方向

在"方向"选项组中可以通过鼠标的拖动或直接输入角度值，将选定的单元格内容完成从-90°～+90°的旋转。这样就可将表格内容由水平显示转换为各个角度的显示。

（3）文本控制

①　选中"自动换行"复选框后，被设置的单元格就具备了自动换行功能，当输入的内容超过单元格宽度时会自动换行。

　　　　　　　在向单元格输入内容的过程中，也可以进行强制换行，当需要强行换行时，只需按【Alt】+【Enter】组合键，则输入的内容就会从下一行开始显示，而不管是否达到单元格的最大宽度。

②　如果单元格的内容超过单元格宽度，选中"缩小字体填充"复选框后，单元格中的内容会自动缩小字体并被单元格容纳。

③　选中需要合并的单元格后，在"对齐"选项卡中选中"合并单元格"复选框，可以实现单元格的合并。通常对单元格的合并是直接在"对齐方式"选项组中单击"合并后居中"按钮，此时被选中的单元格实现了合并，同时水平对齐方式也设为了居中。

　　　　　　　关于单元格的合并居中和跨列居中。

对于一个电子表格的表头文字，通常需要居中显示，如图 5-15 所示。一般可以采用两种方法：一种方法是将这行的单元格选中后在"对齐方式"选项组中单击"合并后居中"按钮，进行合并居中设置；另一种方法是将这行的单元格选中后，在"对齐"选项卡的"水平对齐"下拉列表框中选择"跨列居中"选项。两种方法都可以使表头文字居中显示，但前者的方法对单元格做了合并的处理，而后者虽然表头文字居中，但单元格并没有合并。

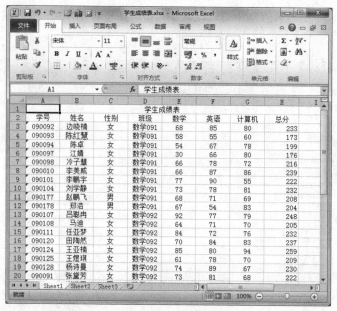

图 5-15　表头文字居中显示

3. 单元格字体的设置

为了使表格的内容更加醒目，可以对一张工作表的各部分内容的字体做不同的设定。先选定要设置字体的单元格或区域，然后在"单元格格式"对话框的"字体"选项卡（如图 5-16 所示）中对字体、字形、字号、颜色及一些特殊效果进行设置。也可以直接在"字体"选项组中单击相应按钮进行设置。

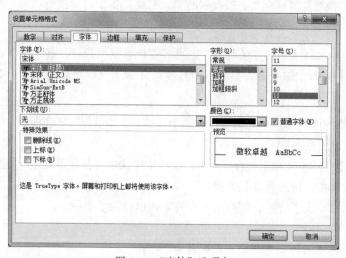

图 5-16　"字体"选项卡

4. 表格边框的设置

在编辑电子表格时，显示的表格线是 Excel 本身提供的网格线，打印时 Excel 并不打印网格线。因此，需要给表格设置打印时所需的边框，使表格打印出来更加美观。首先选定所要设置的区域，然后在"单元格格式"对话框的"边框"选项卡（如图 5-17 所示）中通过"边框"设置边框线或表格中的框线，在"样式"中列出了 Excel 提供的各种样式的线型，还可通过"颜色"下拉列表框选择边框的色彩。

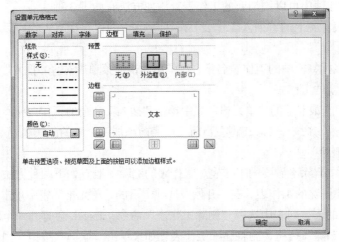

图 5-17　"边框"选项卡

5．底纹的设置

为了使工作表各个部分的内容更加醒目、美观，Excel 提供了在工作表的不同部分设置不同的底纹图案或背景颜色的功能。首先选定所要设置的区域，然后在"单元格格式"对话框中选择"填充"选项卡（如图 5-18 所示），在"背景色"列表框中选择背景颜色，还可在"图案颜色"和"图案样式"下拉列表中选择底纹图案，最后单击"确定"按钮。

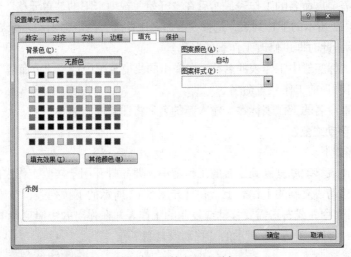

图 5-18　"填充"选项卡

5.2.5　工作表的管理操作

Excel 具有很强的工作表管理功能，能够根据需要十分方便地添加、删除和重命名工作表。

1．工作表的选定与切换

单击工作表标签即可选定需要操作的工作表。当需要从一个工作表中切换到其他工作表时，可单击相应工作表的标签。如果工作簿中包含多张工作表，而所需工作表标签不可见，可单击工作表标签左端的左右滚动按钮 |◄ ◄ ► ►| ，以便显示其他标签。

2．工作表的添加

在已存在的工作簿中可以添加新的工作表，添加方法有如下 3 种。

● 单击工作表标签上的"插入工作表"按钮 ，即可在现有工作表后面插入一个新的工作表。

● 右击工作表标签栏中的工作表名字，在弹出的快捷菜单中选择"插入"命令，即可在当前工作表前插入一个新的工作表。

● 在"开始"选项卡下的"单元格"组中单击"插入"命令的下拉按钮，在弹出的下拉列表中选择"插入工作表"命令，Excel 将在当前工作表前添加一个新的工作表。

3．工作表的删除

可以在工作簿中删除不需要的工作表。工作表的删除一般有如下两种方法。

● 先选中需要删除的工作表，在"开始"选项卡下的"单元格"组中单击"删除"命令后的下拉按钮，在弹出的下拉列表中选择"删除工作表"命令，Excel 会打开一个对话框。在该对话框中，如果单击"删除"按钮，则将删除工作表；如果单击"取消"按钮，则将取消删除工作表的操作。

● 右击工作表标签栏中需要删除的工作表名称，在弹出的快捷菜单中选择"删除"命令，即可将选中的工作表删除。

4．工作表的重命名

工作表的初始名称为 Sheet1、Sheet2，……，为了方便工作，需将工作表命名为易记的名称，因此，需要对工作表重命名。重命名的方法有如下 3 种。

● 首先选中需要重命名的工作表，然后在"开始"选项卡下的"单元格"组中单击"格式"按钮，弹出如图 5-12 所示的下拉列表，选择"重命名工作表"命令，工作表标签栏的当前工作表名称将会反白显示，此时即可修改工作表的名称。

● 右击工作表标签栏中工作表的名称，在弹出的快捷菜单中选择"重命名"命令，工作表名字反白显示后即可将当前工作表重命名。

● 双击需要重命名的工作表标签，输入新的名称将覆盖原有名称。

5．工作表的移动或复制

具体操作步骤如下。

① 若需将工作表移动或复制到已有的工作簿中，要先打开用于接收工作表的工作簿。

② 切换到需移动或复制的工作表上，并打开图 5-12 所示的下拉列表，在该列表中选择"移动或复制工作表"命令，或右击需要移动或复制的工作表并在弹出的快捷菜单中选择"移动或复制工作表"命令，打开如图 5-19 所示的"移动或复制工作表"对话框。

③ 在"工作簿"下拉列表中选择用来接收工作表的工作簿。若选择"新工作簿"选项，即可将选定工作表移动或复制到新工作簿中。

④ 在"下列选定工作表之前"列表框中选择需要在其前面插入、移动或复制的工作表。如果需要将工作表添加或移动到目标工作簿的最后，则选择"移到最后"选项。

⑤ 如果只是复制工作表，则选中"建立副本"复选框即可。如果用户是在同一个工作簿中复制工作表，可以按下

图 5-19 "移动或复制工作表"对话框

【Ctrl】键并用鼠标单击要复制的工作表标签将其拖动到新位置，然后同时松开【Ctrl】键和鼠标。在同一个工作簿中移动工作表只需用鼠标拖动工作表标签到新位置即可。

⑥ 单击"确定"按钮。

6．工作表的表格功能

图 5-20　"创建表"对话框

在 Excel 中创建表格后，即可对该表格中的数据进行管理和分析，而不影响该表格外部的数据。例如，可以筛选表格列、排序、添加汇总行等。具体操作步骤如下。

① 选择要指定表格的数据区域，选择"插入"选项卡下"表格"组中的"表格"命令，打开如图 5-20 所示的"创建表"对话框。

② 单击"表数据的来源"文本框右侧的按钮，在工作表中按下鼠标左键进行拖动，选中要创建列表的数据区。如果选择的区域包含要显示为表格标题的数据，则选中"表包含标题"复选框，再单击"确定"按钮。

③ 所选择的数据区域使用表格标识符突出显示，此时可以使用"表格工具"，在功能区中增加了"设计"选项卡，使用"设计"选项卡中的各个工具可以对表格进行编辑。

④ 创建表格后，将使用蓝色边框标识表格。系统将自动为表格中的每一列启用自动筛选下拉列表，如图 5-21 所示。如果选中"表格样式选项"组中的"汇总行"复选框，则将在插入行下显示汇总行。当选择表格以外的单元格、行或列时，表格处于非活动状态。此时，对表格以外的数据进行的操作不会影响表格内的数据。

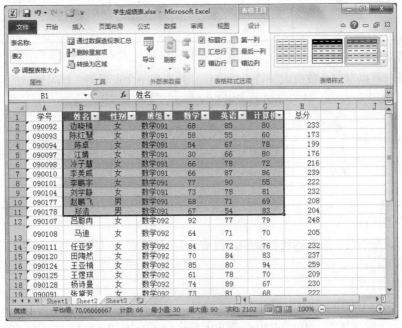

图 5-21　插入表格后的窗口

创建表格之后，若要停止处理表格数据而又不丢失所应用的任何表格样式格式，可以将表格转换为工作表上的常规数据区域。具体步骤为：选择"表格工具""设计"选项卡下"工具"组的"转换为区域"按钮，此时弹出询问是否将表转换为区域的对话框，单击"是"按钮，则将表格转换为区域。此时行标题不再包括排序和筛选箭头。

5.3 公式和函数

Excel 强大的计算功能是由公式和函数提供的，使分析和处理工作表中数据的工作变得便利。通过使用公式，不仅可以进行各种数值运算，还可以进行逻辑比较运算。对一些特殊运算无法直接通过创建公式来进行计算时，就可以使用 Excel 中提供的函数来补充。当数据源发生变化时，通过公式和函数计算的结果将会自动更改。

5.3.1 公式

1. 运算符

运算符是公式中不可缺少的组成部分，完成对公式中的元素进行特定类型的运算。Excel 包含 4 种类型的运算符：算术运算符、比较运算符、文本运算符和引用运算符。

（1）算术运算符

算术运算符用于对数值的四则运算，计算顺序最先是乘方，然后是先乘除后加减，可以通过增加括号改变计算次序。算术运算符及其含义如表 5-2 所示。

表 5-2　　　　　　　　　　　　　　算术运算符及其含义

运算符号	含义	运算符号	含义	运算符号	含义
+	加	–	减	*	乘
/	除	%	百分号	^	乘方

（2）比较运算符

比较运算符可以对两个数值或字符进行比较，并产生一个逻辑值，如果比较的结果成立，逻辑值为 True，否则为 False。比较运算符及其含义如表 5-3 所示。

表 5-3　　　　　　　　　　　　　　比较运算符及其含义

运算符号	含义	运算符号	含义	运算符号	含义
>	大于	>=	大于等于	<	小于
<=	小于等于	=	等于	<>	不等于

（3）文本运算符

文本运算符用于两个文本的连接操作，利用 "&" 运算符可以将两个文本值连接起来成为一个连续的文本值。

（4）引用运算符

引用运算符用于对单元格的引用操作，有冒号、逗号和空格。

① "：" 为区域运算符，如 C2:C10 是对单元格区域 C2~C10（包括 C2 和 C10）的所有单元格的引用。

② "，" 为联合运算符，可将多个引用合并为一个引用，如 SUM(B5,C2:C10)是对 B5 及 C2~C10（包括 C2 和 C10）的所有单元格求和。

③ 空格为交叉运算符，产生对同时隶属于两个引用的单元格区域的引用，如 SUM(B5:E10 C2:D8)是对 C5:D8 区域求和。

2．公式的输入

公式必须以"="开始。为单元格设置公式，应在单元格中或编辑栏中输入"="，然后直接输入公式的表达式即可。在一个公式中，可以包含运算符号、常量、函数、单元格地址等，下面是几个输入公式的示例。

=152*23　　　　　　　常量运算，152 乘以 23。

=B4*12-D2　　　　　　使用单元格地址，B4 的值乘以 12 再减去 D2 的值。

=SUM(C2:C10)　　　　使用函数，对 C2～C10 单元格的值求和。

在公式输入过程中，涉及使用单元格地址时，可以直接通过键盘输入地址值，也可以直接用鼠标单击这些单元格，将单元格的地址引用到公式中。例如，要在单元格 E2 中输入公式"=B2+C2+D2"，则可选中单元格 E2，然后输入"="，接着单击 B2 单元格，此时单元格 E2 中"="将变为"=B2"，输入"+"后用鼠标单击 C2 单元格，重复这一过程直到公式输入完毕。

输入结束后，在输入公式的单元格中将显示出计算结果。由于公式中使用了单元格的地址，如果公式所涉及的单元格的值发生变化，结果就会马上反映到公式计算的单元格中，如上面例子中，单元格 B2、C2 或 D2 的值发生变化，E2 会马上得到更新的结果。

在输入公式时要注意以下两点。

① 无论任何公式，必须以等号（即"="）开头，否则 Excel 会把输入的公式作为一般文本处理。

② 公式中的运算符号必须是半角符号。

3．公式的引用

在公式中通过对单元格地址的引用来使用具体位置的数据。根据引用情况的不同，将引用分为 3 种类型：相对地址引用、绝对地址引用和混合地址引用。

（1）相对地址引用

当把一个含有单元格地址的公式复制到一个新位置时，公式中的单元格地址也会随着改变，这样的引用称为相对地址引用。

如图 5-22（a）所示，在 H2 单元格中输入公式"=E2+F2+G2"，得到第一个同学的总成绩。然后拖动填充柄向下填充，其他同学的总成绩也就自动计算出来了。用鼠标单击 H5 单元格，可以在编辑栏看到 H5 单元格的内容为"=E5+F5+G5"，如图 5-22（b）所示。

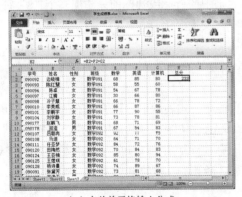　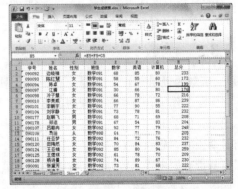

（a）在首单元格输入公式　　　　　　　　　　　　（b）公式拖动，相对地址引用

图 5-22　相对地址引用

可以看出，直接拖动公式（相当于公式的复制）可以很方便地进行相同类型的计算，所以 Excel

一般都使用相对地址来引用单元格的位置。

（2）绝对地址引用

把公式复制或填入到一个新位置时，公式中的固定单元格地址保持不变，这样的引用称为绝对地址引用。在 Excel 中，是通过对单元格地址的冻结来达到此目的的，即在列标和行标前面加上"$"符号。

如图 5-23（a）所示，在 H2 单元格中输入的公式是"=$E$2+$F$2+$G$2"，使用的是绝对地址，仍然可以得到第一个同学的总成绩。但是拖动公式向下填充时，公式就不会变化，所有总成绩都是 233。用鼠标单击 H5 单元格，在编辑栏中看到的 H5 单元格的内容仍为"=$E$2+$F$2+$G$2"，如图 5-23（b）所示。

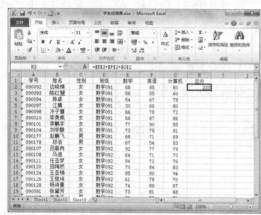

（a）在首单元格输入公式	（b）公式拖动，绝对地址引用

图 5-23　绝对地址引用

（3）混合地址引用

在某些情况下，需要在复制公式时只有行或只有列保持不变。在这种情况下，就要使用混合地址引用。所谓混合地址引用是指：在一个单元格地址引用中，既有绝对地址引用，同时也包含有相对地址引用。例如，单元格地址"$C3"表示保持"列"不发生变化，但"行"会随着新的拖动（复制）位置的变化而发生变化；而单元格地址"C$3"则表示保持"行"不发生变化，但"列"会随着新的位置而发生变化。也就是说，在单元格中的行标或列标前只添加一个"$"符号，"$"符号后面的行标或列标在拖动（复制）过程中不会发生变化。

5.3.2　函数

1．函数的说明

在实际工作中，有很多特殊的运算要求，无法直接用公式表示出计算的式子；或者虽然可以表示出来，但会非常烦琐。为此，Excel 提供了丰富的函数功能，包括常用函数、财务函数、时间与日期函数、统计函数、查找与引用函数等，帮助用户进行复杂与烦琐的计算或处理工作。Excel 除了自身带有的内置函数外，还允许用户自定义函数。函数的一般格式如下。

函数名(参数 1,参数 2,参数 3,...)

表 5-4～表 5-8 列出了一些常用的函数，在表中通过举例简单地说明了函数的功能，例子中涉及的电子表格数据计算以图 5-24 为例。

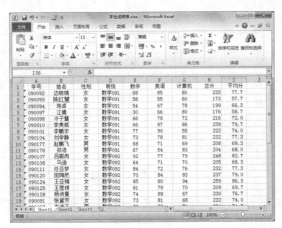

图 5-24 学生成绩表

表 5-4 常用数学函数

函数	意义	举例
ABS	返回指定数值的绝对值	ABS(-8)=8
INT	求数值型数据的整数部分	INT(3.6)=3
ROUND	按指定的位数对数值进行四舍五入	ROUND(12.3456,2)=12.35
SIGN	返回指定数值的符号，正数返回1，负数返回-1	SIGN(-5)=-1
PRODUCT	计算所有参数的乘积	PRODUCT(1.5,2) = 3
SUM	对指定单元格区域中的单元格求和	SUM(E2:G2)=233
SUMIF	按指定条件对若干单元格求和	SUMIF(G2:G11,">=80")=410

表 5-5 常用统计函数

函数	意义	举例
AVERAGE	计算参数的算术平均值	AVERAGE(E2:G2)=77.7
COUNT	对指定单元格区域内的数字单元格计数	COUNT(F2:F11)=10
COUNTA	对指定单元格区域内的非空单元格计数	COUNTA(B2:B31)=30
COUNTIF	计算某个区域中满足条件的单元格数目	COUNTIF(G2:G11,"<60")=1
FREQUENCY	统计一组数据在各个数值区间的分布情况	
MAX	对指定单元格区域中的单元格取最大值	MAX(G2:G31)=94
MIN	对指定单元格区域中的单元格取最小值	MIN(G2:FG31)=55
RANK.EQ	返回一个数字在数字列表中的排位	RANK.EQ(I2,I2：I31)=7

表 5-6 常用文本函数

函数	意义	举例
LEFT	返回指定字符串左边的指定长度的子字符串	LEFT(D2,2)= 数学
LEN	返回文本字符串的字符个数	LEN(D2)=5
MID	从字符串中的指定位置起返回指定长度的子字符串	MID(D2,1,2)= 数学
RIGHT	返回指定字符串右边的指定长度的子字符串	RIGHT(D2,3)= 091
TRIM	去除指定字符串的首尾空格	TRIM(" Hello Sunny ") = Hello Sunny

表 5-7 常用日期和时间函数

函数	意义	举例
DATE	生成日期	DATE(92,11,4) = 1992/11/4
DAY	获取日期的天数	DAY(DATE(92,11,4)) = 4
MONTH	获取日期的月份	MONTH(DATE(92,11,4)) = 11
NOW	获取系统的日期和时间	NOW() = 2013/12/11 10:25
TIME	返回代表指定时间的序列数	TIME(11,23,56) = 11:23 AM
TODAY	获取系统日期	TODAY() = 2013/12/11
YEAR	获取日期的年份	YEAR(DATE(92,11,4)) = 1992

表 5-8 常用逻辑函数

函数	意义	举例
AND	逻辑与	AND(E2>=60,E2<=80) = TRUE
IF	根据条件真假返回不同结果	IF(E2>=60,"及格","不及格")=及格
NOT	逻辑非	NOT(E2>=60,E2<=80) = FALSE
OR	逻辑或	OR(E2<60,E2>90) = FALSE

2. 函数的使用

利用函数进行计算，可以用以下 3 种方法实现。

（1）直接在单元格中输入函数公式

在需要进行计算的单元格中输入"="，然后输入函数名及函数计算所涉及的单元格范围，完成后按【Enter】键即可。例如，在如图 5-24 所示的学生成绩表中，要计算 E2:G2 单元格范围数据和（该同学的总分），并将结果放在 H2 单元格中，可在 H2 单元格中输入"=SUM（E2:G2）"，再按【Enter】键即可。

（2）利用函数向导，引导建立函数运算公式

直接输入函数需要对函数名、函数的使用格式等了解得非常清楚，Excel 的函数非常丰富，人们实际没必要对所有函数都了解得很清楚。通常在使用函数时，是利用"插入函数"按钮，或在函数列表框中选取函数，启动函数向导，引导建立函数运算公式。具体操作步骤如下。

① 选定需要进行计算的单元格。

② 在"公式"选项卡的"函数库"组中单击"自动求和"按钮，或直接单击编辑栏左侧的"插入函数"按钮 f_x，会打开"插入函数"对话框，如图 5-25 所示。也可以在单元格中输入"="，然后在函数栏中选取函数。函数栏中一般列出最常使用的函数，如图 5-26 所示。如果需要的函数没有出现在函数栏中，选择"其他函数"选项后，也会打开"插入函数"对话框。

③ 在"或选择类别"下拉列表中选择需要的函数类别，在"选择函数"列表框中选择需要的函数。当选中一个函数时，该函数的名称和功能将显示在对话框的下方。

④ 在函数栏中选中函数，或在"插入函数"对话框中选择一个函数并单击"确定"按钮，打开"函数参数"对话框，如图 5-27（a）所示。在"函数参数"对话框中对需要参与运算的单元格的引用位置进行设置，然后单击"确定"按钮，即可将函数的计算结果显示在选定单元格中。

说明　在弹出的"函数参数"对话框中设置参数时，Excel 一般会根据当前的数据，给出一个单元格引用位置，如果该位置不符合实际计算要求，可以直接在参数框中输入引用

位置；或者用鼠标单击参数输入文本框右侧的折叠按钮，弹出折叠后的"函数参数"对话框，如图 5-27（b）所示。此时，在工作表中用鼠标在参与运算的单元格上直接拖动，这些单元格的引用位置会出现在"函数参数"对话框中。设置完成后再单击折叠按钮或直接按【Enter】键，即可展开"函数参数"对话框。

图 5-25　"插入函数"对话框

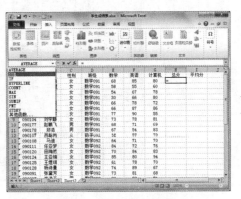

图 5-26　在函数栏中选取函数

（a）折叠前的"函数参数"对话框

（b）折叠后的"函数参数"对话框

图 5-27　"函数参数"对话框

（3）利用"自动求和"按钮 Σ 自动求和 快速求得函数结果

具体操作步骤如下。

① 选定要求和的数值所在的行或列中与数值相邻的空白单元格。

② 在"公式"选项卡的"函数库"组中单击"自动求和"按钮 Σ 自动求和，此时单元格中显示"=SUM（单元格引用范围）"，其中"单元格引用范围"就是所在行或列中数值项单元格的范围。如果范围无误，直接按【Enter】键即可求出求和结果；如果范围有有误，可以用鼠标直接拖动，选取正确范围，然后按【Enter】键即可。

> 其实"自动求和"按钮 Σ 自动求和 不仅仅只是可以求和，单击旁边的下拉按钮，在打开的下拉列表中还提供了其他常用的函数，选择其中之一，即可求得其他函数的结果。

3. 不用公式进行快速计算

如果临时选中一些单元格中的数值，希望知道它们的和或平均值，又不想占用某个单元格存放公式及结果，可以利用 Excel 中快速计算的功能。Excel 默认可以对选中的数值单元格的数据求和，并将结果显示在状态栏中，如图 5-28 所示。如希望进行其他计算，右击状态栏，在弹出的快捷菜单中选择相应的命令即可。

图 5-28　快捷计算

4．函数举例

下面介绍几个常用的函数及其使用方法。

（1）条件函数 IF

条件函数 IF 的语法格式如下。

```
IF(logical_test, value_if_true, value_if_false)
```

功能：当 logical_test 表达式的结果为"真"时，value_if_true 的值作为 IF 函数的返回值，否则，value_if_false 的值作为 IF 函数返回值。

说明：logical_test 为条件表达式，其中可使用比较运算符，如>，>=，= 或<>等。value_if_true 为条件成立时所取的值，value_if_false 为条件不成立时所取的值。

例如：IF（G2>=60,"及格","不及格"），表示当 G2 单元格的值大于等于 60 时，函数返回值为"及格"，否则为"不及格"。

IF 函数是可以嵌套使用的。例如，在上述"学生成绩表"中根据平均分在 J 列填充等级信息，对应关系为：平均分≥90 为优，80≤平均分<90 为良，70≤平均分<80 为中，60≤平均分<70 及格，平均分<60 为不及格。在 J2 单元格中输入如下函数即可。

```
=IF(I2>=90,"优",IF(I2>=80,"良",IF(I2>=70,"中",IF(I2>=60,"及格","不及格"))))
```

然后用鼠标拖动 J2 单元格右下角的填充柄，将此公式复制到该列的其他单元格中。完成后的效果如图 5-29 所示。

（2）条件计数函数 COUNTIF

该函数的语法格式如下。

```
COUNTIF(range, criteria)
```

功能：返回 range 表示的区域中满足条件 criteria 的单元格的个数。

说明：range 为单元格区域，在此区域中进行条件测试。criteria 为用双引号括起来的比较条件表达式，也可以是一个数值常量或单元格地址。例如，条件可以表示为："数学 092"、80、"＞90"、"80"或 E3 等。

例如，在"学生成绩表"中统计成绩等级为"中"的学生人数，可使用如下公式。

```
=COUNTIF(J2:J31,"中")
```

若要统计计算机成绩≥80 的学生人数，可使用如下所示的公式表示。

```
=COUNTIF(G2:G31,">=80")
```

图 5-29　使用 IF 函数后的显示结果

（3）频率分布统计函数 FREQUENCY

该函数的语法格式如下。

```
FREQUENCY(data_array, bins_array)
```

功能：计算一组数据在各个数值区间的分布情况。

说明：data_array 为要统计的数据（数组），bins_array 为统计的间距数据（数组）。若 bins_array 指定的参数为 A_1，A_2，A_3，…，A_n，则其统计的区间 $X \leqslant A_1$，$A_1 < X \leqslant A_2$，…$A_{n-1} < X \leqslant A_n$，$X > A_n$，共 $n+1$ 个区间。

例如，若要在"学生成绩表"中统计计算机成绩≤59，59<成绩≤69，69<成绩≤79，79<成绩≤89，成绩>89 的学生人数，具体步骤操作如下。

① 在一个空白区域（如 F34:F38）输入区间分割数据（59，69，79，89）。

② 选择作为统计结果的数组输出区域，如 G34：G39。

③ 输入函数"=FREQUENCY(G2:G31,F34:F37)"。

④ 按【Ctrl】+【Shift】+【Enter】组合键，执行后的结果如图 5-30 所示。

图 5-30　使用 FREQUENCY 函数后的显示结果

需要注意的是，在 Excel 中输入一般的公式或函数后，通常都是按【Enter】键表示确认，但对于含有数组参数的公式或函数（如 FREQUENCY 函数），则必须按【Ctrl】+【Shift】+【Enter】组合键。

（4）统计排位函数 RANK.EQ

该函数的语法格式如下。

```
RANK.EQ(number, ref, [order])
```

功能：返回一个数字在数字列表中的排位。

说明：number 表示需要找到排位的数字，ref 表示对数字列表的引用，order 为数字排位的方式。如果 order 为 0（零）或省略，对数字的排位是基于 ref 为按照降序排列的列表；如果 order 不为零，则是基于 ref 为按照升序排列的列表。

例如，若要对学生成绩表按照平均分进行排名，具体操作步骤如下。

① 在 K2 单元格中输入函数：=RANK.EQ(I2,$I&2:$I$31)，按回车键后，该单元格显示 7。

② 选中 K2 单元格，用鼠标拖动 K2 单元格右下角的填充柄，即可将 K2 单元格的函数复制到对应的其他单元格，填充后的效果如图 5-31 所示。

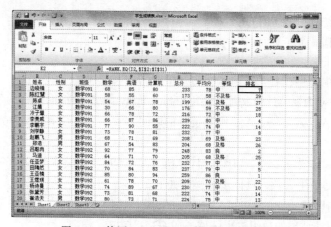

图 5-31 使用 RANK.EQ 函数后的显示结果

在本例中排名是基于平均分列为降序排列的，因此排名第一的是平均分最高的学生。另外，在对数字列表的引用时，需使用绝对引用。例如，本例中对 I 列中平均分数据的引用，应使用"$I&2:$I$31"。此外，若平均分相同，则排名相同，如 K8、K19、K30 单元格显示的排名均为 14，因此没有排名为 15、16 的数字，下一个排名显示的数字为 17。

5.4 数据图表

图表是 Excel 最常用的对象之一，其是依据选定的工作表单元格区域内的数据，按照一定的数据系列而生成的，是工作表数据的图形表示方法。与工作表相比，图表具有更好的视觉效果，可方便用户查看数据的差异、图案和预测趋势。利用图表可以将抽象的数据形象化，当数据源发生变化时，图表中对应的数据也自动更新，使得数据更加直观，一目了然。Excel 提供的图表类型有以下几种。

① 柱形图：用于一个或多个数据系列中值的比较。

② 条形图：实际上是翻转了的柱形图。

③ 折线图：显示一种趋势，在某一段时间内的相关值。

④ 饼图：着重部分与整体间的相对大小关系，没有 x 轴、y 轴。

⑤ XY 散点图：一般用于科学计算。

⑥ 面积图：显示在某一段时间内的累计变化。

5.4.1　创建图表

1. 图表结构

图表是由多个基本图素组成的，如图 5-32 所示为一个学生成绩的图表。图表中常用的图素如下。

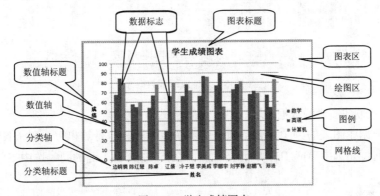

图 5-32　学生成绩图表

① 图表区：整个图表及其包含的元素。

② 绘图区：在二维图表中，以坐标轴为界并包含全部数据系列的区域；在三维图表中，绘图区以坐标轴为界并包含数据系列、分类名称、刻度线和坐标轴标题。

③ 图表标题：一般情况下，一个图表应该有一个文本标题，它可以自动与坐标轴对齐或在图表顶端居中。

④ 数据分类：图表上的一组相关数据点，取自工作表的一行或一列或不连续的单元格。图表中的每个数据系列以不同的颜色和图案加以区别，在同一图表上可以绘制一个以上的数据系列。

⑤ 数据标志：根据不同图表类型，数据标志可以表示数值、数据系列名称、百分比等。

⑥ 坐标轴：为图表提供计量和比较的参考线，一般包括 x 轴、y 轴。

⑦ 刻度线：坐标轴上的短度量线，用于区分图表上的数据分类数值或数据系列。

⑧ 网格线：图表中从坐标轴刻度线延伸开来并贯穿整个绘图区的可选线条系列。

⑨ 图例：是图例项和图例项标示的方框，用于标示图表中的数据系列。

2. 创建图表

Excel 的图表分为嵌入式图表和图表工作表两种。嵌入式图表是置于工作表中的图表对象，保存工作簿时该图表随工作表一起保存。图表工作表是工作簿中只包含图表的工作表。若在工作表数据附近插入图表，应创建嵌入式图表。若在工作簿的其他工作表中插入图表，应创建图表工作表。无论哪种图表都与创建它们的工作表数据相连接，当修改工作表数据时，图表会随之更新。

生成图表，首先必须有数据源。这些数据要求以列或行的方式存放在工作表的一个区域中，若以列的方式排列，通常要以区域的第一列数据作为 x 轴的数据；若以行的方式排列，则要求区域的第一行数据作为 x 轴的数据。

下面以图 5-33 中的"学生成绩表.xlsx"工作簿的 Sheet2 中的数据为数据源来创建图表。具体操作步骤如下。

图 5-33 学生成绩表数据源

① 选择用于创建图表的数据区域。

本例中用于创建图表的是"姓名"列与"数学""英语""计算机"3 科成绩，由于数据区域不连续，因此可先选中 B1：B11 单元格，然后在按住【Ctrl】键的同时选中 E1:G11 单元格区域即可。

② 选择图表类型。

在"插入"选项卡的"图表"组中选择某一种图表类型，然后在打开的下拉列表中选择所需的图表子类型。若要查看所有可用的图表类型，可单击"图表"组右下角的▣按钮，弹出"插入图表"对话框（如图 5-34 所示），然后从左侧窗格中选择图表类型，从右侧窗格中选择对应的图表子类型，最后单击"确定"按钮。注意，将鼠标停留在某种图表类型或子类型上时，屏幕上都将显示相应图表类型的名称。

本例中单击"图表"组中的"柱形图"按钮，在其下拉列表中"二维柱形图"下选择"簇状柱形图"，此时则在工作表中插入了一个图表，如图 5-35 所示。

图 5-34 "插入图表"对话框

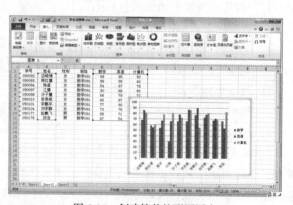

图 5-35 创建簇状柱形图图表

5.4.2　图表的编辑与格式化

创建的默认图表未必能满足用户的要求，此时可以对图表进行编辑修改及格式化等操作。图表的编辑与格式化是指按要求对图表内容、图表格式、图表布局和外观进行编辑和设置的操作，图表的编辑与格式化大都是针对图表的某些项进行的。

为实现对图表的操作，可先选中图表。此时功能区中将显示"图表工具"，其上增加了"设计""布局"和"格式"选项卡。利用"图表工具"可完成对图表的各种编辑与设置。

1. 图表的编辑

编辑图表包括更换图表类型、数据源、图表的位置等。

（1）更改图表类型

选中图表，在"图表工具"的"设计"选项卡中选择"类型"组中的"更改图表类型"命令按钮，或右击图表，在弹出的快捷菜单中选择"更改图表类型"命令，均可弹出"更改图表类型"对话框，如图 5-36 所示。在该对话框中，可以重新选择一种图表类型，或针对当前的图表类型，重新选取一种子图表类型。

（2）更改数据源

选中图表后，在"图表工具"的"设计"选项卡下选择"数据"组中的"更改数据"命令按钮，或右击图表区，在弹出的快捷菜单中选择"选择数据"命令，均打开"选择数据源"对话框，如图 5-37 所示。单击"图表数据区域"框后的折叠按钮，可回到工作表的数据区域进行重新选择数据源的操作；在"图例项（系列）"列表中，可单击"添加"按钮添加某一系列，或选中其中的某一系列，单击"删除"按钮将该系列的数据删除，单击"编辑"按钮对该系列的名称和数值进行修改。在"水平（分类）轴标签"列表中可单击"编辑"按钮，对分类轴标签区域进行选择。更改完成后，新的数据源会体现到图表中。

图 5-36　"更改图表类型"对话框

图 5-37　"选择数据源"对话框

（3）更改图表的位置

默认情况下，图表作为嵌入式图表与数据源出现在同一个工作表中，若要将其单独存放到一个工作表中，则需要更改图表的位置。

选中图表，在"图表工具"的"设计"选项卡下选择"位置"组中的"移动图表""命令按钮，或右击图表区，在弹出的快捷菜单中选择"移动图表"命令，则弹出如图 5-38 所示的"移动图表"对话框。选择"新工作表"单选按钮，在其后的文本框中输入该图表工作表的名称，单击"确定"按钮，效果如图 5-39 所示。

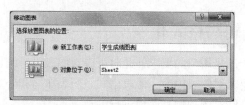

图 5-38　"移动图表"对话框

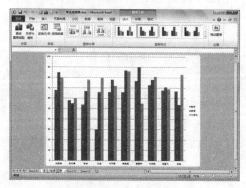

图 5-39　图表工作表

2.　图表布局

（1）图表标题和坐标轴标题

为了使图表更易于理解，可以添加标题，如图表标题和坐标轴标题。图表标题主要用于说明图表的主题内容，坐标轴标题用于说明纵坐标和横坐标所表达的数据内容。

添加图表标题的方法为：选中图表，在"图表工具"的"布局"选项卡中选择"标签"组，单击"图表标题"命令按钮，在打开的下拉列表中可选择"居中覆盖标题"或"图表上方"。

添加坐标轴标题的方法为：选中图表，在"图表工具"的"布局"选项卡中选择"标签"组，单击"坐标轴标题"命令按钮，在其下拉列表中可分别为"主要横坐标标题"及"主要纵坐标标题"进行设置，如将主要横坐标标题设置为坐标轴下方标题，为主要纵坐标标题设置为竖排标题。

设置完成后在图表区中将显示内容为"图表标题"和"坐标轴标题"的文本框，分别选中这些文本框，并将其内容修改为所需的文本即可。如图 5-40 所示为学生成绩图表添加图表标题和坐标轴标题后的效果。

（2）图例

选中图表，在"图表工具"的"布局"选项卡下选择"标签"组中的"图例"按钮，在其下拉列表中可选择添加、删除或修改图例的位置。

（3）数据标签和模拟运算表

为了更清楚地表示系列中图形所代表的数据值，可为图表添加数据标签。

选中图表，在"图表工具"的"布局"选项卡中选择"标签"组中"数据标签"按钮，在其下拉列表中可选择显示数据标签的位置，如居中、数据标签内、数据标签外等。图 5-41 所示为将数据标签添加在数据系列上方后的效果。

选中图表，在"图表工具"的"布局"选项卡中选择"标签"组的"模拟运算表"按钮，可在图表下添加一个完整的数据表，就像工作表的数据一样。

（4）坐标轴与网格线

坐标轴与网格线指绘图区的线条，它们都是用于度量数据的参照框架。选中图表，在"图表工具"的"布局"选项卡下选择"坐标轴"组中的"坐标轴"按钮，在其下拉列表中可进行更改坐标轴的布局和格式的设置；同理，单击"网格线"按钮，可在其下拉列表中取消或显示网格线。

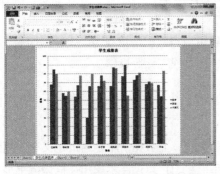

图 5-40　添加图表标题和坐标轴标题

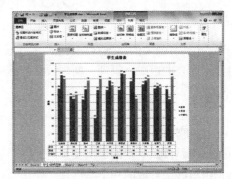

图 5-41　添加数据标签和模拟运算表

3. 图表格式的设置

为了使图表看起来更加美观，可对图表中的元素设置不同的格式。设置图表的格式是指对图表中的各个图表元素进行文字、颜色、外观等格式的设置。在"图表工具"的"格式"选项卡的"形状样式"组中提供了很多预设的轮廓、填充颜色与形状效果的组合效果，用户可以很方便地进行设置。除此之外，还可以根据需要对各个图表元素进行分别设置，具体方法如下。

选中图表，选择"图表工具"的"格式"选项卡，在"当前所选内容"组中单击"图表元素"下拉列表框，在打开的下拉列表中选择要更改格式样式的图表元素，如"垂直（值）轴"，然后单击"设置所选内容格式"按钮，此时弹出"设置坐标轴格式"对话框，如图 5-42 所示。在该对话框中可以对坐标轴的格式进行设置，如在左侧窗格中单击"坐标轴选项"，在右侧窗格中可设置坐标轴的最大值、最小值、刻度单位等。

另外，右击某一图表元素，如绘图区，在弹出的快捷菜单中选择"设置绘图区格式"命令，或双击绘图区，均会打开"设置绘图区格式"对话框，如图 5-43 所示。这样就可对绘图区的边框颜色和样式及填充效果等进行设置。

若要对图表元素的字体、字形、字号及颜色等设置，可先选中该图表元素，然后单击"开始"选项卡，在"字体"组中可进行相应的设置。

图 5-42　"设置坐标轴格式"对话框

图 5-43　"设置绘图区格式"对话框

5.5 数据的管理

Excel具有强大的数据管理功能，在Excel中，系统可以将数据清单视为一个数据库表，并通过对数据库表的组织、管理，实现数据的排序、筛选、汇总或统计等操作。

5.5.1 数据清单

1. 数据清单与数据库的关系

数据库是按照一定的层次关系组织在一起的数据的集合，而数据清单是通过定义行、列结构将数据组织起来形成的一个二维表。在Excel中将数据清单当作数据库来使用，数据清单形成的二维表属于关系型数据库，如表5-9所示。因此可以简单地认为，一个工作表中的数据清单就是一个数据库。在一个工作簿中可以存放多个数据库，而一个数据库只能存储在一个工作表中。例如，可以将表5-9所示的数据存储在"zggz.xlsx"工作簿的"职工档案管理"工作表中。

表5-9 职工档案管理

姓名	出生日期	性别	工作日期	籍贯	职称	工资	奖金
张楷华	1966年11月4日	男	1984年1月2日	承德市	副教授	599.96	200
郭白桦	1968年3月8日	女	1990年3月15日	天津市	副教授	618.49	200
唐 虎	1970年2月3日	男	1994年7月1日	唐山市	讲师	400.29	150
赵思亮	1971年8月20日	男	1995年7月1日	保定市	讲师	460.24	120
宋大康	1965年2月18日	男	1983年9月2日	天津市	教授	686.71	300
树 林	1970年6月19日	女	1994年6月15日	唐山市	教授	830.65	300
武 进	1960年9月11日	男	1978年2月23日	唐山市	教授	956.49	300

由于对数据清单的操作是作为数据库来使用的，所以有必要简单了解一些数据库中的名词术语。

（1）字段、字段名

数据库的每一列称为一个字段，对应的数据为字段值，同列的字段值具有相同的数据类型，给字段起的名称为字段名，即列标志。列标志在数据库的第一行。数据库中所有字段的集合称为数据库结构。

（2）记录

字段值的一个组合为一个记录。在Excel中，一个记录存放在同一行中。

2. 创建数据清单

创建一个数据清单就是要建立一个数据库，首先要定义字段个数及字段名，即数据库结构，然后再创建数据库工作表。下面根据表5-9所示的数据，创建一个"职工档案管理"数据清单。具体操作步骤如下。

① 打开一个空白工作表，将工作表名称改为"职工档案管理"。

② 在工作表的第一行中输入字段名"姓名""出生日期""性别"等。

至此就建立好了数据库的结构，下面即可输入数据库记录。记录的输入方法有以下两种。

- 直接在单元格中输入数据，这种方法与单元格输入数据的方法相同，在此不再赘述。
- 通过记录单输入数据。

● 默认情况下，"记录单"命令按钮不显示在功能区中，可将其添加到"快速访问工具栏"中以方便使用。具体操作步骤如下。

① 单击"快速访问工具栏"右侧的"自定义快速访问工具栏"下拉按钮，从中选择"其他命令"，弹出"Excel 选项"对话框，如图 5-44 所示。

图 5-44　"Excel 选项"对话框

② 在"Excel 选项"对话框的左侧窗格中选择"快速访问工具栏"，从"从下列位置选择命令"下拉列表中选择"所有命令"，然后在打开的下拉列表中找到"记录单"。单击"添加"按钮，再单击"确定"按钮即可将"记录单"命令添加到"快速访问工具栏中"。

使用记录单添加输入数据的具体操作步骤如下。

① 单击"快速访问工具栏"中的"记录单"命令，打开如图 5-45 所示的"职工档案管理"记录单。

② 用鼠标单击第一个字段名旁边的文本框，输入相应的字段值；按【Tab】键或单击下一字段名旁边的文本框，使光标移到下一字段名对应的文本框中，输入字段值，直到一条记录输入完毕。

③ 按【Enter】键，准备输入下一条记录。

④ 重复步骤 ② 和步骤 ③ 的操作，直到数据库所有记录输入完毕，最后形成如图 5-46 所示的"职工档案管理"数据清单。

图 5-45　"职工档案管理"记录单

图 5-46　"职工档案管理"数据清单

3. 数据清单的编辑

数据清单建立后，可继续对其进行编辑，包括对数据库结构的编辑（增加或删除字段）和数据库记录的编辑（修改、增加与删除等操作）。

数据库结构的编辑可通过插入列、删除列的方法实现；而编辑数据库记录可直接在数据清单中编辑相应的单元格，也可通过记录单对话框完成对记录的编辑。

5.5.2　数据排序

在数据清单中，可根据字段内容按升序或降序对记录进行排序，通过排序，可以使数据进行有序的排列，便于管理。对于数字的排序可以使其按大小顺序排列；对于英文文本项的排序可以使其按字母先后顺序排列；而对于汉字文本的排序，其主要的目的是使相同的项目排列在一起。

1. 单字段排序

排序之前，先在待排序字段中单击任一单元格，然后排序。排序的方法有如下两种。

① 单击"数据"选项卡下"排序和筛选"组中的"升序"按钮 或"降序"按钮 ，即可实现按该字段内容进行的排序操作。

② 单击"数据"选项卡下"排序和筛选"组中的"排序"按钮 ，打开"排序"对话框，如图 5-47（a）所示。在对话框的"列"下的"主要关键字"下拉列表中，选择某一字段名作为排序的主关键字，如职称。在"排序依据"下选择排序类型，若要按文本、数字或日期和时间进行排序，可选择"数值"，若要按格式进行排序，可选择"单元格颜色""字体颜色"或"单元格图标"。在"次序"下拉列表中选择"升序"或"降序"以指明记录按升序或降序排列。单击"确定"按钮，完成排序。

2. 多字段排序

如果要对多个字段排序，则应使用"排序"对话框来完成。在"排序"对话框中首先选择"主要关键字"，指定排序依据和次序；然后单击"添加条件"按钮，此时在"列"下则增加了"次要关键字"及其排序依据和次序，如图 5-47（b）所示，可根据需要依次进行选择。若还有其他关键字，可再次单击"添加条件"按钮进行添加。在多字段排序时，首先按主要关键字排序，若主关键字的数值相同，则按次要关键字进行排序，若次要关键字的数值相同，则按第三关键字排序，依此类推。

（a）单字段排序

（b）多字段排序

图 5-47　"排序"对话框

在图 5-47 所示的"排序"对话框中单击"选项"按钮，可打开"排序选项"对话框如图 5-48 所示。在该对话框中，还可设置区分大小写、按行、列排序、按字母、笔划排序等选项。

3. 自定义排序

在实际的应用中，有时需要按照特定的顺序排列数据清单中的数据，特别是在对一些汉字信息排列时，就会有这样的要求。例如，对图 5-46 所示数据清单的职称列进行降序排序时，Excel 给出的排序顺序是"教授—讲师—副教授"，如果用户需要按照"教授—副教授—讲师"的顺序排列，这时就要用到自定义排序功能了。

图 5-48 "排序选项"对话框

（1）按列自定义排序

具体操作步骤如下。

① 打开如图 5-46 所示的"职工档案管理"工作表，并将光标置于数据清单的一个单元格中。

② 选择"文件"选项卡下的"选项"命令，在打开的"Excel 选项"对话框的左侧窗格选择"高级"，在右侧窗格中单击"常规"组中的"编辑自定义列表"按钮，打开"自定义序列"对话框，如图 5-49 所示。在"自定义序列"列表框中选择"新序列"选项，在"输入序列"列表框中输入自定义的序列"教授""副教授""讲师"。输入的每个序列之间要用英文逗号隔开，或者每输入一个序列就按一次【Enter】键。

图 5-49 "自定义序列"对话框

③ 单击"添加"按钮，则该序列被添加到"自定义序列"列表框中，单击"确定"按钮，返回到"Excel 选项"对话框，再次单击"确定"按钮，则可返回到工作表中。

④ 单击"数据"选项卡下"排序和筛选"组中的"排序"命令按钮，在打开的"排序"对话框中单击"次序"下拉列表框按钮，从中选择"自定义序列"，打开"自定义序列"对话框。

⑤ 在"自定义序列"列表框中选择刚刚添加的排序序列，单击"确定"按钮，返回到"排序"对话框中。此时，在"次序"下拉列表中则显示为"教授，副教授，讲师"，同时，在"次序"下拉列表中显示了"教授，副教授，讲师"和"讲师，副教授，教授"两个选项，分别表示降序和升序，如图 5-50 所示。

图 5-50 "排序"对话框

⑥ 选择"教授，副教授，讲师"，单击"确定"按钮，记录就按照自定义的排序次序进行排列，如图 5-51 所示。

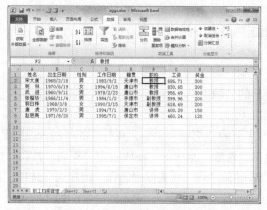

图 5-51　按列自定义排序的结果

（2）按行自定义排序

按行自定义排序的操作过程和按列自定义排序的操作过程基本相同。在图 5-48 所示的"排序选项"对话框的"方向"选项组中选中"按行排序"单选按钮即可。

5.5.3　数据筛选

数据筛选可使用户快速而方便地从大量的数据中查询到所需要的信息。Excel 提供了两种筛选方法：自动筛选和高级筛选。

1. 自动筛选

自动筛选是将不满足条件的记录暂时隐藏起来，屏幕上只显示满足条件的记录。

（1）筛选方法

① 选择"数据"选项卡下"排序和筛选"组中的"筛选"命令，则在各字段名的右侧增加了下拉按钮。

② 单击某字段名右侧的下拉按钮，如工资字段，则显示有关该字段的下拉列表，如图 5-52（a）所示。在该列表的底部列出了当前字段所有的数据值，可通过清除"（全选）"复选框，然后选择其中要作为筛选的依据值。单击"数字筛选"命令，可打开其级联菜单，如图 5-52（b）所示，其中列出了一些比较运算符命令，如"等于""不等于""大于""小于"等选项。还可单击"自定义筛选"命令，在打开的"自定义自动筛选方式"对话框中进行其他的条件设置。

（a）

（b）

图 5-52　选择"自动筛选"命令

③ 如果要使用基于另一列中数值的附加条件，则在另一列中重复步骤②。若对某一字段进行了自动筛选，则该字段名后面的按钮显示为 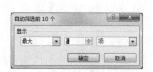。

（2）自动筛选的筛选条件

下面以图 5-46 所示"职工档案管理"数据清单为例，举例说明选定筛选条件的方法。

【例 5-1】筛选"职称"为"讲师"的记录。

具体操作为：单击"职称"字段后的下拉按钮，在其下拉列表的底部，取消"（全选）"复选按钮，然后选择"讲师"选项。

【例 5-2】筛选"工资"最高的前 5 个记录。

具体操作为：单击"工资"字段后的下拉按钮，在其下拉列表中选择"数字筛选"，然后在其级联菜单中单击"10 个最大的值"选项，打开"自动筛选前 10 个"对话框，如图 5-53 所示。在左边下拉列表中选择"最大"选项，在右边的下拉列表中选择"项"，在中间的数字微调框中选择"5"。

图 5-53　"自动筛选前 10 个"对话框　　　　图 5-54　"自定义自动筛选方式"对话框

【例 5-3】筛选"工资"小于等于 900、大于等于 500 的记录。

具体操作为：单击"工资"字段后的下拉按钮，在其下拉列表中选择"数字筛选"，然后在打开的级联菜单中选择"自定义筛选"命令，打开"自定义自动筛选方式"对话框，在左边的下拉列表中选择与该数据之间的关系，如"大于""等于"等，在右边的下拉列表框中输入数据。"与""或"选项表示上、下两个条件的关系。筛选条件的设置如图 5-54 所示。

① 自动筛选后只显示满足条件的记录，它是数据清单记录的子集，一次只能对工作表中的一个数据清单使用自动筛选命令。

② 使用"自动筛选"命令，对一列数据最多可以应用两个条件。

③ 对一列数据进行筛选后，可对其他数据列进行双重筛选，但可筛选的记录只能是前一次筛选后数据清单中显示的记录。

例如，筛选"职称"为"教授""工资"大于 800 的记录。可先通过自动筛选，筛选出"职称"为"教授"的记录，再对筛选出的记录进行自动筛选，筛选出"工资"大于 800 的记录。

④ 在进行自动筛选时，单击字段名后的下拉按钮，在打开的下拉列表中根据字段值类型的不同将显示不同的命令，如若字段值为数值型，则显示的是"数字筛选"；若类型为文本，则显示"文本筛选"；若类型为日期型，则显示"日期筛选"。

（3）自动筛选的清除

执行完自动筛选后，不满足条件的记录将被隐藏，若希望将所有记录重新显示出来，可通过对筛选列的清除来实现。例如，若要清除对"职称"列的筛选，可单击"职称"名后的"筛选"按钮 ，在打开的下拉列表中选择"从职称中清除筛选"命令。

若希望清除工作表中的所有筛选并重新显示所有行，在"数据"选项卡的"排序和筛选"组中，单击"清除"命令按钮即可。

若希望清除各个字段名后的下拉按钮，则可在"数据"选项卡的"排序和筛选"组中，再次单击"筛选"按钮。

2. 高级筛选

如果通过自动筛选还不能满足筛选需要，就要用到高级筛选的功能。高级筛选可以设定多个条件对数据进行筛选，还可以保留原数据清单的显示，而将筛选的结果显示到工作表的其他区域。

进行高级筛选时，首先要在数据清单以外的区域输入筛选条件，然后通过"高级筛选"对话框对筛选数据的区域、条件区域及筛选结果放置的区域进行设置，进而实现筛选操作。下面首先对如何表示筛选条件进行说明，然后结合一个具体例子说明高级筛选的操作。

（1）筛选条件的表示

① 单一条件：在输入条件时，首先要输入条件涉及的字段的字段名，然后将该字段的条件写到字段名下面的单元格中。如图5-55所示为单一条件的例子，其中，图5-55（a）表示的是"职称为教授"的条件，图5-55（b）表示的是"工资大于600"的条件。

（a）职称为教授

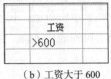
（b）工资大于600

图5-55　单一条件

② 复合条件：Excel在表示复合条件时，遵循这样的原则，在同一行表示的条件为"与"关系；在不同行表示的条件为"或"关系。如图5-56所示为复合条件的例子，其中各图对应的条件如下。

- 图5-56（a）表示"职称是讲师、性别为男"的条件。
- 图5-56（b）表示"工资大于600且小于900"的条件。
- 图5-56（c）表示"职称是教授或者是副教授"的条件。
- 图5-56（d）表示"职称是讲师工资大于600"的条件。
- 图5-56（e）表示"职称是教授同时工资大于800，或者职称是副教授同时工资大于600"的条件。

职称	性别
讲师	男

（a）复合条件1

工资	工资
>600	<900

（b）复合条件2

职称
教授
副教授

（c）复合条件3

职称	工资
讲师	
	>600

（d）复合条件4

职称	工资
教授	>800
副教授	>600

（e）复合条件5

图5-56　复合条件

（2）高级筛选的例子

【例5-4】针对图5-46所示"职工档案管理"数据清单，筛选出"职称是教授同时工资大于800，和职称是副教授同时工资大于600"的记录。要求条件区域为C10:D12，将筛选的结果放到A15起始单元格中。

具体操作步骤如下。

① 首先在C10:D12单元格区域中输入条件。

图5-57　"高级筛选"对话框

② 将光标置于数据清单区中，然后单击"数据"选项卡下"排序和筛选"组中的"高级"按钮，打开如图 5-57 所示的"高级筛选"对话框。

③ 在对话框的"列表区域"中，Excel 已经自动选中了数据清单的区域，如需要重新选择，单击右侧的折叠按钮，然后用鼠标拖动选择数据清单的数据区域。

④ 在对话框的"条件区域"中输入条件区域的引用，也可以单击右侧的折叠按钮，然后用鼠标拖动选择条件的数据区域 C10:D12。

⑤ 在对话框的"方式"选项组中选择"将筛选结果复制到其他位置"单选按钮，然后在"复制到"文本框中输入需要复制到的起始单元格 A15 的引用，也可以单击右侧的折叠按钮，然后用鼠标选中需要复制到的起始单元格 A15。

⑥ 单击"确定"按钮，完成高级筛选操作，如图 5-58 所示。

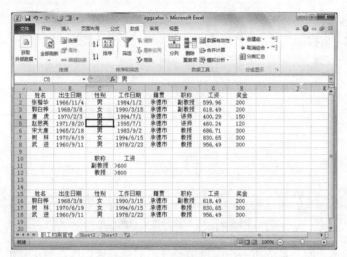

图 5-58　高级筛选的例子

5.5.4　数据分类汇总

分类汇总是按照某一字段的字段值对记录进行分类排序，然后对记录的数值字段进行统计操作。

对数据进行分类汇总，首先要对分类字段进行分类排序，使相同的项目排列在一起，这样汇总才有意义。因此，在进行分类汇总操作时一定要先按照分类项排序，再进行汇总的操作。下面通过实际例子说明分类汇总的操作。

【例 5-5】针对图 5-46 所示的"职工档案管理"数据清单，按"职称"汇总"工资""奖金"字段的平均值，即统计出不同职称的职工的工资和奖金的平均值。

具体操作步骤如下。

① 首先要按"职称"进行排序操作（假定为升序），打开"职工档案管理"数据清单，选中"职称"列中的任一单元格，单击"数据"选项卡下"排序和筛选"组中的"升序"按钮，则对该数据清单的"职称"字段进行了升序排序。

② 单击"数据"选项卡下"分级显示"组中的"分类汇总"

图 5-59　"分类汇总"对话框

命令按钮，打开"分类汇总"对话框，如图 5-59 所示。

③ 在"分类字段"下拉列表中选择"职称"选项，确定要分类汇总的列；在"汇总方式"下拉列表中选择"平均值"选项，在"选定汇总项"列表框中选中"工资"和"奖金"复选框。

④ 如果需要在每个分类汇总后有一个自动分页符，选中"每组数据分页"复选框；如果需要分类汇总结果显示在数据下方，则选中"汇总结果显示在数据下方"复选框。

⑤ 设置完成后单击"确定"按钮，分类汇总后的结果如图 5-60 所示。

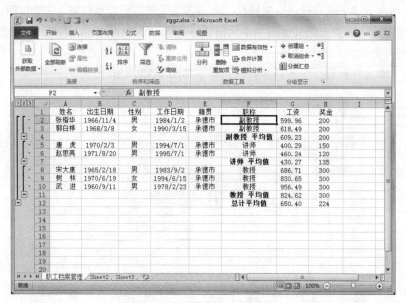

图 5-60   按职称分类汇总的结果

当分类字段是多个时，可先按一个字段进行分类汇总，然后再将更小分组的分类汇总插入到现有的分类汇总组中，实现多个分类字段的分类汇总。

从图 5-60 中可以看到，分类汇总的左上角有一排数字按钮：[1]为第一层，代表总的汇总结果范围，按钮[2]为第二层，可以显示第一层和第二层的记录，依此类推；[+]按钮用于显示明细数据；[−]按钮用于隐藏明细数据。

如果进行完分类汇总操作后，想要回到原始的数据清单状态，可以删除当前的分类汇总，只要再次打开"分类汇总"对话框，并单击"全部删除"按钮即可，如图 5-59 所示。

5.5.5   数据透视表和数据透视图

数据透视表是一种对大量数据快速汇总和建立交叉列表的交互式表格，可以转换行以查看源数据的不同汇总结果，可以显示不同页面以筛选数据，还可以根据需要显示区域中的明细数据。而数据透视图则是通过图表的方式显示和分析数据。

1. 数据透视表有关概念

数据透视表一般由 7 部分组成：页字段、页字段项、数据字段、数据项、行字段、列字段、数据区域。图 5-61 所示为一个数据透视表，该数据透视表分别统计了不同性别及不同职称的职工的工资的和。

- 页字段：页字段是数据透视表中指定为页方向的源数据清单或数据库中的字段。
- 页字段项：源数据清单或数据库中的每个字段、列条目或数值都将成为页字段列表中的一项。

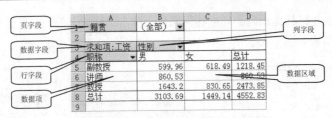

图 5-61　数据透视表

- 数据字段：含有数据的源数据清单或数据库中的字段项称为数据字段。
- 数据项：数据项是数据透视表字段中的分类。
- 行字段：行字段是在数据透视表中指定行方向的源数据清单或数据库中的字段。
- 列字段：列字段是在数据透视表中指定列方向的源数据清单或数据库中的字段。
- 数据区域：是含有汇总数据的数据透视表中的一部分。

2. 数据透视表的创建

下面以图 5-62 所示的小家电订货单为例说明具体操作步骤。

① 打开"小家电订货单.xlsx"工作簿的"订货单"工作表，选择"插入"选项卡，单击"表格"组中的"数据透视表"按钮，在打开的下拉列表中选择"数据透视表"，打开"创建数据透视表"对话框，如图 5-63 所示。

② 在该对话框中可确定数据源区域和数据透视表的位置。在"请选择要分析的数据"组中选中"选择一个表或区域"单选按钮，在"表/区域"框中输入或使用鼠标选取数据区域。一般情况下，Excel 会自动识别数据源所在的单元格区域，如果需要重新选定，单击右侧的折叠按钮，然后用鼠标拖动选取数据源区域即可。在"选择放置数据透视表的位置"组中可选择将数据透视表创建在一个新工作表中还是在当前工作表，这里选择"新工作表"。

图 5-62　小家电订货单

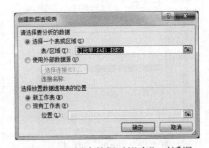

图 5-63　"创建数据透视表"对话框

③ 单击"确定"按钮，则将一个空的数据透视表添加到新工作表中，并在右侧窗格中显示数据透视表字段列表，如图 5-64 所示。

④ 选择相应的页、行、列标签和数值计算项后，即可得到数据透视表的结果。本例中单击"地区"字段并将其拖动到"报表筛选"区域，单击"城市"字段并将其拖动到"行标签"区域，单

击"订货日期"字段并将其拖动到"列标签"区域，单击"订货金额"字段并将其拖动到"数值"区域，生成的最终结果如图 5-65 所示。

图 5-64　数据透视表字段列表

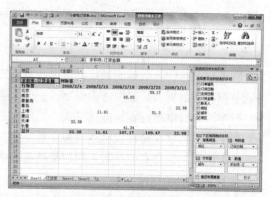

图 5-65　创建完成的数据透视表

至此，制作完成了一个数据透视表，用户可以自由地操作它来查看不同的数据项目。

数据透视表创建好后，还可以根据需要对其进行分组或格式的设置，以便得到用户关注的信息。例如，若要创建订货单的月报表、季度报表或者年报表，可以在数据透视表中选中单击某个订货日期，选择"数据透视表工具"的"设计"选项卡，单击"分组"组中的"将所选内容分组"命令按钮，或右击订货日期字段，在弹出的快捷菜单中选择"创建组"命令，均可打开"分组"对话框，如图 5-66 所示。在"起始于"和"终止于"文本框中输入一个时间间隔，然后在"步长"下拉列表框中选择"季度"选项，即要对 2008 年的销售金额按照季度的方式查阅（如果想生成月报表，就选择"月"；如果想生成年报表，就选择"年"）。这样，数据透视表又有了另外一种布局，如图 5-67 所示。

图 5-66　"分组"对话框

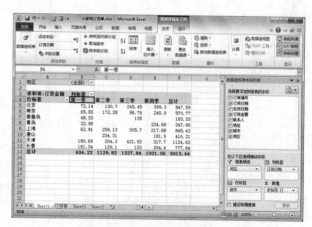

图 5-67　改变布局后的报表 1

如果想查看某个地区、某个城市的明细数据，只需单击页字段、行字段和列字段右侧的下拉按钮▼，选择相关字段即可。例如，单击"地区"右侧的下拉按钮，选择其中的"华北"选项，单击"城市"右侧的下拉按钮，只选其中的"天津"，再将"联系人"拖入行标签区域内，工作表就会变成如图 5-68 所示的样子。

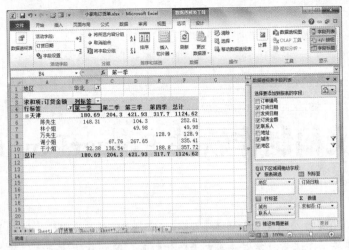

图 5-68　改变布局后的报表 2

3. 数据透视表数据的更新

对于建立了数据透视表的数据清单，其数据的修改并不影响数据透视表，即数据透视表中的数据不随其数据源中的数据发生变化。这时必须更新数据透视表数据，其操作为：将活动单元格放在数据区的任一单元格中，单击"数据透视表工具"下"选项"选项卡中"数据"组中的"刷新"按钮，完成对数据透视表的更新。

4. 数据透视表中字段的添加或删除

在建立好的数据透视表中可以添加或删除字段，其操作为：单击建立的数据透视表中的任一单元格，在窗口右侧显示"数据透视表字段列表"窗格。若要添加字段，则将相应的字段按钮拖动到相应的行、列标签或数值区域内；若要删除某一字段，则将相应字段按钮从行、列标签或数值区域内拖出即可。应注意在删除了某个字段后，与这个字段相连的数据也将从数据透视表中删除。

5. 数据透视表中分类汇总方式的修改

使用数据透视表对数据表进行分类汇总时，可以根据需要设置分类汇总方式。在 Excel 中，默认的汇总方式为求和汇总。若要在已有的数据透视表中修改汇总方式，则可采用如下方法：在"数值"区域内单击汇总项，在打开的下拉列表选择"值字段设置"命令，可打开如图 5-69 所示的对话框，在"计算类型"下拉列表中选择所需的汇总方式，单击"数字格式"按钮，可打开"设置单元格格式"对话框，从中还可对数值的格式进行设置。

图 5-69　"值字段设置"对话框

6. 数据透视图的创建

数据透视表用表格来显示和分析数据，而数据透视图则通过图表的方式显示和分析数据。创建数据透视图的操作步骤与创建数据透视表类似，在"插入"选项卡中单击"表格"组中"数据透视表"下拉按钮，在弹出的下拉列表中选择"数据透视图"。

第 6 章
演示文稿制作软件 PowerPoint 2010

PowerPoint 2010 是办公自动化软件 Microsoft Office 2010 家族中的一员，主要用于设计和制作广告宣传、产品展示、课堂教学课件等电子版幻灯片，其制作的演示文稿可以通过计算机屏幕或大屏幕投影仪播放，是人们在各种场合下进行信息交流的重要工具，也是计算机办公软件的重要组成部分。

本章主要介绍 PowerPoint 2010 的基本操作方法，以及如何使用 PowerPoint 2010 来制作演示文稿。

学习目标

- 了解 PowerPoint 的基本知识，包括基本概念及术语，PowerPoint 2010 的工作环境及演示文稿的创建。
- 掌握演示文稿的编辑与格式化。
- 掌握幻灯片的放映设置，包括设置动画效果、切换效果、超链接及幻灯片中多媒体技术的运用。
- 掌握演示文稿的放映。

6.1 PowerPoint 基本知识

6.1.1 PowerPoint 的基本概念及术语

在制作 PowerPoint 电子演示文稿的过程中，涉及一些 PowerPoint 中的基本概念和术语，下面对其进行介绍。

1. 演示文稿

把所有为某一个演示而制作的幻灯片单独存放在一个 PowerPoint 文件中，这个文件就称为演示文稿。演示文稿由演示时用的幻灯片、发言者备注、概要、通报、录音等组成，以文件形式存放在 PowerPoint 的文件中，该类文件的扩展名是.pptx。

2. 幻灯片

在 PowerPoint 演示文稿中创建和编辑的单页称为幻灯片。演示文稿由若干张幻灯片组成，制作演示文稿就是制作其中的每一张幻灯片。

3. 对象

演示文稿中的每一张幻灯片是由若干对象组成的，对象是幻灯片重要的组成元素。插入幻灯片中的文字、图表、组织结构图及其他可插入元素，都是以一个个对象的形式出现在幻灯片中。用户可以选择对象，修改对象的内容或大小，移动、复制或删除对象；还可以改变对象的属性，如颜色、阴影、边框等。所以，制作一张幻灯片的过程，实际上是编辑其中每一个对象的过程。

4. 版式

版式指幻灯片上对象的布局，包含了要在幻灯片上显示的全部内容，如标题、文本、图片、表格等的格式设置、位置和占位符。PowerPoint 中包含 9 种内置幻灯片版式，如标题幻灯片、标题与内容、两栏内容等，默认为标题幻灯片。这些版式中基本都包含有占位符（"空白"版式除外），每种版式预定了幻灯片的布局形式，不同版式的占位符是不同的。每种对象的占位符用虚线框表示，并且包含有提示文字，可以根据这些提示在占位符中插入标题、文本、图片、图表、组织结构图等内容。

5. 占位符

顾名思义，占位符就是预先占住一个固定的位置，等待用户输入内容。绝大部分幻灯片版式中都有这种占位符，它在幻灯片上表现为一种虚线框，框内往往有"单击此处添加标题"或"单击此处添加文本"之类的提示语，一旦用鼠标单击虚线框内部之后，这些提示语就会自动消失。

占位符相当于版式中的容器，可容纳如文本（包括正文文本、项目符号列表和标题）、表格、图表、SmartArt 图形、影片、声音、图片及剪贴画等内容。占位符是由程序自动添加的，具有很多特殊的功能。例如，在母版中设定的格式可以自动应用到占位符中；在对占位符进行缩放时，其中的文字大小会随占位符的大小进行自动调整等。

6. 母版

母版是指一张具有特殊用途的幻灯片，其中已经设置了幻灯片的标题和文本的格式与位置，其作用是统一文稿中包含的幻灯片的版式。因此，对母版的修改会影响到所有基于该母版的幻灯片。

7. 模板

模板是指一个演示文稿整体上的外观设计方案，包含版式、主题颜色、主题字体、主题效果及幻灯片背景图案等。PowerPoint 所提供的模板都表达了某种风格和寓意，适用于某方面的演讲内容。PowerPoint 的模板以文件的形式被保存在指定的文件夹中，其扩展名为.potx。

6.1.2 PowerPoint 2010 的窗口与视图

1. PowerPoint 2010 窗口

图 6-1 所示为 PowerPoint 2010 的窗口界面，与其他 Office 2010 组件的窗口基本相同，窗口主要包括了一些基本操作工具，如标题栏、快速访问工具栏、"文件"选项卡、功能区、状态栏等。此外，窗口中还包括了 PowerPoint 所独有的部分，如幻灯片编辑窗格、备注窗格、任务窗格等。下面对这些 PowerPoint 独有的部分进行简介。

（1）幻灯片窗格

幻灯片窗格位于工作窗口中间，其主要任务是进行幻灯片的制作、编辑和添加各种效果，还可以查看每张幻灯片的整体效果。它所显示的文本内容和大纲视图中的文本是相同的。

（2）任务窗格

任务窗格位于幻灯片编辑窗格的左侧，包含幻灯片和大纲两个选项卡，通过这两个选项卡可以控制任务窗格的显示形式。

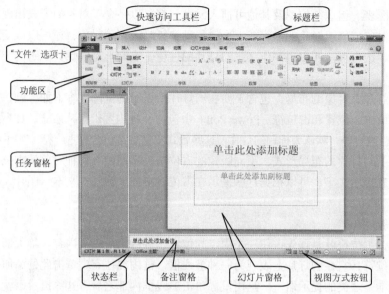

图 6-1　PowerPoint 2010 窗口

在"大纲"选项卡下，任务窗格中仅显示幻灯片中的文本内容，不显示表格、图片、艺术字等其他对象。此时，可对幻灯片的文字内容直接进行编辑，也可通过用鼠标单击某个幻灯片来实现幻灯片间的切换，还可以用鼠标直接拖动幻灯片来改变幻灯片的顺序。

在"幻灯片"选项卡下，幻灯片在任务窗格中以缩略图的形式显示，此时可以很方便地对幻灯片进行浏览、复制、删除、移动、插入等编辑操作。例如，通过选取幻灯片来实现幻灯片间的切换，用鼠标拖动幻灯片以改变幻灯片的顺序，但是不可对幻灯片的文字内容直接进行编辑。

（3）备注窗格

备注窗格位于幻灯片编辑窗格的下方，主要用于给每张幻灯片添加备注，为演讲者提供信息。在备注窗格中不能插入、显示图片等对象。

（4）视图方式按钮

视图方式按钮提供了4个视图切换按钮，分别为"普通视图"按钮、"幻灯片浏览"按钮、"阅读视图"按钮和"幻灯片放映"按钮。通过单击这些按钮可在不同的视图模式中预览演示文稿。

2．PowerPoint 2010 的视图

为使演示文稿便于浏览和编辑，PowerPoint 2010 根据不同的需要提供了多种视图方式来显示演示文稿的内容。

（1）普通视图

普通视图是 PowerPoint 2010 创建演示文稿的默认视图，实际上是阅读视图、幻灯片视图和备注页视图 3 种模式的综合，是最基本的视图模式。它将工作区分为 3 个窗格，在窗口左侧显示的是任务窗格，右侧上面显示的是幻灯片窗格，下面显示的是备注窗格，用户可根据需要调整窗口大小比例。

在"普通视图"下，用户可以方便地在幻灯片窗格中对幻灯片进行各种操作，因此大多数情况下都选择普通视图。

若要切换到普通视图可单击视图方式按钮中的"普通视图"按钮，也可以选择"视图"选项卡下"演示文稿视图"组中的"普通视图"命令按钮。

（2）幻灯片浏览视图

在幻灯片浏览视图中，演示文稿中的幻灯片是整齐排列的，可以从整体上对幻灯片进行浏览，对幻灯片的顺序进行排列和组织，并可以对幻灯片的背景、配色方案进行调整，还可以同时对多个幻灯片进行移动、复制、删除等操作。

若要切换到幻灯片浏览视图可单击视图方式按钮中的"幻灯片浏览视图"按钮，也可以选择"视图"选项卡下"演示文稿视图"组中的"幻灯片浏览"命令按钮。

（3）备注页视图

备注页视图用于显示和编辑备注页，在该视图下，既可插入文本内容也可以插入图片等对象信息。

单击"视图"选项卡下"演示文稿视图"组中的"备注页"命令按钮可以切换到备注页视图。

（4）母版视图

母版视图包括幻灯片母版视图、讲义母版视图和备注母版视图。它们是存储有关演示文稿的信息的主要幻灯片，其中包括背景、颜色、字体、效果、占位符的大小和位置。使用母版视图可以对与演示文稿关联的每张幻灯片、备注页或讲义的样式进行全局更改。

在"视图"选项卡下"母版视图"组中可选择相应的命令按钮进行不同母版视图的切换。

（5）幻灯片放映视图

幻灯片放映视图显示的是演示文稿的放映效果，是制作演示文稿的最终目的。在这种全屏幕视图中，可以看到图形、时间、影片、动画等元素及对象的动画效果和幻灯片的切换效果。

单击视图方式按钮中的"幻灯片放映"按钮，或按快捷键【Shift】+【F5】均可从当前编辑的幻灯片开始放映，即进入幻灯片放映视图。

（6）阅读视图

阅读视图用于在方便审阅的窗口中查看演示文稿，而不使用全屏的幻灯片放映视图。

若要切换到阅读视图可单击视图方式按钮中的"阅读视图"按钮，也可以选择"视图"选项卡下"演示文稿视图"组中的"阅读视图"命令按钮。

6.1.3　演示文稿的创建

1.　创建空演示文稿

启动 PowerPoint 2010 后程序默认会新建一个空白的演示文稿，该演示文稿只包含一张幻灯片，采用默认的设计模板，版式为"标题幻灯片"，文件名为演示文稿 1.pptx（见图 6-1）。

若 PowerPoint 应用程序已启动，单击"文件"选项卡中的"新建"命令，在右侧打开的任务窗格中"可用模板和主题"下选择"空白演示文稿"，如图 6-2 所示，单击"创建"按钮，即可创建一个新的空白演示文稿。

创建空白演示文稿具有最大程度的灵活性，用户可以使用颜色、版式和一些样式特性，充分发挥自己的创造力。

2.　根据模板创建演示文稿

PowerPoint 2010 提供了丰富多彩的设计模板，使用模板创建演示文稿非常方便快捷。用户可以根据系统提供的内置模板创建新的演示文稿，也可以从 Office.com 模板网站上下载所需的模板进行创建，还可以使用已安装到本地驱动器上的模板。

（1）使用内置模板

具体步骤为：单击"文件"选项卡中的"新建"命令，在右侧打开的任务窗格中"可用模板和主题"下选择"样本模板"，此时打开样本模板列表，如图6-3所示，从中选择合适的模板，然后单击"创建"按钮，即可创建一个基于该模板的演示文稿。

图 6-2　"新建"任务窗格

图 6-3　"样本模板"列表

（2）使用Office.com模板网站上的模板

Office.com 的模板网站提供了许多模板，如贺卡、信封、日历等。单击"文件"选项卡中的"新建"命令，在打开的"可用模板和主题"中的"Office.com 模板"下选择所需的模板类型进行下载即可。

（3）使用本机上的模板

单击"文件"选项卡中的"新建"命令，在右侧打开的任务窗格中"可用模板和主题"下选择"我的模板"，在打开的"新建演示文稿"对话框中单击所需的模板，然后单击"确定"按钮即可将该模板应用于演示文稿中。

3. 根据现有演示文稿创建新文稿

"根据现有内容新建"是指利用已经存在的演示文稿，并在此基础上进行进一步编辑加工。需要说明的是，该种方法在直接利用已有的演示文稿创建新的演示文稿的过程中，只是创建了原有演示文稿的副本，不会改变原文件的内容。

在如图 6-2 所示的"新建"任务窗格中选择"根据现有内容新建"，在出现的"根据现有演示文稿新建"对话框中选择适当的演示文稿，即可将选中的演示文稿调入当前的编辑环境。用户只要在此基础上编辑修改，即可在已有的演示文稿基础上创建新演示文稿。

4. 根据主题创建演示文稿

PowerPoint 中不仅提供了模板，还提供了一些主题，用户可以创建基于主题的演示文稿。使用主题创建演示文稿的具体步骤为：单击"文件"选项卡中的"新建"命令，在右侧打开的任务窗格中的"可用模板和主题"下选择"主题"，打开"主题"列表框，如图 6-4 所示。在"主题"列表框中选择合适的主题，然后单击"创建"按钮，即可创建一个基于该主题的演示文稿。

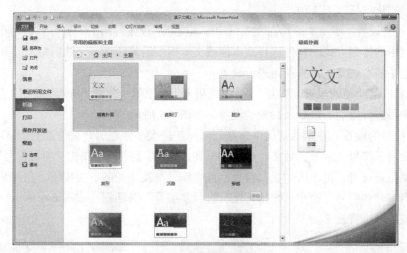

图 6-4　"主题"列表框

6.2　演示文稿的编辑与格式化

6.2.1　幻灯片的基本操作

1. 文本的编辑与格式设置

文本是演示文稿中的重要内容，几乎所有的幻灯片中都有文本内容，在幻灯片中添加文本是制作幻灯片的基础，同时对于输入的文本还要进行必要的格式设置。

（1）文本的输入

在幻灯片中创建文本对象有两种方法。

- 如果用户使用的是带有文本占位符的幻灯片版式，单击文本占位符位置，就可在其中输入文本。

- 如果用户在没有文本占位符的幻灯片版式中添加文本对象，可以选择"插入"选项卡下的"文本"组中的"文本框"按钮，在其下拉列表中选择文字排列方向，然后将鼠标移动到幻灯片中需要插入文本框的位置，按下鼠标进行拖动即可创建一个文本框，然后可在该文本框中输入文本。

（2）文本的格式化

所谓文本的格式化是指对文本的字体、字号、样式及颜色进行必要的设定。通常文本的字体、字号、样式及颜色由当前模板或主题设置和定义，模板或主题作用于每个文本对象或占位符。

在格式化文本之前，必须先选择该文本。若格式化文本对象中的所有文本，先单击文本对象的边框选择文本对象本身及其所包含的全部文本。若格式化某些内容的格式，先拖动鼠标指针选择要修改的文字，使其呈高亮显示，然后执行所需的格式化命令。

利用"开始"选项卡下"字体"组中的有关按钮可以进行文字的格式设置，包括字体、字号、字形、颜色等，还可以单击"字体"组右下角的 按钮，打开"字体"对话框进行设置。

（3）段落的格式化

段落的格式化包括以下 3 种。

- 段落对齐设置。演示文稿均在文本框中输入文字，设置段落的对齐方式，主要是用来调整文本在文本框中的排列方式。首先选择文本框或文本框中的某段文字，然后单击"开始"选项卡下"段落"组中的有关文本对齐按钮进行设置。
- 行距和段落间距的设置。单击"开始"选项卡下"段落"组右下角的 按钮，在弹出的"段落"对话框中可进行段前、段后及行距的设置，如图 6-5 所示。
- 项目符号的设置。在默认情况下，在幻灯片各层次小标题的开头位置上会显示项目符号，为增加或删除项目符号或编号，可在"开始"选项卡下"段落"组中单击"项目符号"或"编号"按钮。若需要重新设置，可单击"项目符号"或"编号"按钮旁的下拉按钮，在打开的下拉列表中选择"项目符号和编号"命令，弹出"项目符号和编号"对话框，如图 6-6 所示，从中可重新对项目符号或编号进行设置。

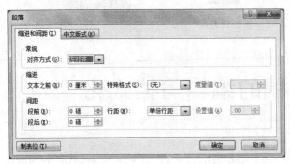

图 6-5 "段落"对话框

图 6-6 "项目符号和编号"对话框

2. 对象及其操作

对象是幻灯片中的基本成分，幻灯片中的对象包括文本对象（标题、项目列表、文字说明等）、可视化对象（图片、剪贴画、图表等）和多媒体对象（视频、声音剪辑等）3 类，各种对象的操作一般都是在幻灯片视图下进行，操作方法也基本相同。

（1）选择或取消对象

对象的选择方法是用鼠标单击对象，对象被选中后四周将成为一个方框，方框上有 8 个控点。对象选择后，其所有的内容都被看作一个整体处理。

当在被选择对象区域外单击鼠标，或选择其他对象时，先选择的对象将被自动取消。

（2）插入对象

为了使幻灯片的内容更加丰富多彩，可以在幻灯片上再增加一个或多个对象。这些对象可以是文本、图形和图片、声音和影片、艺术字、组织结构图、Word 表格、Excel 图表等。

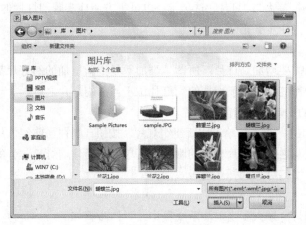

图 6-7　"插入图片"对话框

图 6-8　"形状"下拉列表

① 插入文本框。选择"插入"选项卡下"文本"组中的"文本框"按钮，可在幻灯片合适位置上按鼠标左键拖动添加一个文本框。

② 插入图片。在"插入"选项卡下"图像"组中单击"图片"按钮，弹出"插入图片"对话框，如图 6-7 所示，在该对话框中选择所需的图片，然后单击"插入"按钮即可将选中的图片插入到当前幻灯片中。

③ 插入自选图形。选择"插入"选项卡下"插图"组中的"形状"按钮，打开如图 6-8 所示的下拉列表，从中选择合适的形状，而后在当前幻灯片中拖动鼠标绘制图形。选中绘制好的图形，单击鼠标右键，在弹出的快捷菜单中选择"设置形状格式"命令，打开"设置形状格式"对话框，从中可对图形的填充颜色、线条颜色等效果进行设置。

④ 插入艺术字。在"插入"选项卡下选择"文本"组中的"艺术字"按钮，从打开的下拉列表中选择合适的艺术字样式即可。

⑤ 插入表格和图表。在演示文稿中还可以插入表格和图表，使数据更加直观：选择"插入"选项卡下"表格"组中的"表格"按钮，在打开的下拉列表中可设置插入表格的行、列数，也可以插入 Excel 电子表格；选择"插入"选项卡下"插图"组中的"图表"按钮，在打开的"插入图表"对话框中选择所需的图表类型，然后单击"确定"按钮。

⑥ 插入音频和视频。详见 6.3.5 小节。

（3）设置对象的格式

插入对象后，还可以对其进行格式设置，设置的方法为：选中需要设置格式的对象，则功能区上增加"图片工具"中的"格式"选项卡或"绘图工具"中的"格式"选项卡，从中可对对象的大小、样式等格式进行设置。

3. 幻灯片的操作

（1）选择幻灯片

在对幻灯片编辑之前，首先要选择进行操作的幻灯片。在幻灯片浏览视图中可很方便地选择幻灯片，如果是选择单张幻灯片，用鼠标单击它即可。如果希望选择连续的多张幻灯片，先选中第一张，然后按住【Shift】键单击要选中的最后一张，就可以完成多张连续幻灯片的选择。如果希望选择不连续的多张幻灯片，可先选中第一张，然后按住【Ctrl】键单击其他不连续的幻灯片即可。

另外，在普通视图下的任务窗格中选择"幻灯片"选项卡，也可很方便地实现幻灯片的选择，其操作方法与在幻灯片浏览视图中的操作步骤相同。

（2）添加与插入幻灯片

当建立了一个演示文稿后，常常需要增加幻灯片。所谓"添加"是把新增加的幻灯片都排在已有幻灯片的最后面；而"插入"操作的结果是新增加的幻灯片位于当前幻灯片之后。

① 选择一张幻灯片，即被选中的幻灯片为当前幻灯片。

② 在"开始"选项卡下的"幻灯片"组中，单击"新建幻灯片"按钮，则在当前幻灯片后插入了一张新的幻灯片，该幻灯片具有与之前幻灯片相同的版式。若单击"新建幻灯片"旁的下拉按钮，则可在打开的下拉列表中为新增幻灯片选择新的版式。

（3）重用幻灯片

可将已有的其他演示文稿中的幻灯片插入到当前演示文稿中，具体步骤如下。

① 在当前演示文稿中选定一张幻灯片，则其他幻灯片将插入到该幻灯片之后。

② 选择"开始"选项卡，在"幻灯片"组中单击"新建幻灯片"下拉按钮，在打开的下拉列表中选择"重用幻灯片"命令，此时可打开"重用幻灯片"任务窗格，如图6-9（a）所示。

③ 单击"浏览"按钮，在其下拉列表中列出了"浏览幻灯片库"和"浏览其他文件"两个命令，可用于选择使用的幻灯片来自幻灯片库或其他演示文稿。选择"浏览其他文件"，则打开"浏览"对话框，从中选择要使用的文件，然后单击"打开"按钮。这时"重用幻灯片"窗格中列出了该文件中的所有幻灯片，如图6-9（b）所示。单击要使用的幻灯片即可将该幻灯片插入到当前幻灯片之后。若选中"保留源格式"复选框，则插入的幻灯片保留其原有格式。

（a）

（b）

图6-9 "重用幻灯片"任务窗格

（4）删除幻灯片

选中待删除的幻灯片，直接按【Delete】键，或单击鼠标右键，在弹出的快捷菜单中选择"删除幻灯片"命令，该幻灯片立即就被删除了，后面的幻灯片会自动向前排列。

（5）复制幻灯片

幻灯片的复制有3种方法，在复制之前，首先需选定待复制的幻灯片。

· 使用"复制"和"粘贴"命令复制幻灯片。

- 使用"插入"选项卡下"幻灯片"组中的"新建幻灯片"按钮。单击"新建幻灯片"按钮旁的下拉按钮，在打开的下拉列表中选择"复制所选幻灯片"即可。
- 使用鼠标拖放复制幻灯片。

选中要复制的幻灯片，按下【Ctrl】键并同时按住鼠标拖动，移动到指定位置后松开鼠标再松开【Ctrl】键即可将选中幻灯片复制到新的位置。

（6）重新排列幻灯片的次序

在幻灯片浏览视图中或普通视图的幻灯片选项卡下，单击要改变次序的幻灯片，该幻灯片的外框出现一个粗的边框，用鼠标拖动该幻灯片到新位置，松开鼠标，就把幻灯片移动到新的位置上了。此外，也可以利用"剪切"和"粘贴"命令来移动幻灯片。

6.2.2　幻灯片的外观设计

PowerPoint 2010 的一大特色就是可以使演示文稿的所有幻灯片具有一致的外观。控制幻灯片外观的方法有 4 种：母版、主题、背景及幻灯片版式。

1. 使用母版

母版用于设置演示文稿中每张幻灯片的预设格式。这些格式包括每张幻灯片标题及正文文字的位置和大小、项目符号的样式、背景图案等。

母版可以分成 3 类：幻灯片母版、讲义母版和备注母版。

（1）幻灯片母版

幻灯片母版是所有母版的基础，控制演示文稿中所有幻灯片的默认外观。选择"视图"选项卡下"母版视图"组中的"幻灯片母版"命令，就进入了"幻灯片母版"视图，如图 6-10 所示。在左侧窗格中幻灯片母版以缩略图的方式显示，下面列出了与上面的幻灯片母版相关联的幻灯片版式，对幻灯片母版上文本格式的编辑会影响这些版式中的占位符格式。

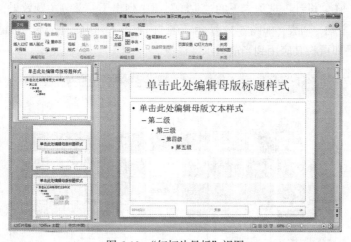

图 6-10 "幻灯片母板"视图

幻灯片母版中有 5 个占位符，即标题区、文本区、日期区、页脚区、编号区。修改占位符可以影响所有基于该母版的幻灯片。对幻灯片母版的编辑包括以下几个方面。

① 编辑母版标题样式：在幻灯片母版中选择对应的标题占位符或文本占位符，可以设置字体格式、段落格式、项目符号与编号等。

② 设置页眉、页脚和幻灯片编号：如果希望对页脚占位符进行修改，可以在幻灯片母版状

态选择"插入"选项卡下"文本"组中的"页眉页脚"命令，这时打开"页眉和页脚"对话框，如图6-11所示。在"幻灯片"选项卡中选中"日期和时间"复选框，表示在幻灯片的"日期区"显示日期和时间；若选择了"自动更新"单选按钮，则时间域会随着制作日期和时间的变化而改变。选中"幻灯片编号"复选框，则每张幻灯片上将增加编号。选中"页脚"复选框，并在页脚区输入内容，可作为每一页的注释。

图6-11　"页眉和页脚"对话框

③ 向母版插入对象：要使每一张幻灯片都出现某个对象，可以向母版中插入该对象。例如，在某个演示文稿的幻灯片母版中插入一个剪贴画，则每一张幻灯片（除了标题幻灯片外）都会自动拥有该对象。

完成对幻灯片母版的编辑后，单击"视图"选项卡下"关闭"组中的"关闭母版视图"按钮，则可返回原视图方式。

（2）讲义母版和备注母版

除了幻灯片母版外，PowerPoint的母版还有讲义母版和备注母版。讲义母版用于控制幻灯片以讲义形式打印的格式，如页面设置、讲义方向、幻灯片方向、每页幻灯片数量等。还可增加日期、页码（并非幻灯片编号）、页眉、页脚等。

备注母版用来格式化演示者备注页面，以控制备注页的版式和文字的格式。

2. 应用主题

应用主题可以使演示文稿中的每一张幻灯片都具有统一的风格，如色调、字体格式及效果等。在PowerPoint中提供了多种内置的主题，用户可以直接进行选择，还可以根据需要分别设置不同的主题颜色、主题字体和主题效果等。

（1）应用内置主题效果

操作步骤为：在"设计"选项卡下的"主题"组中列出了一部分主题效果，单击"其他"按钮，打开"所有主题"列表，如图6-12所示。在"内置"下列出了PowerPoint提供的所有主题，从中选择一种效果即可将其应用到当前演示文稿中。

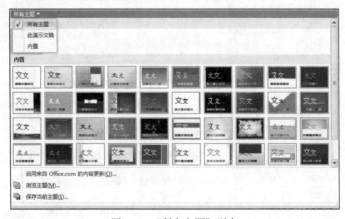

图6-12　"所有主题"列表

（2）自定义主题效果

除了PowerPoint内置的主题效果外，用户还可根据需要对主题的颜色、字体、效果进行更改。例如，若要对主题的颜色进行修改，具体操作步骤如下。

① 单击"设计"选项卡下"主题"组中的"颜色"按钮，在打开的下拉列表中列出了各个主题效果的配色方案及名称，如图 6-13 所示。这些配色方案是用于演示文稿的 8 种协调色的集合，包括文本、背景、填充、强调文字所用的颜色等。方案中的每种颜色都会自动用于幻灯片上的不同组件。

② 单击"新建主题颜色"命令，打开"新建主题颜色"对话框，如图 6-14 所示。该对话框中，主题颜色包含 12 种颜色方案，前 4 种颜色用于文本和背景，后面 6 种为强调文字颜色，最后两种颜色为超链接和已访问的超链接。

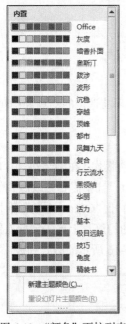

图 6-13　"颜色"下拉列表

图 6-14　"新建主题颜色"对话框

③ 单击需要修改的颜色块后的下拉按钮，可对该颜色进行更改。然后在"名称"文本框中输入主题颜色的名称，单击"保存"按钮，可对该自定义配色方案进行保存，同时将该配色方案应用到演示文稿中。这样，当再次单击"颜色"按钮时，已保存过的主题颜色名称就会出现在其下拉列表中。

3. 设置幻灯片背景

利用 PowerPoint 的"背景样式"功能，可自己设计幻灯片背景颜色或填充效果，并将其应用于演示文稿中指定或所有的幻灯片。

为幻灯片设置背景颜色的具体操作步骤如下。

① 选中需要设置背景颜色的一张或多张幻灯片。

② 选择"设计"选项卡，单击"背景"组中的"背景样式"命令，或者单击"背景"组右下角的▣按钮，或者在要设置背景颜色的幻灯片中任意位置（占位符除外）右击，然后在弹出的快捷菜单中选择"设置背景格式"命令。不论采用哪种方法，都将打开"设置背景格式"对话框，如图 6-15 所示。

③ 在左侧窗格中选择"填充"，在右侧的列表框中选择所需的背景设置，如单击"渐变填充"单选按钮，则可以进行预设效果的设置。单击"图片或纹理填充"单选按钮，可为幻灯片设置纹理效果或将某一图片文件作为背景。

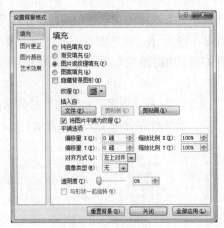

图 6-15　"设置背景格式"

④ 完成上述操作后，单击"关闭"按钮只将背景格式应用于当前选定的幻灯片；如果单击"全部应用"按钮，则将背景格式应用于演示文稿中的所有幻灯片。

4. 使用幻灯片版式

在创建新幻灯片时，可以使用 PowerPoint 2010 的幻灯片自动版式。在创建幻灯片后，如果发现版式不合适，也还可以更改该版式。更改幻灯片版式的方法为：选中需要修改版式的幻灯片，然后单击"开始"选项卡下"幻灯片"组中的"版式"按钮，打开"Office 主题"下拉列表，如图 6-16 所示，从中选择想要的版式即可。或者在需要修改版式的幻灯片上单击鼠标右键，在弹出的快捷菜单中选择"版式"命令，在其级联菜单中列出了如图 6-16 所示的版式列表。

图 6-16　"Office 主题"列表

6.3　幻灯片的放映设置

幻灯片的放映设置包括设置动画效果、切换效果、放映时间等。在放映幻灯片时设置动画效果或切换效果，可以吸引观众的注意力，突出重点。如果使用得当，动画效果将带来典雅、趣味和惊奇。

6.3.1 设置动画效果

PowerPoint 提供了动画功能，利用动画可为幻灯片上的文本、图片或其他对象设置出现的方式、出现的先后顺序及声音效果等。

1. 为对象设置动画效果

使用"动画"选项卡可对幻灯片上的对象应用、更改或删除动画。具体操作步骤如下。

① 在幻灯片中选定要设置动画效果的对象，选择"动画"选项卡，在"动画"组中列出了多种动画效果，单击按钮，在打开的列表中列出了更多的动画选项，如图 6-17 所示。这里的动画选项包括"进入""强调""退出"和"动作路径"4 类，每类中又包含了不同的效果。

"进入"指使对象以某种效果进入幻灯片放映演示文稿；"强调"指为已出现在幻灯片上的对象添加某种效果进行强调；"退出"即为对象添加某种效果以使其在某一时刻以该种效果离开幻灯片；"动作路径"指为对象添加某种效果以使其按照指定的路径移动。

若单击"更多进入效果""更多强调效果"等命令，则可以得到更多不同类型的效果。图 6-18 所示为选择"更多进入效果"后打开的对话框，其中包括"基本型""细微型""温和型"和"华丽型"效果。对同一个对象不仅可同时设置上述 4 类动画效果，而且还可对其设置多种不同的"强调"效果。

图 6-17　动画效果

图 6-18　"更改进入效果"对话框

② 在幻灯片中选定一个对象，单击"动画"组中的"效果选项"命令，可设置动画进入的方向。注意"效果选项"下拉列表中的内容会随着添加的动画效果的不同而变化，如添加的动画效果是"进入"中的"百叶窗"，则"效果选项"中显示为"垂直"和"水平"。

③ 在"动画"选项卡下"计时"组中的"开始"下拉列表中可以选择开始播放动画的方式。"开始"下拉列表框中有 3 种选择。

- 单击时：当鼠标单击时开始播放该动画效果。
- 与上一动画同时：在上一项动画开始的同时自动播放该动画效果。
- 上一动画之后：在上一项动画结束后自动开始播放该动画效果。

用户应根据幻灯片中的对象数量和放映方式选择动画效果开始的时间。

在"持续时间"框中可指定动画的长度，在"延迟"框中指定经过几秒后播放动画。

④ 单击"动画"选项卡下的"预览"按钮，则设置的动画效果将在幻灯片区自动播放，用来观察设置的效果。

2. 效果列表和效果标号

当对一张幻灯片中的多个对象设置了动画效果后，有时需要重新设置动画的出现顺序，此时可利用"动画窗格"实现。

单击"动画"选项卡下"高级"组中的"动画窗格"命令，则会出现"动画窗格"任务窗格，如图6-19所示。

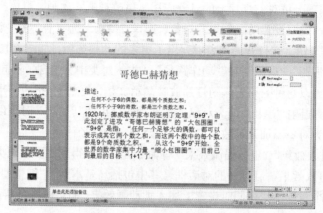

图6-19 "动画窗格"任务窗格

在"动画窗格"中有该幻灯片中的所有对象的动画效果列表，各个对象按添加动画的顺序从上到下依次列出，并显示有标号。通常该标号从1开始，但当第一个添加动画效果的对象的开始效果设置为"与上一动画同时"或"上一动画之后"时，则该标号从0开始。设置了动画效果的对象也会在幻灯片上标注出非打印编号标记，该标记位于对象的左上方，对应于列表中的效果标号。注意，在幻灯片放映视图中并不显示该标记。

3. 设置效果选项

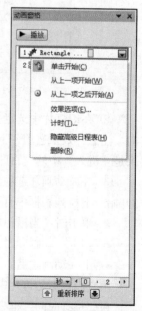

单击动画效果列表中任意一项，则在该效果的右端会出现一个下拉按钮，单击该按钮会出现一个下拉列表，如图6-20所示。该列表的前3项对应于"计时"组中"开始"下拉列表中的3项：可以选择"单击开始""从上一项开始"或"从上一项之后开始"。对于包含多个段落的占位符，该选项将作用于所有的子段落。在列表中选择"效果选项"命令，则会打开一个含有"效果""计时""正文文本动画"3个选项卡的对话框。在该对话框中可以对效果的各项进行详细设置。由于不同的动画效果具体的设置是不同的，所以选择不同的效果出现的对话框也不一样。另外，单击"动画"组右下角的 按钮，也可打开相同的对话框。

6.3.2 设置切换效果

幻灯片间的切换效果是指演示文稿播放过程中，幻灯片进入和离开屏幕时产生的视觉效果，也就是让幻灯片以动画方式放映的特殊效果。PowerPoint提供了多种切换效果，在演示文稿制作过程中，可以为每一张幻灯片设计不同的切换效果，也可以为一组幻灯片设计相同的切换效果。具体操作步骤如下。

图6-20 设置效果选项

① 在演示文稿中选定要设置切换效果的幻灯片。

② 选择"切换"选项卡，单击"切换到此幻灯片"组右侧的"其他"按钮 ⬚，可打开如图 6-21 所示的列表框，在该列表框中列出了各种不同类型的切换效果。

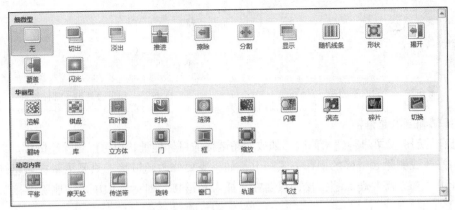

图 6-21　幻灯片切换效果列表框

③ 在幻灯片切换效果列表框中选择一种切换效果，如"华丽型"中的"百叶窗"。

④ 单击"效果选项"按钮，可从中选择切换的效果，如"垂直"或"水平"。

⑤ 在"计时"选项组中可设置换片方式，即一张幻灯片切换到下一张幻灯片的方式。选中"单击鼠标时"复选框，则在单击鼠标时出现下一张幻灯片；选中"设置自动换片时间"复选框，则在一定时间后自动出现下一张幻灯片。另外，在"声音"下拉列表中选择幻灯片切换时播放的声音效果。

⑥ 单击"全部应用"命令，即可将设置的切换效果应用于演示文稿中的所有幻灯片。否则，只应用于当前选定的幻灯片。

6.3.3　演示文稿中的超链接

PowerPoint 2010 提供了"超链接"功能，在制作演示文稿时为幻灯片对象创建超链接，并将链接目的地指向其他地方。PowerPoint 2010 超链接不仅支持在同一演示文稿中的各幻灯片间进行跳转，还可以跳转到其他演示文稿、Word 文档、Excel 电子表格、某个 URL 地址等。利用超链接功能，可以使幻灯片的放映更加灵活，内容更加丰富。

1．为幻灯片中的对象设置超链接

为幻灯片中的对象设置超链接的操作步骤如下。

① 在幻灯片视图下选择要设置超链接的对象，然后选择"插入"选项卡下"链接"组中的"超链接"命令，打开"插入超链接"对话框，如图 6-22 所示。

② 若要链接到某个文件或网页，可在"链接到"列表框下选择"现有文件或网页"，然后在"地址"文本框中输入超链接的目标地址；若要链接到本文件内的某一张幻灯片，可在"链接到"列表框下选择"本文档中的位置"，然后选择文档中的目标幻灯片；若要链接到某一电子邮件地址，可单击"链接到"列表框下的"电子邮件地址"命令，然后在出现的右侧窗格中的"电子邮件地址"文本框中输入邮件地址，如图 6-23 所示。

③ 单击"确定"按钮则完成了超链接。在幻灯片放映视图中，当用鼠标单击该对象时，则会链接到目标地址。

图 6-22 "插入超链接"对话框

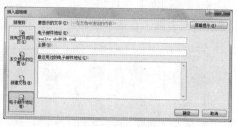

图 6-23 超链接到电子邮件地址

2. 编辑和删除超链接

对已有的超链接可进行编辑修改，如改变超链接的目标地址，也可以删除超链接。

编辑修改或删除超链接的操作方式同上，如果需要修改超链接，只要重新选择超链接的目标地址即可；如果需要删除超链接，只要在"插入超链接"对话框中单击"删除链接"命令按钮即可。

3. 动作按钮的使用

PowerPoint 2010 提供了一组代表一定含义的动作按钮，为使演示文稿的交互界面更加友好，用户可以在幻灯片上插入各式各样的交互按钮，并像其他对象一样为这些按钮设置超链接。这样，在幻灯片放映过程中，可以通过这些按钮在不同的幻灯片间跳转，也可以播放图像、声音等文件，还可以用它启动应用程序或链接到 Internet 上。

在幻灯片上插入动作按钮的具体步骤如下。

① 选择需要插入动作按钮的幻灯片。

② 单击"插入"选项卡下"插图"组中的"形状"按钮，在打开的下拉列表中的"动作按钮"区中选择所需的按钮，将鼠标移到幻灯片中要放置该动作按钮的位置，按下鼠标左键并拖动鼠标，直到动作按钮的大小符合要求为止。此时，系统自动打开"动作设置"对话框，如图 6-24 所示。

③ 在对话框中有"单击鼠标"选项卡和"鼠标移过"选项卡。"单击鼠标"选项卡设置的超链接是通过鼠标单击动作按钮时发生跳转；而"鼠标移过"选项卡设置的超链接则是通过鼠标移过动作按钮时跳转的，一般鼠标移过方式适用于提示、播放声音或影片。

④ 无论在哪个选项卡中，当选择"超链接到"单选按钮后，都可以在其下拉列表框中选择跳转目的地，如图 6-25 所示。选择的跳转目的地既可以是当前演示文稿中的其他幻灯片，也可以是其他演示文稿或其他文件，或是某一个 URL 地址。选中"播放声音"复选框，在其下拉列表中可选择对应的声音效果。

图 6-24 "动作设置"对话框

图 6-25 超链接

⑤ 最后单击"确定"按钮。

如果给文本对象设置了超链接，代表超链接的文本会自动添加下画线，并显示成所选主题颜色所指定的颜色。需要说明的是，超链接只在"幻灯片放映"时才会起作用，在其他视图中处理演示文稿时不会起作用。

4．为对象设置动作

除了可以对动作按钮设置动作外，还可以对幻灯片上的其他对象进行动作设置。当为对象设置动作后，当鼠标单击或移过该对象时，可以像动作按钮一样执行指定的动作。

设置方法为：首先选择幻灯片，然后在幻灯片中选定要设置动作的对象，选择"插入"选项卡，单击"链接"组中的"动作"命令，则打开如图 6-24 所示的"动作设置"对话框，从中可进行类似动作按钮的设置。

6.3.4　在幻灯片中运用多媒体技术

不仅可以在幻灯片中插入图片、图像等，也可以插入音频或视频等媒体对象。在放映幻灯片时，可以将媒体对象设置为在显示幻灯片时自动开始播放、在单击鼠标时开始播放或播放演示文稿中的所有幻灯片，甚至可以循环连续播放媒体直至停止播放。

1．在幻灯片中插入视频

幻灯片中的视频可以来自剪辑库中，也可以来自网络或文件。具体操作步骤如下。

① 选择"插入"选项卡下"媒体"组中的"视频"命令，在其下拉列表中可选择"剪贴画视频"命令，打开"剪贴画"任务窗格，如图 6-26（a）所示。在"结果类型"中选择一种媒体文件类型，然后在文件列表中选中一个剪辑文件，即可将其插入到当前幻灯片中。

② 选择"插入"选项卡下"媒体"组中的"视频"命令，在其下拉列表中可选择"文件中的视频"命令，打开"插入视频文件"对话框，如图 6-26（b）所示。从中选择要插入的影片文件，然后单击"插入"按钮即可在当前幻灯片中插入视频图像。

（a）"剪贴画"任务窗格　　　　　　　　（b）"插入视频文件"对话框

图 6-26　插入视频

选中插入的视频对象，在功能区将显示"视频工具"中的"格式"和"播放"选项卡。单击"播放"选项卡，可在"视频选项"组中可设置"音量""开始"方式等。当放映幻灯片时，会按照已设置的方式来播放该视频对象。

2. 在幻灯片中插入音频

同样，在幻灯片中也可插入音频对象，音频可以来自剪辑库中，也可以来自其他文件。例如，要在幻灯片中插入来自文件的音频文件，操作方法如下。

① 选择"插入"选项卡下"媒体"组中的"音频"命令，在其下拉列表中选择"文件中的音频"命令，打开"插入音频"对话框。

② 在该对话框中选择要插入的音频文件，然后单击"插入"按钮。

③ 在功能区中的"视频工具"选择"播放"选项卡，在"视频选项"组中可根据需要设置"音量""开始"方式等选项。例如，若选中"循环播放，直到停止"复选框，则音乐循环播放，直到幻灯片放映停止。

插入音频的幻灯片上将显示音频剪辑图标⑴，单击该图标，还可在幻灯片上预览音频对象。

3. 设置幻灯片放映时播放音频或视频的效果

声音或动画插入幻灯片后，如果需要，可以更改幻灯片放映时音频或视频的播放效果、播放计时及音频或视频的设置。具体操作步骤如下。

① 选中幻灯片中要设置效果选项的音频或视频对象。

② 选择"动画"选项卡，然后单击"动画"组右下角的图按钮，根据媒体对象的不同，打开的对话框有所不同，可以是"播放音频"对话框（如图 6-27 所示），也可以是"暂停视频"对话框（如图 6-28 所示）。或在动画窗格中选中要设置的音频或视频对象，在下拉列表中选中"效果选项"选项，均可打开上述对话框。

③ 在"效果"选项卡中可以设置包括如何开始播放、如何结束播放及声音增强方式等；在"计时"选项卡中可以设置"开始""延迟"等时间；在"音频设置"或"视频设置"选项卡中可以设置音量、幻灯片放映时是否隐藏图标等。

图 6-27 "播放音频"对话框

图 6-28 "暂停视频"对话框

6.4 演示文稿的放映

随着计算机应用水平的日益发展，电子幻灯片已经逐渐取代了传统的 35 mm 幻灯片。电子幻灯片放映的最大特点在于为幻灯片设置了各种各样的切换方式、动画效果，根据演示文稿的性质不同，设置的放映方式也可以不同，并且由于在演示文稿中加入了视频、音频等效果使演示文稿更加美妙动人，更能吸引观众的注意力。

6.4.1　设置放映方式

在幻灯片放映前可以根据使用者的不同，通过设置放映方式满足各自的需要。选择"幻灯片放映"选项卡下"放映"组中的"设置幻灯片放映"命令，就可以打开"设置放映方式"对话框，如图 6-29 所示。

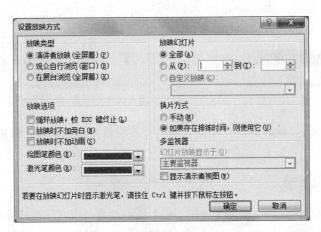

图 6-29　"设置放映方式"对话框

在对话框的"放映类型"选项组中，有 3 种放映的方式。

* 演讲者放映（全屏幕）：以全屏幕形式显示，可以通过快捷菜单或【PageDown】键、【PageUp】键显示不同的幻灯片；提供了绘图笔进行勾画。

* 观众自行浏览（窗口）：以窗口形式显示，可以利用状态栏上的"上一张"或"下一张"按钮进行浏览，或单击"菜单"按钮，在打开的菜单中浏览所需幻灯片；还可以利用该菜单中的"复制幻灯片"命令将当前幻灯片复制到 Windows 的剪贴板上。

* 在展台浏览（全屏幕）：以全屏形式在展台上做演示，在放映过程中，除了保留鼠标指针用于选择屏幕对象外，其余功能全部失效（连终止也要按【Esc】键），因为此时不需要现场修改，也不需要提供额外功能，以免破坏演示画面。

在对话框的"放映选项"选项组中，也提供了 3 种放映选项。

* 循环放映，按【Esc】键终止：在放映过程中，当最后一张幻灯片放映结束后，会自动跳转到第一张幻灯片继续播放，按【Esc】键则终止放映。

* 放映时不加旁白：在放映幻灯片的过程中不播放任何旁白。

* 放映时不加动画：在放映幻灯片的过程中，先前设定的动画效果将不起作用。

6.4.2　设置放映时间

除了利用"切换"选项卡下"计时"组中的"设置自动换片时间"复选框右侧的微调框中设置幻灯片的放映时间外，还可以通过"幻灯片放映"选项卡下"设置"组中的"排练计时"命令来设置幻灯片的放映时间。具体操作步骤如下。

① 在演示文稿中选定要设置放映时间的幻灯片。

② 选择"幻灯片放映"选项卡下"设置"组中的"排练计时"命令，系统自动切换到幻灯片放映视图，同时打开"录制"工具栏，如图 6-30 所示。

③ 此时，用户按照自己总体的放映规划和需求，依次放映演示文稿中的幻灯片，在放映过程中，"录制"工具栏对每一个幻灯片的放映时间和总放映时间进行自动计时。

④ 当放映结束后，弹出预演时间的提示框，并提示是否保留幻灯片的排练时间，如图 6-31 所示，单击"是"按钮。

⑤ 此时系统自动切换到浏览窗格视图，并在每个幻灯片图标的左下角给出幻灯片的放映时间。

图 6-30 "录制"工具栏

图 6-31 提示是否保留排练时间对话框

至此，演示文稿的放映时间设置完成，以后再放映该演示文稿时，将按照这次的设置自动放映。

6.4.3 使用画笔

在演示文稿放映与讲解的过程中，对于文稿中的一些重点内容，有时需要勾画一下，以突出重点，引起观看者的注意。为此，PowerPoint 提供了"画笔"的功能，可以在放映过程中随意在屏幕上勾画、标注重点内容。

在放映的幻灯片上右击，在弹出的快捷菜单上选择"指针选项"命令，弹出如图 6-32 所示的级联菜单，其常用命令如下。

① 选择"笔"命令，可以画出较细的线形。

② 选择"荧光笔"命令，可以为文字涂上荧光底色，加强和突出该段文字。

③ 选择"橡皮擦"命令，可以将画线擦除掉。

④ 选择"擦除幻灯片上的所有墨迹"命令，可以清除当前幻灯片上的所有画线墨迹等，使幻灯片恢复清洁。

⑤ 选择"墨迹颜色"命令，可以为画笔设置一种新的颜色。

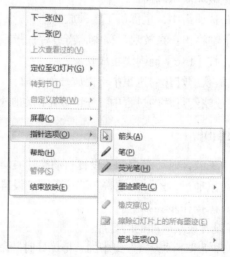

图 6-32 "画笔"功能

6.4.4 演示文稿放映和打包演示文稿

1. 演示文稿放映

打开演示文稿后，启动幻灯片放映常用以下 3 种方法。

* 选择视图切换按钮中的"幻灯片放映"命令或菜单中的"观看放映"命令。
* 选择"幻灯片放映"选项卡下"开始放映幻灯片"组中的"从头开始"或"从当前幻灯片开始"按钮。
* 按【F5】键从第一张开始放映，按【Shift】+【F5】组合键从当前幻灯片开始放映。

2. 打包演示文稿

制作好的演示文稿可以复制到需要演示的计算机中进行放映，但是要保证演示的计算机安装有 PowcrPoint 2010 环境。如果需要脱离 PowerPoint 2010 环境放映演示文稿，可以将演示文稿打包后再放映。

（1）打包演示文稿

打包演示文稿的操作步骤如下。

① 打开需要打包的演示文稿。

② 选择"文件"选项卡中的"保存并发送"命令，在打开的右侧窗格中选择"将演示文稿打包成 CD"命令，打开如图 6-33 所示的"打包成 CD"对话框。

③ 单击"选项"按钮，打开如图 6-34 所示的"选项"对话框。

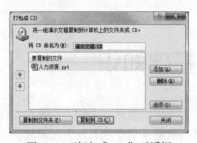

图 6-33 "打包成 CD"对话框

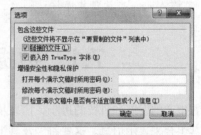

图 6-34 "选项"对话框

在"包含这些文件"选项组中根据需要选中相应的复选框。

* 如果选中"链接的文件"复选框，则在打包的演示文稿中含有链接关系的文件。
* 如果选中"嵌入的 TrueType 字体"复选框，则在打包演示文稿时，可以确保在其他计算机上看到正确的字体。如果需要对打包的演示文稿进行密码保护，可以在"打开每个演示文稿时所用密码"文本框中输入密码，用来保护文件。

④ 单击"确定"按钮，返回到"打包成 CD"对话框。

⑤ 单击"复制到文件夹"按钮，可以将打包文件保存到指定的文件夹中；单击"复制到 CD"按钮，则直接将演示文稿打包到光盘中。

（2）运行打包文件

要想运行打包文件，只要在光盘或打包所在的文件夹里面双击 play.bat 文件就可以了。

第 7 章

数据库基础及其工具软件 Access 2010

计算机科学的飞速发展为信息处理提供了强有力的工具和手段，20 世纪 60 年代末发展起来的数据库技术为信息处理开拓了广阔的前景。数据库将大量数据结构化地组织在一起，从而快速、方便地提供用户所需信息，是最强有力的计算机信息处理技术。本章主要介绍数据库的基础知识、中文 Access 的基本概念和基本使用方法。

学习目标

- 了解数据库的基础知识。
- 掌握 Access 数据库的创建。
- 了解 Access 表的概念，学习 Access 表的操作。
- 了解 Access 查询及其操作。

7.1　数据库的基础知识

随着生产的发展和科技的进步，信息量急剧增加。为了记载信息，人们使用各种各样的物理符号及其组合来表示信息。这些符号及其组合就是数据。数据是信息的具体表示形式，它可以是数字、字符、声音、图形、图像、视频等多种形式。

有了数据就产生了数据管理问题。数据管理就是对各种类型的数据进行收集、存储、分类、计算、检索、排序、合并及制表、制图、输出与传送的过程，也称为信息处理，目的是使信息资源得到合理和充分的利用。

7.1.1　计算机数据管理技术

使用计算机进行数据管理的系统称为计算机数据管理系统。计算机数据管理经历了人工管理方式、文件系统管理方式和数据库管理方式 3 个阶段。

1. 人工管理方式

在计算机用于数据管理的初期，管理数据由程序员个人完成，数据的管理水平取决于程序员个人的技巧。数据和程序混为一体，数据不能长期保存，没有专门的软件系统对数据进行管理，是数据的自由管理方式。

2. 文件系统管理方式

当计算机操作系统中包含有文件系统以后，将数据组织成文件的形式进行管理，从而使得计算机数据管理技术得到了极大改善。当数据被组织成文件之后，就可以离开它的程序而独立存在。每个文件都有一个文件标识，由文件管理系统对文件进行管理，应用程序通过文件管理系统建立、维护和使用文件。目前，文件系统仍然是一种较为广泛使用的数据管理方法，但存在着冗余度大、空间浪费及文件不易扩充等缺点，并且不能充分反映客观事物之间广泛存在的联系。

3. 数据库管理方式

为克服文件系统管理方式的不足，使用数据库对数据实行统一、集中、独立的管理，解决了冗余，实现了数据的独立性和数据共享。数据库是存储在计算机内的具有一定结构的数据的集合，即根据数据之间的逻辑关系来存储数据，对数据进行结构化。用户和应用程序通过专门的数据库管理软件，即数据库管理系统，对数据库进行操作。这是计算机最强有力的数据管理技术。

7.1.2　数据模型

数据库系统中的数据，不仅要描述客观事物，还要反映出客观事物之间的相互联系。各个数据对象以及它们之间存在的相互关系的集合，称为数据模型。采用什么样的数据模型构造数据库，决定了数据库的设计方法。当前较为流行的数据模型有 3 种，即层次模型、网状模型和关系模型。

1. 层次模型

层次模型的结构是树形结构，其特点为：有且只有一个根结点，其层次最高。一个父结点向下可有若干个子结点，而子结点向上只能有一个父结点。

树的结点是实体，存储数据；树的枝是联系，反映数据之间的关系。层次模型描述的是一对多的关系，例如，文件系统的树形目录结构就是一个层次模型。

2. 网状模型

网状模型描述的是一种多对多的关系，其特点为：至少有一个结点有多于一个的父结点，可以有一个以上的结点无父结点。

3. 关系模型

关系模型是把每一个实体集合用二维表的形式表示出来，表 7-1 就是一张表示学生信息的二维表。表中每一列为一个基本数据项，称为字段，描述了实体的某项属性，存放着同一类型的数据，并且有名称，称为字段名。例如，"姓名"字段存放所有学生的姓名，是字符型的。表中每一行为一条记录，由表中所有字段的一组具体值组成，描述了某一个个体的情况，这里一条记录描述了一个学生的信息。

关系模型简单明了，是一种非常实用的数据模型，目前广泛使用的就是关系型数据库系统。

表 7-1　　　　　　　　　　　　　　　　　学生信息

学号	姓名	性别	班级	出生日期	民族	政治面目	籍贯	高考总分
055001	胡韩斌	男	数学 051	1987-3-29	汉族	共青团员	山东省平度市	623
055002	李彦航	男	数学 051	1986-3-8	汉族	共青团员	河北省邢台市	574
055007	彭旭东	女	数学 051	1987-1-1	汉族	共青团员	河北省石家庄市	581
055029	滕志涛	男	数学 051	1987-1-16	汉族	共青团员	江苏省无锡市	566
055030	温志伟	男	数学 051	1986-9-15	汉族	共青团员	甘肃省甘州区	559

续表

学号	姓名	性别	班级	出生日期	民族	政治面目	籍贯	高考总分
055031	张原震	女	数学 052	1986-1-21	汉族	中共党员	河北省唐山市	574
055032	崔 颖	女	数学 052	1988-6-17	汉族	共青团员	河北省邢台市	577
055033	杜洪芳	女	数学 052	1987-10-27	汉族	共青团员	湖南省桃源县	555
055034	樊 硕	男	数学 052	1987-1-10	汉族	共青团员	天津市河西区	484
055054	方翠云	女	数学 052	1984-12-15	汉族	共青团员	河北省廊坊市	573
…	…	…	…	…	…	…	…	…

7.1.3　数据库系统

数据库系统（DataBase System，DBS）就是引入了数据库后的计算机系统。在计算机系统本身应有的硬件、软件基础上，再加上数据库管理系统、数据库、数据库管理员、用户和应用程序及其开发工具就构成了数据库系统，如图 7-1 所示。

1. 数据库

数据库是指以文件形式长期保存在计算机的存储介质中，具有一定结构、可共享的数据集合。数据库的数据按一定的数据模型来组织、描述和存储，具有较小的冗余度、较高的独立性，对数据库的任何操作都要由数据库管理系统来完成。

图 7-1　数据库系统的组成

例如，可以为通信录建立一个数据库，其中存放相关人员的姓名、手机号、电话、地址、E-mail 地址及其他信息。学校一般都建有学生信息管理系统，其中的数据库存放了学生的基本信息、课程情况及成绩等信息。

2. 数据库管理系统

数据库管理系统（DataBase Management System，DBMS）是数据库系统的核心，是建立、使用和维护数据库的软件系统。

数据库管理系统对数据库进行统一管理，数据的插入、修改和检索等所有操作均要通过数据库管理系统进行。数据库管理系统是一种系统软件，它的主要功能是维护数据库并有效地访问数据库中任意部分的数据，并保持数据的完整性、一致性和安全性。

目前广泛使用的关系型数据库管理系统有：Microsoft Access、Microsoft SQL Server、Oracle 和 DB2 等。

3. 数据库管理员

数据库管理员（DataBase Administrator，DBA）负责创建、监控和维护整个数据库，使数据能被任何有权使用的人有效使用。数据库管理员的主要工作是：根据用户需求设计、建立并必要时修改数据库；控制和监控用户对数据库的存取访问以维护数据库的安全性；制定数据库备份计划，维护适当介质上的存档或备份数据；当灾难出现时，如存储数据的硬盘被损坏，能对数据库信息进行恢复；负责监控和优化数据库的性能。

4. 应用程序

应用程序是系统开发人员利用开发工具对数据库系统资源进行开发的、应用于某一个实际问题的应用软件，如广泛使用的工资管理系统、医院信息管理系统等。

7.2 Access 数据库

Access 是 Microsoft 公司的 Office 办公套装软件的组件之一，它可以方便地实现数据的查询、统计、索引及报表输出等操作，是当前较为流行的关系型数据库管理系统。本章以 Access 2010 为例介绍 Access 数据库的使用。

7.2.1 数据库对象

Access 数据库由表、查询、窗体、报表、页、宏及模块 7 种数据库对象组成。一个数据库对应一个数据库文件，其文件名的扩展名是.ACCDB。下面将对组成 Access 数据库的 7 种数据库对象进行介绍。

1. 表

表是一个由记录（行）和字段（列）组成的二维表（Table），用来存储数据库中数据的对象。数据库中的所有数据都存储在表中，一个数据库可包含多个表，每个表中存放着不同类别的数据。例如，在"学生信息管理"数据库中，可将信息按类别存放到"学生信息""课程信息"和"学生成绩"3 个表中。

2. 查询

查询（Query）就是从一个或多个表和查询对象中搜索符合指定条件的数据。查询时还可以更新或删除记录，并能对数据执行内嵌或自定义的计算。另外，还可以将查询结果排序，并可以将查询结果作为查询、窗体和报表的数据源。

3. 窗体

窗体（Form）是控制数据显示和输入的界面对象，目的是优化屏幕显示。通过创建窗体，用户可以在自己设计的显示界面中查看、输入及更改数据库中存储的数据。

4. 报表

报表（Report）是控制数据输出的对象。在报表中，用户可以设计自己满意的格式来打印输出数据库中的数据，还可以进行数据分析和计算，如求总和、平均值等。

5. 页

通过查询、窗体和报表获取信息时，必须在 Access 环境中进行操作。如果要通过 Internet 在浏览器中查看 Access 数据库中的数据，则需使用数据访问页。

数据访问页是特殊的 Web 页，根据来自 Internet 或 Intranet 的操作要求，从数据库中提取数据，并将其通过 Microsoft Internet Explorer 显示给用户。

Access 使用页（Page）对数据访问页进行设计和编辑，页是一个独立的文件，保存在 Microsoft Access 数据库文件外。

6. 宏

宏（Macro）是指一个或多个操作的集合，其中每个操作实现特定的功能。可将复杂而且费时的、经常重复的一系列操作定义成一个宏。当执行这个宏时，Access 就会自动执行宏中所包含的一系列操作。

7. 模块

模块（Module）是用 Access Basic 编写的功能强大的过程的集合。

表是数据库的核心和基础，存放了数据库的全部数据信息。数据库中的对象之间是相互联系的，查询、窗体和报表就是从表中提取数据使用户获得所需信息的。

7.2.2 创建数据库

创建数据库之前，有必要对数据库进行一番设计，合理地设计是创建数据库的基础。首先要明确建立数据库的目的、如何使用它以及要从中得到哪些信息；再根据数据库中数据的类别，将数据存放到若干个表中；最后再根据所需信息，创建查询、窗体和报表等对象。

【例 7-1】建立"学生信息管理"数据库。

"学生信息管理"数据库主要用来了解学生的基本信息和学习成绩。根据数据类别将数据分别存入"学生信息""课程信息"和"学生成绩"3 个表中，如表 7-1～表 7-3 所示。

表 7-2　　　　　　　　　　　　　　　　课程信息

课程号	课程名称	学时	学分	教材	简介
0102001	计算机文化基础	48	3	计算机基础	
0102002	计算机软件技术基础（VC）	64	4	Visual C++程序设计基础	
0102003	计算机软件技术基础（VB）	64	4	Visual Basic 程序设计	
0102004	计算机软件技术基础（VFP）	64	4	Visual FoxPro	
0102005	计算机硬件技术基础	48	3	MCS-51 单片机原理及应用	
0201001	高等数学 1	60	4	高等数学（上）	
0201002	高等数学 2	60	4	高等数学（下）	
...	...	...	...	...	

表 7-3　　　　　　　　　　　　　　　　学生成绩

学号	课程号	成绩	学号	课程号	成绩
055001	0102001	92	055030	0102001	89
055002	0102001	87	055031	0102001	96
055007	0102001	87	055032	0102001	69
055029	0102001	85	...	...	...

在 Access 中创建数据库有多种常用的方法：可以是先创建一个空数据库，然后再添加表、查询、窗体和报表等对象；也可以使用模板创建数据，或是将其他源中的数据导入到 Access 表中；还可以使用 SQL 语句来创建数据库。无论使用哪一种方法，在创建数据库后，都可以随时修改或扩展数据库。

这里通过"文件"中的"新建"来创建一个数据库。在"文件"选项卡上，单击"新建"，然后单击"空数据库"，即可创建一个不包含任何对象的空数据库。图 7-2 所示为创建的一个"学生信息管理.accdb"数据库文件。

图 7-2　数据库窗口

数据库窗口上部是工具栏，在左侧单击所有 Access 对象，包含有表、查询、窗体、报表等，选择某个类别后，即可进行相应的浏览操作。

在左侧选择某个对象后右击鼠标，在弹出的快捷菜单中选择"打开"或"设计视图"可打开它的数据表视图或设计视图，然后进行编辑；选择"删除"可将其删除；选择 "重命名令可进行重命名；选择"剪切""复制"及"粘贴"命令可进行对象移动和复制（可在本数据库中复制，也可移动或复制到其他数据库中）。

注意　在删除或重命名一个对象时，要将该对象关闭，并要更新引用该对象的所有其他数据库对象（如删除表时，要更新引用该表数据的查询、窗体或报表等对象）。

7.3　数据库表

Access 数据库中的数据都存放在表中，建立数据库后，首先要创建表来存储数据。表由表结构和表记录两部分组成，建立表就是设置定义表结构，然后输入表记录。

7.3.1　表结构

创建表之前，要根据表中存放的数据的特性确定表的结构。若需要，还要确定表的主关键字和各表之间的关系。下面先介绍有关表的一些常用术语。

1. 表的常用术语

（1）字段

字段是存储信息最基本的单元，一个字段的具体值组成表的一列，如学号、姓名等。在数据表中，用列或单元格来表示字段。

（2）记录

表由记录组成，表中各个字段的一组具体值组成一个记录，如表 7-1 中的一行，在数据表视图中显示为一个数据行。

（3）主关键字

主关键字是能够唯一标识表中每个记录的一个或一组字段，其值在该表中必须是唯一的。因此，表中设置了主关键字之后，Access 将不允许主关键字段出现任何重复值或空值（null）。在 Access 中可以定义3种主关键字：自动编号、单字段及多字段主关键字。

① 自动编号（autonumber）主关键字，其值由系统设置。每当在表中添加一条新记录时，系统自动设置连续数字编号作为该记录 autonumber 字段的值。例如，一个记录流水账的表中就可以设置一个 autonumber 主关键字，按记录顺序为每笔账目自动编号。

② 单字段主关键字就是将表中的某个字段设置为主关键字。该字段的值能唯一标识每个记录。例如，"学生信息"表中的"学号"字段、"课程信息"表中的"课程号"都可设置为表的单字段主关键字。

③ 多字段主关键字是当表中任何单个字段都不能唯一标识每个记录时，将两个或更多的字段指定为主关键字。多字段主关键字中，字段的次序依照它们在设计视图中的顺序排列。例如，"学生成绩"表中，没有哪一个字段能标识出每个记录，可以将"学号"和"课程号"两个字段设置成主关键字，这就是多字段主关键字。

（4）表之间的关系

通常，一个 Access 数据库中包含的多个表之间存在着某种关系，关系用来确定两个表中记录之间的对应性。表之间建立了关系后，就可将多个表的信息合并在一起，供创建查询、窗体及报表等对象时使用。

2. 表结构

表的结构由其所包含的字段决定。确定了表中包含有多少个字段后，还要确定每个字段的字段名、数据类型和属性。

（1）字段名

字段名是用来标识字段的名称。Access 规定字段名最多可包含 64 个字符，名称中可以包括字母、数字、空格以及除句点（.）、惊叹号（!）、重音符号（`）和方括号（[、]）以外的特殊字符，但不能以空格开头。这也是 Access 中所有对象的命名规则。

　　　　取名时应避免重名，例如一个表中不能出现两个同名的字段。另外，要使用便于理解字段含义的名称，以便使用时易于识别该字段。如表7-1～表7-3中所取字段名，反映了该字段数据的意义。

（2）字段的数据类型及属性

Access 处理的所有数据必须要有确定的数据类型（data type），所以必须为表中的每个字段确定其数据类型。字段的数据类型由建立数据库的用户来确定，要依据字段中存储的值的情况、占用存储空间的多少以及要进行的计算来确定字段的数据类型。

字段属性（field properties）是一组特性，这些特性对字段的工作方式提供附加控制。其中，常用的"字段大小"（field size）属性用来设置字段中可保存数据的最大容量，不设置时使用默认值；"格式"（format）属性指定字段数据的显示格式。字段的类型不同，对应的属性也就不同。同一个属性在不同数据类型的字段中含义也不同，其详细内容可参阅 Access 帮助。

下面简要介绍 Access 中常用的字段数据类型。

① 文本型（text）。文本型字段用来存放长度不超过 255 的文本或文本数字组合，如姓名、性

别、班级等，还可以是不需要计算的数字，如身份证号、学号、邮编、电话号码等。

② 备注型（memo）。备注型字段用来保存长度较长（大于文本型的 255）和长度不定的文本，最长为 64 KB。如个人履历、课程简介等都可设为备注型。

③ 数字型（number）也称数值型。数字型字段用来存放可进行算术计算的数字数据，如各门课成绩和高考总分等。6 种数字型的字段大小属性及其表示数的范围如表 7-4 所示。

表 7-4　　　　　　　　　　　　　　　6 种数字类型

数字类型	占用字节数	值的范围
字节（byte）	1B	0～255 的整数
整型（integer）	2B	-32 768～32 767 的整数
长整型（long integer）	4B	-2 147 483 648～2 147 483 647 的整数
单精度（single）	4B	$-3.4 \times 10^{38} \sim 3.4 \times 10^{38}$ 的实数
双精度（double）	8B	$-1.797 \times 10^{308} \sim 1.797 \times 10^{308}$ 的实数
同步复制（replication ID）	16B	全局唯一标识符（GUID）

④ 日期/时间型（date/time）。日期/时间型字段用来存储日期和时间型数据，每个日期/时间型数据需要 8 个字节的存储空间。可将出生日期、入学日期等字段设为日期/时间型。

⑤ 货币型（currency）。货币型字段存储货币数据，精度为整数部分 15 位，小数部分 4 位，需要 8 个字节的存储空间。可将学费、工资、购物款等设为货币型。

⑥ 自动编号型（autonumber）。自动编号型字段的值由 Access 设置，每添加一条新记录，Access 自动设置唯一的顺序号作为其值。可为记录流水账的表设置一自动编号型字段，并将其作为表的主关键字。

⑦ 是/否型（yes/no）。是/否型字段用来存储只有两种值的数据，可代表真或假两种值中的一个。例如，是否是特长生、婚否等数据。是/否型比文本型节省存储空间。

例如，将例 7.1 中"学生信息管理"数据库中的 3 个表确定为如下结构，如表 7-5～表 7-7 所示。

表 7-5　　　　　　　　　　　　　　　"学生信息"表的结构

字段名	数据类型	字段大小	字段名	数据类型	字段大小
学号	文本	10	民族	文本	10
姓名	文本	16	政治面目	文本	10
班级	文本	12	籍贯	文本	50
性别	文本	2	高考总分	数字	整型
出生日期	日期/时间				

表 7-6　　　　　　　　　　　　　　　"课程信息"表的结构

字段名	数据类型	字段大小	字段名	数据类型	字段大小
课程号	文本	8	学分	数字	单精度型
课程名称	文本	60	教材	文本	80
学时	数字	整型	简介	备注	无

表 7-7   "学生成绩"表的结构

字段名	数据类型	字段大小	字段名	数据类型	字段大小
学号	文本	10	成绩	数字	单精度型
课程号	文本	8			

在指定文本型字段大小时，要考虑到字段中数据所需字节数的最大可能，又因为每个汉字占两个字节，所以将"性别"的字段大小设为 2，考虑到少数民族学生的姓名比较长，所以将"姓名"字段大小设为 16。

7.3.2 创建表

Access 提供了两种视图供用户对表进行操作。表的设计视图就是用来设计表结构的窗口，在其中可以创建、查看及修改表的结构；数据表视图以二维表形式显示表中数据（记录），在其中可以查看、添加、删除及修改表中的记录，对记录进行筛选或排序，更改数据表的显示外观或通过添加或删除列来更改表的结构。

在左侧数据库窗口选中某个表对象后，可通过右键快捷菜单中的"打开"或"设计视图"打开表的数据表视图或设计视图。在打开表的某个视图后，还可利用 Access 主窗口工具栏左端的"视图"按钮从当前视图切换到另一个视图。

创建一个新表可以在"创建"选项卡上单击"表设计"，此时在设计视图中就新建了一个空表，并可以在表的设计视图中依次定义该表中每一个字段的字段名、数据类型和字段属性，从而完成表结构的定义。也可以在"创建"选项卡上单击"表"，此时新建一个空表，并在数据表视图中可以直接在新表中定义字段，当然，也可以切换到设计视图中打开该新表进行字段设置。

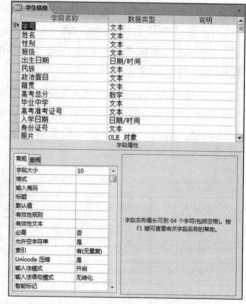

图 7-3 "学生信息"表的设计视图

在例 7-1 中，已经创建了一个空数据库"学生信息管理"数据库，现在创建表来存储数据。

【例 7-2】建立"学生信息"表。

打开"学生信息管理"数据库，在"创建"选项卡上单击"表设计"，则将打开创建表的设计视图来定义表结构。

设计视图上部列出了表中所包含字段的字段名、数据类型和说明，下部为当前字段的属性，如图 7-3 所示。

按照表 7-5，依次定义"学生信息"表中的每个字段，定义好各字段后，将光标放在"学号"字段，然后选择"设计"选项卡，在"工具"组中单击"主键"按钮，即可选择"学号"字段为主关键字，此时该字段名左边出现了图标，说明其为本表的主关键字。

最后以"学生信息"为名保存表，然后单击 Access 主窗口工具栏中的"视图"按钮切换到表的数据表视图。数据表视图类似于 Excel 工作表，以行和列的格式来显示表中数据，在此可依次输入各学生信息。

　　　　在定义表结构时，在"字段属性"栏会显示当前操作项的规则。如图 7-3 所示，将光标移至"字段名称"列，将显示出字段名的命名规则。

　　按照表 7-6 建立"课程信息"表，将表中的"课程号"字段设为主关键字。按照表 7-7 建立"学生成绩"表。这样"学生信息管理"数据库中已包含 3 个表对象。

7.3.3　编辑表

　　建立表后，可随时打开表的某个视图对其进行编辑。

1. 在设计视图中修改表结构

　　在表的设计视图中可以方便地修改表的结构，包括修改字段的字段名、数据类型或属性，或插入、删除和移动字段。修改字段名对该字段中的数据不会有影响，但在修改字段的数据类型时一定要注意：如果该字段已包含有数据，修改后可能造成数据丢失，最好先备份。

　　　　在删除表的主关键字时，如果本表与另一个表之间的关系是依据该主关键字建立的，则在删除主关键字之前，必须先删除这个关系。

2. 在数据表视图中对表进行操作

　　在数据表视图中不仅可以浏览查看表中的记录，还可以方便地进行下列操作。

（1）记录定位

　　打开任意表的数据表视图时，当前记录都为表的第一条记录，当前记录就是光标所在的记录。若想对某条记录进行操作，用鼠标单击该条记录，该记录即成为当前记录。例如，打开"学生信息"表的数据表视图后，单击第 2 个记录，则其成为当前记录，如图 7-4 所示。

图 7-4　表的数据表视图

　　从图 7-4 中可看到，在数据表视图的下端提供了一组按钮，可方便地转到不同记录，还可在搜索文本框中输入记录号后按【Enter】键，则可转到用户指定的记录。

　　（2）添加、删除及编辑表中的数据

　　在 Access 中，只能在表的末尾添加记录。打开一个不包含记录的空表后，光标已指示着第一个记录的第一个字段，可直接输入数据。如果打开的是一个包含有记录的表，可直接单击尾记录后的一行，再输入数据。

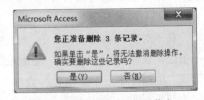

图 7-5　删除记录的提示信息

　　选中若干记录后，在"开始"选项卡的"记录"组中单击"删除"按钮，即可删除记录；也可以右击鼠标，在弹出的快捷菜单中选择"删除记录"命令来删除选定的记录。在删除记录时，会打开删除记录的提示对话框，如图 7-5 所示，单击"是"按钮则会删除记录且无法恢复。

　　修改记录也要在数据表视图中进行。要修改某记录中的某个数据，只要单击它，就可以修改了。当然，也可以使用替换操作来修改数据，还可以通过剪贴板来实现数据的移动、复制。

同其他软件一样，使用"撤销"命令可撤销最近对数据表所做的修改。

（3）更改表的显示效果

在"开始"选项卡的"记录"组中单击"其他"按钮的下拉列表，可以设置行高、列宽；在选中了某行或某列的情况下，单击鼠标右键，在弹出的快捷菜单中也可以设置行高、列宽。此外，在选中若干列后，利用上述方法，还可以选择"隐藏字段"或"取消隐藏字段"命令，可将这些字段隐藏起来不显示或取消隐藏重新显示。利用"冻结字段"命令将某些列冻结在数据表的最左边，不随数据表的左右移动而移动，始终保持显示状态。

如果要移动字段，单击字段名选中整列，拖动该字段名到需要的位置松开鼠标即可。

上述操作只是改变数据表的显示形式，对表中数据无影响。

（4）记录的排序和筛选

排序就是按照某些字段的升序或降序来显示表中的记录。先选择用来排序的一个或多个字段，然后在"开始"选项卡的"排序和筛选"组中单击的"升序"按钮 或"降序"按钮 即可。

筛选是用来选出符合某些要求的记录在数据表中的显示。先选择用于筛选的数据，然后单击字段名右侧是下拉箭头，在出现的下拉列表中指定筛选要求，此时就会只显示符合要求的记录。

（5）修改表结构

在数据表视图中也可以修改表结构。如果要删除或添加字段，先要单击字段名选中该字段，然后右击并从弹出的快捷菜单中选择"删除字段"或"插入字段"命令来实现。如果要修改字段名，可以在弹出的快捷菜单中选择"重命名字段"，也可以直接双击字段名，使字段名变成可编辑状态，之后就可以对字段名进行修改了。

7.3.4　建立表之间的关系

1. 表之间的关系

通常，一个 Access 数据库包含的多个表之间存在着某种关系，这种关系是通过匹配两表中某些字段的数据来建立两表记录之间的关联（对应）性，用来进行数据匹配的字段称为关联字段。表之间建立了关系后，就可将多个表的信息合并在一起，供创建查询、窗体及报表等对象时使用。表之间的关系包括以下 3 种。

（1）一对一关系（1:1）

在一对一关系（1:1）中，表 A 中的一个记录最多只能与表 B 中的一条记录匹配，并且表 B 中的一条记录仅能与表 A 中的一条记录匹配。此类关系简单，在实际中不常用。

（2）一对多关系（1:n）

在一对多关系（1:n）中，表 A 中的一条记录能与表 B 中的多条记录匹配，但是表 B 中的一条记录仅能与表 A 中的一条记录匹配。一对多关系是关系中最常用的类型。例如，"学生信息管理"数据库中"学生信息"表与"学生成绩"表中的记录就是一对多的关系，用"学号"字段作为关联字段，"学生信息"表中的一条记录对应"学生成绩"表中的多个记录。

（3）多对多关系（m:n）

在多对多关系（m:n）中，表 A 中的一条记录能与表 B 中的多条记录匹配，并且表 B 中的一条记录也能与表 A 中的多条记录匹配。例如，"学生信息"和"课程信息"两个表之间就是多对多的关系，一个学生会选修几门课，每门课会有很多学生选修。

依据两个表中关联字段的值来建立两个表记录间的对应性，而关联字段在表中的作用决定了关系的种类。如果两个表中的关联字段仅有一个是主关键字或唯一索引，则两表间为一对多的关系；如果两个表的关联字段都是主关键字或唯一索引，则两表间为一对一的关系。例如，"学号"字段为"学生信息"表的主关键字，却不是"学生成绩"表中的关键字，以"学号"为关联字段建立这两个表之间的关系，就是一对多的关系。

2. 建立表之间的关系

可以在数据库中包含的表对象和查询对象之间建立关系，下面通过例 7-3 来说明如何建立关系。

【例 7-3】为"学生信息管理"数据库中的表对象之间建立关系。

因为不能对正打开的表创建或修改关系，所以先关闭要定义关系的表。

在"数据库工具"选项卡的"关系"组中单击"关系 "，打开"关系"窗口。此时，在"关系工具设计"选项卡的"关系"组中单击"显示表"按钮 ，出现如图 7-6 所示"显示表"对话框。对话框中按照"表""查询"和"两者都有"列出了数据库中已有的该类对象，可从中选择表或查询对象到关系中，然后建立它们之间的关系。这里依次选中 3 个表，单击"添加"按钮将数据库中包含的 3 个表都添加到关系中。

在建立两个表的关系时，先在某个表中选中要作为关联字段的一个或多个字段，然后拖动它们到另一个表中的关联字段上放开鼠标，则可以通过这些关联字段建立两表之间的关系。这里，将"学生信息"表中的主关键字"学号"拖动到"学生成绩"表中的"学号"上。此时会打开"编辑关系"对话框，如图 7-7 所示，说明两表之间依据"学号"字段建立了一对多的关系，选中"实施参照完整性"复选框并单击"创建"按钮完成关系的建立。

同样，以"课程号"为关联字段建立"课程信息"表和"学生成绩"表之间一对多的关系，则数据库中 3 个表对象之间所建关系如图 7-8 所示。

图 7-6 "显示表"对话框

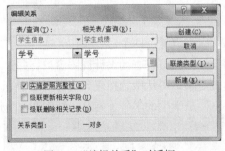

图 7-7 "编辑关系"对话框

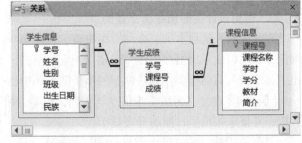

图 7-8 "关系"窗口

3. 查看、删除表之间的关系

同建立关系时一样，先关闭有关的表，然后在"数据库工具"选项卡的"关系"组中单击"关系 "，打开"关系"窗口，此时在"关系"窗口即可显示之前建立的数据库中的所有关系；如果要删除某个关系，单击要删除关系的关系连线（选中时，关系线变成粗黑），然后按【Delete】键，即可删除两表之间的关系；双击某个关系连线，可打开其"编辑关系"对话框进行修改；也可以通过拖动关联字段建立两个表之间的关系。

如果要向关系中添加其他表或查询对象，需在"关系工具设计"选项卡的"关系"组中单击"显示表"按钮📇打开"显示表"对话框。

7.4 查询

存储信息的目的是为了使用信息，从存储的信息中检索用户所需的信息，以便用户了解情况并作为今后决策的数据依据。查询就是按用户指定的条件，从数据库中的一个或几个表中检索数据，并按用户的需要按一定的顺序显示给用户。

查询是数据库中最常用的对象，利用查询可以用不同的方法查看、更改及分析表中的数据，也可以将查询作为窗体、报表和数据访问页的数据源。例如，从"学生信息管理"数据库中查询某班学生的名单、某学生所选课程的成绩或某班某门课的成绩等。

7.4.1 选择查询

在 Access 中可创建的查询类型主要有选择查询、参数查询、交叉表查询、操作查询和 SQL 查询等。其中，选择查询是最常见的查询类型，它以多个表和查询作为数据源，按查询准则检索数据，按一定顺序显示查询结果，并可进行求总和、平均值、计数以及其他计算。本节主要介绍选择查询。

1. 查询的 3 种视图

查询的设计视图是用来设计查询的，是建立和修改查询的窗口，在其上部显示了查询中所包含的表和查询，可从中挑选字段到查询中；下部为查询设计窗格，用来设置查询中包含的字段、查询准则及排列次序等，从而决定查询结果及其显示形式。

查询的数据视图是用来显示查询结果的，类似于表的数据表视图，以行和列的格式显示查询结果，同样可对数据进行编辑及显示格式的设置。

查询的 SQL 视图显示当前查询的 SQL 语句，当在设计视图中创建一个查询时，Access 会在 SQL 视图中创建对应的 SQL 语句。

2. 使用设计视图创建选择查询

在"创建"选项卡的"查询"组中有"查询向导"和"查询设计"两个命令按钮。通过"查询向导"可以由系统引导一步一步建立查询；单击"查询设计"会打开查询设计视图窗口，并弹出"显示表"对话框，在对话框中列出了数据库中已有的表对象，可从中选择表到查询视图中。

【例 7-4】建立"班级学生信息"查询，查询"数学 051"班学生的学号、姓名、性别和出生日期，并要求按出生日期的升序显示。

打开前面建立的"学生信息管理"数据库，这里我们将"学生信息"表作为查询的数据源。

在"创建"选项卡的"查询"组中单击"查询设计"，打开查询设计视图窗口，在弹出的"显示表"对话框中选中"学生信息"表并将其添加到查询设计视图中，如图 7-9 所示。

下面向查询中添加字段并进行所需设置。

① 向查询中添加字段时，可直接从上部的"学

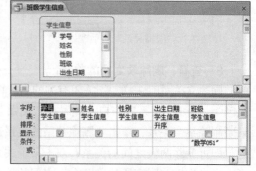

图 7-9 查询设计视图

生信息"表中选择字段并拖动到查询设计窗格中。或者，直接从查询设计窗格"字段"行的下拉列表框中选择字段：单击"字段"行单元格的下拉箭头 ，从列出的可供选择的字段中单击"学号"字段，将其添加到查询中。

② 如果要对该字段排序，单击该字段下的"排序"单元格，再单击该单元格右边的下拉箭头 ，从"升序""降序"和"不排序"中选择其中之一。

③ "显示"是控制开关，用来控制在查询结果中显示或隐藏字段，只要单击即可。有"√"时，将在查询结果中显示该字段；若无"√"，则不显示该字段。

④ "条件"用于设置字段的查询准则，单击该字段的"条件"单元格，输入查询准则。例如，在"班级"字段的"条件"单元格中输入"数学 051"，则查询班级为"数学 051"的学生。

这样，依次将"学生信息"表中的"学号""姓名""性别""班级"和"出生日期"字段添加到查询中，设置"班级"字段不显示，将"出生日期"字段的排序设为"升序"，其查询设计视图如图 7-9 所示。

在设计查询时，可以利用"开始"选项卡"视图"组中的"视图"按钮切换到查询的数据表视图，来观察查询结果。保存并关闭查询对象后，在数据库窗口会看到新建的查询对象。

对多字段排序，依照这些字段在查询设计窗格中的先后顺序来排序，即首先按最左边的字段排序，如果该字段的字段值相同，再按其右边的下一个排序字段来排序，依此类推。可根据字段排序的先后顺序调整查询设计窗格中字段的顺序，例如，若要先按"出生日期"排序，再按"成绩"排序，则应将"出生日期"字段放在"成绩"字段的左边。

3. 修改查询

在创建查询时或查询创建后打开查询时，都可以通过查询的设计视图修改查询。

（1）删除、移动或添加字段

在查询设计视图下部的查询设计窗格中，在每列的字段名上面有一矩形条，这是该列的"列选定器"。单击某字段的"列选定器"选定字段，按【Delete】键可从查询中删除该字段。选中字段后，拖动该字段到某一位置放开鼠标，可移动该字段。

如果要在某字段前面添加字段，先单击该字段所在的列，再在"查询工具设计"选项卡的"查询设置"组中单击"插入列"，即可插入一空白列，而后可向其中添加字段并进行相应设置。或者直接从上部的表或查询对象中拖动某字段到查询设计窗格的相应位置即可。

另外，可随时修改查询设计窗格中字段的排序、显示及准则的设置，只要单击该字段对应项的单元格即可进行修改。

（2）删除或添加表及查询对象

如果向查询中添加的字段不在设计视图上部的表或查询对象中，就需要添加包含该字段的表或查询对象。在"查询工具设计"选项卡的"查询设置"组中单击"显示表"，在弹出的"显示表"对话框中选中需要添加的表或查询对象，即可将其添加到查询设计视图中。

也可以从查询中删除表或查询对象。在查询设计视图的上部，单击要删除的表或查询对象，然后按【Delete】键，将其从本查询中删除。在查询设计视图中删除表并不会将其从数据库中删除，但若查询设计窗格中包含有该对象的字段，这些字段也将从本查询中删除。

4. 多表查询

查询的优点就在于能将多个表或查询中的数据组合在一起得到所需信息，从而避免了数据存储的冗余。可从前面建立的"学生信息管理"数据库的三个表中查看某位学生所学课程及成绩。

【例 7-5】建立"学生课程成绩"查询，检索学号为"055001"学生所学课程及成绩。

在"创建"选项卡的"查询"组中单击"查询设计"，打开查询设计视图窗口，在弹出的"显示表"对话框中依次选中"学生信息""课程信息"和"学生成绩"表，并将其添加到查询设计视图中，作为查询的数据源。因为这 3 个表已经建立了它们之间的关系，向查询中添加表时，在查询的设计视图中会显示表间关系的连线，如图 7-10 所示。

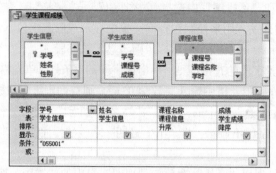

图 7-10　建立学生成绩查询

然后，依次将"学生信息"表中的"学号"和"姓名"字段、"课程信息"表中的"课程名称"字段、"学生成绩"表中的"成绩"字段拖动到查询设计窗格中。在"学号"字段的"条件"单元格中输入"055001"，并将"课程名称"的排序设为升序，"成绩"设为降序。

生成查询结果时，根据对象间的关联字段的值匹配它们中的记录。如果匹配，这两条记录将组合起来作为一条记录显示在查询结果中。如果一个表或查询在另一个表或查询中没有匹配的记录，则两者的记录都不会显示在查询结果中。因此，从多个表或查询中检索数据进行查询时，最好预先建立多个对象之间的关系，这样 Access 才知道如何连接各对象中的信息。如果没有创建关系，而添加到查询中的两个表具有相同字段或数据类型兼容的字段，并且这两个字段中有一个是一个表的主关键字，Access 将自动建立它们之间的连接。否则，查询中的对象之间没有任何联系，Access 将无法知道两个表中记录和记录间的对应关系，就会得到一个这些对象中所有记录的全部组合而意义不大的查询结果。

7.4.2　表达式

在数据库中，除了使用库中的数据，还可以通过表达式得到计算结果。前面介绍的定义字段的有效性规则和查询中的准则，都需要用表达式。例如，要查询 1988 年和 1989 年出生的学生、某班某门课的成绩、某位同学的成绩及成绩在 85 分以上的学生，这些查询条件都需要用一定的表达式来表示。

1. 表达式

表达式就是由运算符和操作数及改变运算顺序的圆括号组成的式子，计算后能得到表达式的值。

（1）操作数

操作数可以是常量、字段名、控件名、属性值和函数等。表达式中的字段名、控件名和属性值都是用名称表示的，这些名称称为标识符。表达式中的标识符有时需明确是哪一个对象的，在标识符中可使用半角的叹号"!"或点号"."表示这种从属关系。例如，"学生信息"表中的"姓名"字段，在表达式中可表示为"学生信息.姓名"，通常加上方括号，则表示为"[学生信息].[姓名]"或"[学生信息]![姓名]"。

表达式中的常量，如果是数值型的可直接使用，例如：

学生成绩.成绩>=85

表示查找成绩大于等于 85 的记录，数值 85 直接使用。如果是文本型的常量，要用半角的双引号括起来，并可使用通配符"?"与"*"（"?"代表任意一个字符，"*"代表任意多个字符）。例如：

学生信息.姓名 like "李*"

学生信息.班级="数学 051"

日期型常量要用"#"号括起来，例如：

学生信息.出生日期 between #1988-1-1# and # 1989-12-31#

以上表达式可查找 1988 年和 1989 年出生的学生。

Access 提供了丰富的标准函数供用户使用，分为数值函数、字符函数、日期时间函数和统计函数等，使用"表达式生成器"构造表达式时可看到这些标准函数。

（2）运算符

Access 中的算术运算符、关系（比较）运算符、文本连接运算符、逻辑运算符同 Excel 中的运算符相似。下面说明一下 Access 中的特殊运算符，这些特殊运算符类似关系运算符，构成的表达式是一个条件判断，其值为真或假的逻辑值。

① like 模式匹配运算符，例如，学生信息.姓名 like "李*"，要求"姓名"字段的第一字符为"李"，即找出李姓学生的信息。

② in 后跟由圆括号括起来的一组常量列表，常量之间用逗号分隔，用来判断字段值是否在这个范围内。例如，学生信息.班级 in("数学 051","数学 052")作为查询条件，是查找"数学 051"和"数学 052 班"的学生信息。

③ between 用两个值来指定一个范围，并判断字段值是否在这个范围内，用 and 连接两个值。例如，学生成绩.成绩 between 75 and 85，当"成绩"的值在 75 和 85 之间时，表达式的值为真。

④ is Null 判断一个字段值是否为空。

⑤ is Not Null 判断一个字段值是否不为空。

在一个表达式中包含的运算符可能不止一种，要注意运算符的优先级：算术运算符的优先级最高，其次是文本连接运算符，然后是比较运算符，最后是逻辑运算符。可以用圆括号改变运算顺序，括号内的运算总是优先于括号外的运算。

2. 创建表达式

创建表达式就是将操作数、运算符和圆括号连接成一合理的 Access 表达式。用户可以直接组合表达式的元素来创建表达式，将构造好的表达式在查询条件单元格输入即可；还可以使用表达式生成器来创建表达式。

在需要定义表达式的地方，例如定义字段有效性规则或查询中的字段和条件等单元格中，

选择"查询工具设计"选项卡的"查询设置"组，单击"生成器"按钮，即可启动"表达式生成器"对话框。可利用对话框上的按钮来构造表达式，当然也可以直接输入表达式的任何部分。

3. 查询中的计算字段

表达式可作为许多属性和操作参数的设置值,特别是在查询中用来设置条件或定义计算字段。

【例 7-6】将例 7-4 建立的"班级学生信息"查询中显示的出生日期改为学生年龄。

首先打开"班级学生信息"查询的设计视图，选中"出生日期"字段并将其删除。然后单击这一空白行的字段单元格，选择"查询工具设计"选项卡的"查询设置"组，单击"生成器"按钮，打开"表达式生成器"对话框，如图 7-11 所示。

在"表达式生成器"对话框的上方显示当前构造的表达式，下方的 3 个列表框从左向右列出了"表达式元素""表达式类别"及"表达式值"，可从中选取构成表达式的字段和函数等操作数，从而方便地生成表达式。

在"表达式元素"中先单击"函数"，选中"内置函数"选项；此时在"表达式类别"列表框中显示出内置函数的类别，选中"日期/时间"类别；此时最右侧的"表达式值"列表框列出了该类别的所有函数。从中找到所需的函数（本例是 Year()函数），双击该函数，则该函数出现在对话框上部的表达式列表框中。按需要将所用函数和数据库中的字段添加到表达式中，即可构成该字段的表达式。本例中最终的表达式如下：

```
Year(Now())-Year([学生信息].[出生日期])
```

至此定义了一个计算字段。在查询结果中，该字段的标题显示为"表达式 1"。为设置其标题，在设计视图右击该字段，在弹出的快捷菜单中选择"属性"命令，在"字段属性"对话框中将标题设为"年龄"。则最终的显示查询结果如图 7-12 所示。

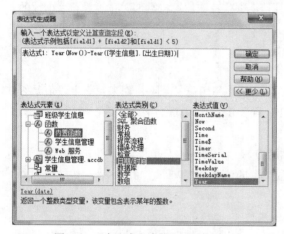

图 7-11 "表达式生成器"对话框　　　　　图 7-12 查询结果

7.4.3 参数查询

在例 7-4 中，利用"班级"字段的查询条件建立了检索"数学 051"班学生信息的"班级学生信息"查询，但要查询其他班的学生信息还需再建立查询。若希望能在生成查询结果时输入班级名，查询出该班的学生信息，可通过参数查询来实现。

【例 7-7】在生成查询数据时，根据输入的班级名，查询出该班的学生信息。

打开"班级学生信息"查询，在其设计视图中，选择"查询工具设计"选项卡的"显示/隐藏"组，单击"参数"按钮，打开"查询参数"对话框，如图 7-13 所示，定义参数名和其数据类型。这里定义参数为 class，类型为"文本"。在对话框中不仅可以定义参数，还可以修改或删除已定义的参数。

图 7-13　"查询参数"对话框

图 7-14　"输入参数值"对话框

关闭"查询参数"对话框回到设计视图，将"班级"字段的查询条件改为"=[class]"，在表达式中使用参数时必须用方括号将参数名括起来。

进行了上述设置后，在生成查询结果时，会先打开一个"输入参数值"对话框，如图 7-14 所示。在对话框中为参数 Class 输入值"数学 052"，Access 即将班级字段的值与参数 Class 的值进行比较，只把相等的记录显示出来，则显示出"数学 052"班的学生信息。

参数查询就是在查询中先定义参数，并在查询条件中包含所定义的参数，则在执行时会依次为每个参数打开一个"输入参数值"对话框，提示用户输入该参数的值，Access 根据输入的参数值生成查询结果，从而使一个查询可得到多个查询结果，增强了查询的灵活性。

【例 7-8】将例 7-5 建立的"班级学生成绩"查询改为根据用户输入的学号查询该学生的各科成绩。

打开"班级学生成绩"查询的设计视图，在查询中设置一个参数"学生学号"，类型为"文本"。设定"学号"字段的查询条件为：=[学生学号]。在生成查询结果时，根据输入的学号查询出该学生所学课程的成绩。

【例 7-9】建立包含多个参数的查询。

参数查询中可包含多个参数，例如，查询某班某门课的成绩需定义两个参数：班级名和课程名称，并设置好查询准则。在进行查询时，会先打开输入"班级名"参数值的对话框，再打开输入"课程名称"参数值的对话框，最后得到查询结果。

7.4.4　总计查询

用户不仅需要通过查询从数据库中检索出所需数据，还经常需要求总计、平均值及计数等结果。例如，求各班各门课的平均分、最高分、最低分及考试人数等，又如求学生各科成绩平均分等。在选择查询中可利用"Σ汇总"进行数据汇总，从而实现这些统计查询。

【例 7-10】建立"班级人数"查询求各班人数。

打开前面建立的"学生信息管理"数据库，这里我们以"学生信息"表作为数据源建立学生人数查询，将"班级"和"学号"作为查询字段。

在"创建"选项卡的"查询"组中单击"查询设计"，打开查询设计视图窗口，在弹出的"显示表"对话框中选中"学生信息"表并将其添加到查询设计视图中。然后选择"查询工具设计"选项卡的"显示/隐藏"组，单击"Σ汇总"按钮，此时在查询设计窗格中多出个"总计"行，默认选项为"Group By"。从"学号"字段的"总计"单元格的下拉列表框中选择"计数"，统计学生个数，如图 7-15 所示。因为"班级"的"总计"单元格为 Group By（分组），即按"班级"字段作为分组字段（类似 Excel 分类汇总中的分类字段），对"学号"字段进行计数。

在选择查询的设计视图使用总计查询后，可将查询中的数据分组进行统计计算。查询设计窗格中的"总计"单元格的下拉列表框中有 12 个选项，默认选项为"Group By"，表示该字段作为分组字段；常用的还有总计、平均值、最小值、最大值和个数等，用来计算需要的查询内容。

【例 7-11】建立"成绩统计"查询，按班级和课程统计各班各门课的考试人数和平均分。

图 7-15　班级人数查询

首先将数据库中的 3 个表添加到查询中作为数据源，然后将"班级""课程""学号"和"成绩"作为查询字段。

在查询设计视图窗口，选择"查询工具设计"选项卡的"显示/隐藏"组，单击"Σ汇总"按钮，此时在查询设计窗格中多出"总计"行，默认选项为"Group By"。因为要按"班级"和"课程"两个字段进行分组汇总，则不改变这两个字段的总计单元格的默认设置"Group By"；"学号"字段的"总计"单元格选择"计数"，统计学生个数；"成绩"字段的"总计"单元格选择"平均值"，求班级每门课的平均分，如图 7-16 所示。在数据表视图中显示的查询结果如图 7-17 所示。

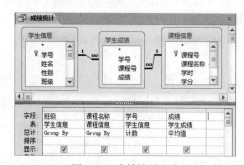

图 7-16　成绩统计查询

图 7-17　成绩统计查询结果

第8章
计算机网络

计算机网络是计算机技术和通信技术紧密结合的产物，计算机网络在社会和经济发展中起着非常重要的作用。网络已经渗透到人们生活的各个角落，影响着人们的日常生活。因此，在现代社会中，了解计算机网络的基本知识，掌握计算机网络的基本应用就变得非常重要。

本章首先介绍计算机网络的基本概念和基本知识，然后讲解了网络协议、网络的硬件设备、因特网的基本技术等计算机网络的相关知识，最后介绍了因特网的基本应用。

学习目标

- 了解计算机网络的发展，了解计算机网络的组成与分类、功能与特点。
- 了解网络协议和计算机网络体系结构的基本知识。
- 了解组成计算机网络的硬件设备。
- 学习因特网的基本概念，掌握 TCP/IP、IP 地址与域名地址等知识。
- 掌握因特网的基本应用。

8.1　计算机网络概述

8.1.1　计算机网络的发展

计算机网络属于多机系统的范畴，是计算机与通信这两大现代技术相结合的产物，其代表着当前计算机体系结构发展的重要方向。计算机网络的出现与发展不但极大地提高了工作效率，使人们从日常繁杂的事务性工作中解脱出来，而且已经成为现代生活中不可缺少的工具，可以说没有计算机网络，就没有现代化，就没有信息时代。

1. 计算机网络的定义

所谓计算机网络就是利用通信线路，用一定的连接方法，把分散的具有独立功能的多台计算机相互连接在一起，按照网络协议进行数据通信，实现资源共享的计算机的集合。具体地说，就是用通信线路将分散的计算机及通信设备连接起来，在功能完善的网络软件的管理与控制下，使网络中的所有计算机都可以访问网络中的文件、程序、打印机和其他各种服务（统称为资源），从而实现网络中资源的共享和信息的相互传递。

从上面定义可以看出，计算机网络由 3 部分组成：网络设备（包括计算机）、通信线路和网络软件。网络可大可小，但都由这 3 部分组成，缺一不可。

在计算机网络中，提供信息和服务能力的计算机是网络的资源，索取信息和请求服务的计算机是网络的用户。由于网络资源与网络用户之间的连接方式、服务方式及连接范围的不同，而形成了不同的网络结构及网络系统。

2. 计算机网络的演变与发展

计算机网络的发展历史不长，但发展速度很快，其演变过程大致可概括为以下 4 个阶段。

（1）具有通信功能的单机系统阶段

该系统又称终端—计算机网络，是早期计算机网络的主要形式。它是将一台主计算机（Host）经通信线路与若干个地理上分散的终端（Terminal）相连。主计算机一般称为主机，具有独立处理数据的能力，而所有的终端设备均无独立处理数据的能力。在通信软件的控制下，每个用户在自己的终端上分时轮流地使用主机系统的资源。

（2）具有通信功能的多机系统阶段

上述简单的"终端—通信线路—计算机"系统存在以下两个问题。

① 因为主机既要进行数据的处理工作，又要承担多终端系统的通信控制，随着所连远程终端数目的增加，主机的负荷加重，系统效率下降。

② 由于终端设备的速率低，操作时间长，尤其在远距离时，每个终端独占一条通信线路，线路利用率低，费用也较高。

为了解决这个问题，20 世纪 60 年代出现了把数据处理和数据通信分开的工作方式，主机专门进行数据处理，而在主机和通信线路之间设置一台功能简单的计算机，专门负责处理网络中的数据通信、传输和控制。这种负责通信的计算机称为通信控制处理机（Communication Control Processor，CCP）或称为前端处理机（Front End Processor，FEP）。此外，在终端聚集处设置多路器或集中器。集中器与前端处理机功能类似，它的一端通过多条低速线路与各个终端相连，另一端通过高速线路与主机相连，这样也降低了通信线路的费用。由于前端机和集中器在当时一般选用小型机担任，因此这种结构称为具有通信功能的多计算机系统。

不论是单机系统还是多机系统，它们都是以单个计算机（主机）为中心的联机终端网络，都属于第一代计算机网络。

（3）以共享资源为主的计算机——计算机网络阶段

20 世纪 60 年代中期，随着计算机技术和通信技术的进步，人们开始将若干个联机系统中的主机互连，以达到资源共享的目的，或者联合起来完成某项任务。此时的计算机网络呈现出多处理中心的特点，即利用通信线路将多台计算机（主机）连接起来，实现了计算机之间的通信，由此也开创了"计算机—计算机"通信的时代，计算机网络的发展进入到第二个时代。

第二代计算机网络与第一代网络的区别在于多个主机都具有自主处理能力，它们之间不存在主从关系。第二代计算机网络的典型代表是 Internet 的前身 ARPA 网。

ARPA 网（ARPAnet）是美国国防部高级研究计划署（Advanced Research Projects Agency，ARPA），现在称为 DARPA（Defense Advanced Research Project Agency）提出设想，并与许多大学和公司共同研究发展起来的。它的主要目标是借助于通信系统，使网内各计算机系统间能够共享资源。ARPANet 是一个具有两级结构的计算机网络，主机不是直接通过通信线路互连，而是通过接口信息处理机 IMP（Interface Message Processor）连接。当用户访问远地主机时，主机将信息送至本地 IMP，经过通信线路沿着适当的路径传送至远地 IMP，最后送入目标主机。计算机网络中 IMP和通信线路组成通信子网，专门用于处理主机之间的通信业务和信息传递，以期减轻主机负担，使主机完全用于承担诸如数据计算和数据处理的任务。

ARPA 网是一个成功的系统，是第一个完善地实现分布式资源共享的网络，其标志着网络的结构日趋成熟，并在概念、结构和网络设计方面都为今后计算机网络的发展奠定了基础。ARPA 网也是最早将计算机网络分为资源子网和通信子网两部分的网络。

（4）以局域网络及其互连为主要支撑环境的分布式计算机阶段

进入 20 世纪 70 年代，局域网技术得到了迅速的发展。特别是到了 20 世纪 80 年代，随着硬件价格的下降和微型计算机的广泛应用，一个单位或部门拥有微型计算机的数量越来越多，各机关、企业迫切要求将自己拥有的为数众多的微型计算机、工作站、小型机等连接起来，从而达到资源共享和互相传递信息的目的。局域网联网费用低、传输速度快，因此局域网的发展对网络的普及起到了重要的作用。

局域网的发展也导致计算模式的变革。早期的计算机网络是以主计算机为中心的，计算机网络控制和管理功能都是集中式的，也称为集中式计算机模式。随着个人计算机（Personal Computer，PC）功能的增强，用户个人就可以在微型计算机上完成所需要的作业，PC 方式呈现出的计算机能力已发展成为独立的平台。这就导致了一种新的计算结构——分布式计算模式的诞生。

局域网的发展及其网络的互连还促成了网络体系结构标准的建立。由于各大计算机公司均制定有自己的网络技术标准，这些不同的标准在早期的以主计算机为中心的计算机网络中不会有大的影响。但是，随着网络互连需求的出现，这些不同的标准为网络互连设置了障碍，最终促成了国际标准的制定。20 世纪 70 年代末，国际标准化组织（International Organization for Standards，ISO）成立了专门的工作组来研究计算机网络的标准，制定了开放系统互连参考模型（Open System Interconnection，OSI），它旨在便于多种计算机互连，构成网络。进入 20 世纪 90 年代后，网络通信相关的协议、规范基本确立，网络开始走向大众化普及。随着网络用户的逐渐增多，对网络传输效率及网络传输质量的要求进一步增强，因而使最新的网络技术迅速得以普及应用。而技术的更新与普及、网络速度的提高及大型网络和复杂拓扑的应用，也使得各种新的高速网络介质、高性能网络交互设备及大型网络协议开始得到越来越多的应用。此时，局域网成为计算机网络结构的基本单元，网络间互连的要求越来越强，真正达到了资源共享、数据通信和分布处理的目标。

可以看出，这一阶段计算机网络发展的特点是：互连、高速、智能与更为广泛的应用。当今覆盖全球的 Internet 就是这样一个互连的网络，可以利用 Internet 实现全球范围的电子邮件、电子传输、信息查询、语音与图像通信等服务功能。实际上 Internet 是一个用路由器（Router）实现多个远程网和局域网互连的网际网。

现在网络已经成为人们生活中的一部分，它渗透到人们生活、娱乐、交流、沟通等各个方面，已经成为了生产、管理、市场、金融等各个方面中必不可少的部分。对于网络的研究，管理也逐渐的成为一类学科，并衍生出各种新的二级学科或相关学科，如网络安全、网络质量（Quality of Service，QoS）等。而网络也开始向多面化发展，出现了很多新的应用，网络的发展已成为经济及社会生产力发展的重要支柱。

8.1.2　计算机网络的组成与分类

1. 计算机网络的组成

计算机网络是一个十分复杂的系统，一般可以从两个方面对计算机网络的组成进行描述。

（1）从数据处理与数据通信的角度进行划分

在逻辑上可以将计算机网络分为进行数据处理的资源子网和完成数据通信的通信子网两部分。

① 通信子网提供网络通信功能，能完成网络主机之间的数据传输、交换、通信控制和信号变换等通信处理工作，由通信控制处理机（Communication Control Processor，CCP）、通信线路和其

他通信设备组成数据通信系统。广域网的通信子网通常租用电话线或铺设专线。为了避免不同部门对通信子网重复投资，一般都租用邮电部门的公用数字通信网作为各种网络的公用通信子网。

② 资源子网为用户提供了访问网络的能力，由主机系统、终端控制器、请求服务的用户终端、通信子网的接口设备、提供共享的软件资源和数据资源（如数据库和应用程序）构成。它负责网络的数据处理业务，向网络用户提供各种网络资源和网络服务。

（2）从系统组成的角度进行划分

从系统组成的角度，一个计算机网络由3部分内容组成：计算机及智能性外部设备（服务器、工作站等）；网络接口卡及通信介质（网卡、通信电缆等）；网络操作系统及网管系统。前两部分构成了计算机网络的硬件部分，第三部分构成了计算机网络的软件部分，其中网络操作系统对网络中的所有资源进行管理和控制。

2．计算机网络的分类

计算机网络的分类方法有很多种，下面仅介绍几种常见的分类方法。

（1）按网络的连接范围分类

根据计算机网络所覆盖的地理范围、信息的传递速率及其应用目的，计算机网络通常分为局域网（Local Area Network，LAN）、广域网（Wide Area Network，WAN）和城域网（Metropolitan Area Network，MAN），城域网和广域网又可称为互联网。

① 局域网：是指在有限的地理区域内构成的计算机网络。它具有很高的传输速率（几十至上百兆比特），其覆盖范围一般不超过10km，通常将一座大楼或一个校园内的分散的计算机连接起来构成局域网。局域网具有组建方便、灵活等特点，其采用的通信线路一般为双绞线或同轴电缆。

② 城域网：城域网的范围比局域网的大，通常可覆盖一个城市或一个地区。城域网中可包含若干个彼此互连的局域网。城域网通常采用光纤或微波作为网络的主干通道。

③ 广域网：广域网可以将相处遥远的两个城域网连接在一起，也可以把世界各地的局域网连接在一起。广域网通过微波、光纤、卫星等介质传送信息，Internet就是最典型的广域网。

（2）按网络的拓扑结构分类

所谓网络拓扑结构是地理位置上分散的各个网络结点互连的几何逻辑布局。网络的拓扑结构决定了网络的工作原理及信息的传输方式，拓扑结构一旦选定必定要选择一种适合于这种拓扑结构的工作方式与信息传输方式。网络的拓扑结构不同，网络的工作原理及信息的传输方式也不同。按拓扑结构分类计算机网络系统有5种形式：总线形、星形、环形、树形和网状（混合）形拓扑结构，如图8-1所示。

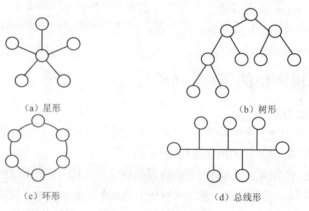

（a）星形　　　　　　　　　（b）树形

（c）环形　　　　　　　　　（d）总线形

图8-1　网络拓扑结构

① 星形结构是一种辐射状结构，以中央结点为中心，将若干个外围结点连接起来。中央结点是整个网络的主控计算机，任何两个结点的通信都必须经过中央结点。星形结构的优点是结构简单，易于实现和管理。星形结构的缺点是中央结点是网络可靠性的瓶颈，如果外围节点过多，会使得中央结点负担过重，而且一旦中央结点出现故障，将会导致整个网络的崩溃。

② 树形结构的结点是按层次进行连接的，信息的交换主要是在上、下结点之间进行。树形结构的优点是结构简单，故障容易分离处理；缺点是整个网络对根节点的依赖性很强，一旦根结点出现故障，网络系统将不能正常工作。

③ 环形结构的结点通过点对点的通信线路连接成一个闭合环路，环中数据只能沿一个方向逐结点传送。环形结构的优点是结构简单，传输时延确定，适合于长距离通信；由于各结点地位和作用相同，容易实现分布式控制，因此环形拓扑结构被广泛应用到分布式处理中。

④ 总线形结构的所有结点通过相应的网络接口卡直接铇接到一条作为公共传输介质的总线上，总线通常采用同轴电缆或双绞线作为传输介质。总线形结构是目前局域网中使用最多的一种拓扑结构，其优点是连接简单，扩充或删除一个结点比较容易；由于结点都连接在一根总线上，共用一个数据通道，因此信道利用率高，资源共享能力强。

⑤ 网状结构也称为混合型结构。该结构网中各结点的连接是任意的，无规律可循，其优点是可靠性高，缺点是结构复杂。广域网基本上都是混合拓扑结构。

（3）按网络的传输介质分类

根据通信介质的不同，网络可划分为有线网和无线网两种。

① 有线网：采用诸如同轴电缆、双绞线、光纤等物理介质来传输数据的网络。

② 无线网：采用卫星、微波等无线形式来传输数据的网络。

（4）按照交换方式分类

根据交换方式，计算机网络包括线路交换网络、存储转发交换网络。存储转发交换又可以分为报文交换和分组交换。

① 线路交换（circuit switching）最早出现在电话系统中，数字信号需要变换成模拟信号才可以在线路上传输，早期的计算机网络就是通过此种方式传输数据的。

② 报文交换（message switching）是一种数字化网络，当通信开始的时候，源主机发出的一个报文被存储在交换设备中，交换设备根据报文的目的地址选择合适的路径转发报文。这种方式也称作存储—转发方式。报文交换方式中报文的长度是不固定的。

③ 分组交换（packet switching）也采用报文传输。它将一个长的报文划分为许多定长的报文分组，以分组作为基本的传输单位。这不仅大大简化了对计算机存储器的管理，也加速了信息在网络中的传输速度。目前，分组交换方式是计算机网络的主流。

（5）按服务方式分类

按网络系统的服务方式，可以分为集中式系统和分布式系统。

① 集中式系统：由一台计算机管理所有网络用户并向每个用户提供服务，多用于局域网。

② 分布式系统：由多台计算机共同提供服务，每台计算机既可以向别人提供服务也可以接受别人的服务，如 Internet 的服务器系统。

（6）按网络数据传输与交换系统的所有权分类

根据网络的数据传输与交换系统的所有权可以分为公用网与专用网。

① 公用网（public network）：是指由国家电信部门组建、控制和管理，为全社会提供服务的公共数据网络，用户需要交纳规定的费用才可以使用。

② 专用网（private network）：是指某一部门或企业因为特殊业务需要而组建、控制和管理的计算机网络，一般只能由特定用户使用。

（7）按传输方式和传输带宽方式分类

按照网络能够传输的信号带宽，可以分为基带网和宽带网。

① 基带网：由计算机或者终端产生的一连串的数字脉冲信号，未经调制所占用的频率范围称为基本频带，简称基带。在信道中直接传输这类基带信号是最简单的一种传输方式。这种网络称为基带网。基带网通常适用于近距离的网络。

② 宽带网：在远距离通信时，由发送端通过调制器（modulator）将数字信号调制成模拟信号在信道中传输，再在接收端通过解调器（demodulator）还原成数字信号，所使用的信道是普通的电话通信信道。这种传输方式叫作频带传输。在频带传输中，经调制器调制而成的模拟信号比音频范围（200 Hz～3400 Hz）要宽，因而通常被称为宽带传输。使用这种技术的网络称为宽带网。

8.1.3　计算机网络的功能与特点

1.　计算机网络的功能

计算机网络具有以下的主要功能。

① 资源共享：这是计算机网络的重要功能，也被认为是最具吸引力的一点。所谓共享就是指网络中各种资源可以相互通用。这种共享可以突破地域范围的限制，而且可共享的资源包括硬件、软件和数据资源。

- 硬件资源有超大型存储器、提速的外部设备及大型、巨型机的 CPU 处理能力等。这些硬件资源通过网络向网络用户开放，可以大大提高资源的利用率，加强数据处理能力，还能节约开销。

- 软件资源有各种语言处理程序、服务程序和各种应用程序等。例如，把某一系统软件装在网内的某一台计算机中，就可以供其他用户调用，或者处理其他用户送来的数据，然后把处理结果送回给那个用户。

- 数据资源有各种数据文件、各种数据库等。由于数据产生源在地理上是分散的，用户无法用投资改变这种状况，因此共享数据资源是计算机网络最重要的目的。

② 数据通信：这是计算机网络的最基本的功能。它用来快速传递计算机与终端、计算机与计算机之间的各种数据，包括文字信件、新闻消息、咨询信息、图片资料、报纸版面等。随着因特网在世界各地的风行，传统电话、电报、邮递等通信方式受到很大冲击，电子邮件已被人们广泛接受，网上电话、视频会议等各种通信方式正在大力发展。

③ 分布式处理：分布式处理是计算机网络研究的重点课题，对于一些复杂的、综合型的大任务，可以通过计算机网络采用适当的算法，将大任务分散到网络中的各计算机上进行分布式处理，由网络上各计算机分别承担其中一部分任务，同时运作，共同完成，从而使整个系统的效能大为加强；也可以通过计算机网络用各地的计算机资源共同协作，进行重大科研项目的联合开发和研究。

④ 提高计算机的可靠性和可用性：计算机网络中的各台计算机可以通过网络互为后备机，设置了后备机，一旦某计算机出现故障，网络中其他计算机可代为继续执行，这样可以避免整个系统瘫痪，从而提高计算机的可靠性；如果网络中某台计算机任务太重，网络可以将该机上的部分任务转交给其他较空闲的计算机，以达到均衡计算机负载，提高网络中计算机可用性的目的。

⑤ 综合信息服务：网络的一个主要发展趋势就是多维化，即在同一套系统上提供继承的信息服务，包括来自政治、经济、科技、军事等各方面的资源。同时，还要为用户提供图像、语音、动画等多媒体信息。在多维化发展的趋势下，许多网络应用的新形式也在不断涌现，如电子邮件、

网上交易、视频点播、联机会议等。这些技术能够为用户提供更多、更好的服务。

2. 计算机网络的特点

计算机网络具有以下特点。

① 它是计算机及相关外部设备组成的一个群体，计算机是网络中信息处理的主体。

② 这些计算机及相关外部设备通过通信介质互连在一起，彼此之间交换信息。

③ 网络系统中的每一台计算机都是独立的，任意两台计算机之间不存在主从关系。

④ 在计算机网络系统中，有各种类型的计算机，不同类型的计算机之间进行通信必须有共同的约定，这些约定就是通信双方必须遵守的协议。因此说计算机之间的通信是通过通信协议实现的。

8.2　计算机网络的通信协议

8.2.1　网络协议

1. 网络协议

当网络中的两台设备需要通信时，双方必须有一些约定，并遵守共同的约定来进行通信。例如，数据的格式是怎样的，以什么样的控制信号联络，具体的传送方式是什么，发送方怎样保证数据的完整性、正确性，接收方如何应答等。为此，人们为网络上的两个结点之间如何进行通信制定了规则和过程，包括网络通信功能的层次构成、各层次的通信协议规范和相邻层的接口协议规范。这些规范的集合模型为网络协议。概括地说，网络协议就是计算机网络中任意两结点间的通信规则。网络协议是由一组程序模块组成的，又称协议堆栈，每一个程序模块在网络通信中有序地完成各自的功能。

在制订网络协议时，要对通信的内容、怎样通信及何时通信等几个方面进行约定。这些约定和规则的集合就构成了协议的内容。网络协议是由语法、语义和定时规则（变换规则）3 个要素组成的。

① 语法部分：是数据与控制信息的结构或格式，用于决定对话双方的格式。

② 语义部分：由通信过程的说明构成，用于决定对话双方的类型。

③ 定时（变换）规则：确定事件的顺序及速度匹配，用于决定通信双方的应答关系。

由于结点之间的联系可能是很复杂的，所以，在制定协议时，一般是把复杂成分分解成一些简单的成分，再将它们复合起来。最常用的复合方式是层次方式，即上一层可以调用下一层，而与再下一层不发生关系。通信协议的分层是这样规定的：把用户应用程序作为最高层，把物理通信线路作为最底层，将其间的协议处理分为若干层，规定每层处理的任务，也规定各层之间的接口标准。

2. 国际标准化组织

一般来说，同一种体系结构的计算机网络之间的互连比较容易实现，但不同体系结构的计算机网络之间要实现互连就存在许多问题。为此，国际上的一些标准化组织制定了相关的标准，为生产厂商、供应商、政府机构和其他服务提供者提供实现互连的指导方针，使得产品或设备相互兼容。这些标准化组织制定的标准，为网络的发展做出了重要贡献。

- 国际标准化组织（International Standards Organization，ISO）。
- 联合国的国际电信联盟（International Telecommunication Union，ITU）。

- 美国国家标准化协会（American National Standards Institute，ANSI）。
- 电气电子工程师协会（Institute of Electrical Electronics Engineers，IEEE）。
- 电子工业协会（Electonic Industries Association/Telecomm Indusutes Association，EIA/TIA）。

8.2.2 计算机网络的体系结构

由于计算机网络涉及不同的计算机、软件、操作系统、传输介质等，要实现它们之间相互通信是非常复杂的。为了实现这样复杂的计算机网络，人们提出了网络层次的概念，即通过网络分层将庞大而复杂的问题转化为若干简单的局部问题，以便于处理和解决。

在这种分层的网络结构中，网络的每一层都具有其相应的层间协议。将计算机网络的各层定义和层间协议的集合称为计算机网络体系结构，其是关于计算机网络系统应设置多少层，每个层能提供哪些功能，以及层之间的关系和如何联系在一起的一个精确定义。

由于系统被分解为相对简单的若干层，所以易于实现和维护。各层功能明确，相对独立，下层为上层提供服务，上层通过接口调用下层功能，而不必关心下层所提供服务的具体实现细节，这就是层次间的无关性。因为有了这种无关性，当某一层的功能需要更新或被替代时，只要它和上、下层的接口服务关系不变，则相邻层都不受影响，因此灵活性好。这有利于技术进步和模型的改进。现代计算机网络都采用了层次化体系结构，最典型的代表就是 OSI 和 TCP/IP 网络体系结构。

1. OSI/RM 参考模型

计算机联网是随着用户的不同需要而发展起来的，不同的开发者可能会使用不同的方式满足使用者的需求，由此产生了不同的网络系统和网络协议。在同一网络系统中网络协议是一致的，结点间的通信是方便的。但在不同的网络系统中网络协议很可能是不一致的。这种不一致不利于网络连接和网络之间结点的通信。

为了解决这个问题，国际标准化组织于 1981 年推出了"开放系统互连参考模型"，即 OSI/RM（Open System Interconnection Reference Model）标准。该标准的目的是希望所有的网络系统都向此标准靠拢，消除系统之间因协议不同而造成的通信障碍，使得在互联网范围内，不同的网络系统可以不需要专门的转换装置就能进行通信。

如图 8-2 所示为 OSI 参考模型的体系结构。OSI 将通信系统分为 7 层，每一层均分别负责数据在网络中传输的某一特定步骤，其中，低 4 层完成传送服务，上面 3 层则面向应用。与各层相对，每层都有自己的协议，网络用户在进行通信时，必须遵循 7 个层次的协议，经过 7 层协议所规定的处理后，才能在通信线路上进行传输。OSI 参考模型 7 层的具体含义如下。

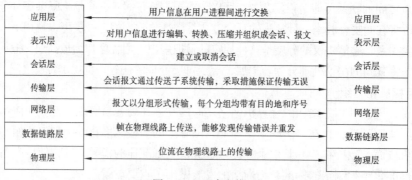

图 8-2　OSI 参考模型

① 物理层：它的作用是通过物理介质进行比特数据流的传输。

② 数据链路层：它提供网络相邻结点间的可靠通信，用来传输以帧为单位的数据包，向网络层提供正确无误的信息包的发送和接收服务。

③ 网络层：它的功能包括提供分组传输服务，进行路由选择及拥塞控制。

④ 传输层：它的功能是在通信用户进程之间提供端到端的可靠的通信。

⑤ 会话层：它的功能是在传输层服务的基础上增加控制、协调会话的机制，建立、组织和协调应用进程之间的交互。

⑥ 表示层：它要保证所传输的信息传输到目的计算机后其意义不发生改变。

⑦ 应用层：它是直接面向用户的，为用户提供应用服务。

在信息的实际传输过程中，发送端是从高层向低层传递，而在接收端则相反，是由低层向高层逆向传递。发送时，每经过一层，都会对上层的信息附加一个本层的信息头。信息头包含了控制信息，供接收方同层次分析及处理用。这个过程称为封装。在接收方去掉该层的附加信息头后，再向上层传递，即解封。可以看出，采用 OSI/RM 模型，用户在网络传递数据时，只需下达指令而不必考虑下层信号如何传递及通信协议等问题，即用户在上层作业时，可完全不必理会低层的运作，这样可以使用户更方便地使用网络。

需要说明的是，OSI/RM 不是一个实际的物理模型，而是一个将网络协议规范化了的逻辑参考模型。OSI/RM 虽然根据逻辑功能将网络系统分为 7 层，并对每一层规定了功能、要求、技术特性等，但并没有规定具体的实现方法，因此，OSI/RM 仅仅是一个标准，而不是特定的系统或协议。网络开发者可以根据这个标准开发网络系统，制定网络协议；网络用户可以用这个标准来考察网络系统、分析网络协议。

OSI/RM 模型所定义的网络体系结构虽然从理论上比较完整，是国际公认的标准，但是由于其实现起来过分复杂，运行效率很低，且标准制订周期太长，导致世界上几乎没有哪个厂家生产出符合 OSI 标准的商品化产品。20 世纪 90 年代初期，OSI 还在制订期间，Internet 已经逐渐流行开来，并得到了广泛的支持和应用。而 Internet 所采用的体系结构是 TCP/IP 模型，这使得 TCP/IP 已经成为事实上的工业标准。

2．TCP/IP 模型

TCP/IP（Transmission Control Protocol/Internet Protocol，传输控制协议/因特网互联协议）是一种网际互连通信协议，其目的在于通过它实现网际间各种异构网络和异种计算机的互连通信。TCP/IP 同样适用于在一个局域网内实现异种机的互连通信。在任何一台计算机或者其他类型的终端上，无论运行的是何种操作系统，只要安装了 TCP/IP，就能够相互连接、通信并接入 Internet。

TCP/IP 也采用层次结构，但与国际标准化组织公布的 OSI/RM 的 7 层参考模型不同。它分为 4 个层次，从上往下依次是应用层、传输层、网络层和网络接口层，如图 8-3 所示。TCP/IP 与 OSI/RM 的对应关系如表 8-1 所示。TCP/IP 模型各层的具体含义如下。

图 8-3　TCP/IP 层次结构

表 8-1 TCP/IP 与 OSI/RM 的对应关系

OSI 模型	TCP/IP 模型	TCP/IP 簇
应用层	应用层	HTTP、FTP、TFTP、SMTP、SNMP、Telnet、RPC、DNS、Ping……
表示层		
会话层		
传输层	传输层	TCP、UDP……
网络层	网络层	IP、ARP、RARP、ICMP、IGMP……
数据链路层	网络接口层	Ethernet、ATM、FDDI、X.25、PPP、Token-Ring……
物理层		

① 网络接口层：对应于 OSI 的数据链路层和物理层，负责将网际层的 IP 数据报通过物理网络发送，或从物理网络接收数据帧，抽出 IP 数据报上交网际层。TCP/IP 没有规定这两层的协议，在实际的应用中根据主机与网络拓扑结构的不同，局域网主要采用 IEEE 802 系列协议，如 IEEE 802.3 以太网协议、IEEE 802.5 令牌环网协议。广域网常采用 HDLC、帧中继、X.25 等。

② 网络层：对应于 OSI 的网络层，提供无链接的数据报传输服务，该层最主要的协议就是无链接的互联网协议（IP）。

③ 传输层：对应于 OSI 的传输层，提供一个应用程序到另一个应用程序的通信，由面向链接的传输控制协议（TCP）和无链接的用户数据报协议（UDP）实现。TCP 提供了一种可靠的数据传输服务，具有流量控制、拥塞控制、按序递交等特点。而 UDP 是不可靠的，但其协议开销小，在流媒体系统中使用较多。

④ 应用层：对应于 OSI 的最高 3 层，包括了很多面向应用的协议，如文件传输协议（File Transfer Protocol，FTP）、远程登录协议（Telnet）、域名系统（Domain Name System，DNS）、超文本传输协议（Hyper Text Transfer Protocol，HTTP）和简单邮件传输协议（Simple Mail Transfer Protocol，SMTP）等。

8.3 计算机网络的硬件设备

计算机网络的硬件包括计算机设备、网络传输介质、网络互联设备等。

8.3.1 计算机设备

网络中的计算机设备包括服务器、工作站、网卡和网络共享设备等。

1. 服务器

服务器通常是一台速度快、存储量大的专用或多用途计算机。它是网络的核心设备，负责网络资源管理和用户服务。在局域网中，服务器对工作站进行管理并提供服务，是局域网系统的核心；在因特网中，服务器之间互通信息，相互提供服务，每台服务器的地位都是同等的。通常，服务器需要专门的技术人员对其进行管理和维护，以保证整个网络的正常运行。根据所承担的任务与服务的不同，服务器可分为文件服务器、远程访问服务器、数据库服务器和打印服务器等。

2. 工作站

工作站是一台台具有独立处理能力的个人计算机，是用户向服务器申请服务的终端设备。用户可以在工作站上处理日常工作，并随时向服务器索取各种信息及数据，请求服务器提供各种服务（如传输文件、打印文件等）。

3. 网卡

网卡也称为网络适配器或网络接口卡（Network Interface Card，NIC），是安装在计算机主板上的电路板插卡，如图 8-4 所示。一般情况下，无论是服务器还是工作站都应安装网卡。网卡的作用是将计算机与通信设施相连接，将计算机的数字信号转换成通信线路能够传送的信号。

图 8-4　网卡

网卡按照和传输介质接口形式的不同可以分为连接双绞线的 RJ45（RJ 是 Registered Jack 的缩写，RJ45 是布线系统中信息插座连接器的一种）接口网卡和连接同轴电缆的 BNC（Bayonet Nut Connector，卡扣配合型连接器）接口网卡等；按照连接速度的不同，网卡可以分为 10 Mbit/s、100 Mbit/s、10 Mbit/s/100 Mbit/s 自适应及 1 000Mbit/s 网卡等；按照与计算机接口的不同可以分为 ISA、PCI、PCMCIA 网卡等。

4. 共享设备

共享设备是指为众多用户共享的高速打印机、大容量磁盘等公用设备。

8.3.2　网络传输介质

传输介质是数据传输系统中发送装置和接收装置的物理媒体，是决定网络传输速率、网络段最大长度、传输可靠性的重要因素。传输介质可以分为有线传输介质和无线传输介质。

1. 有线传输介质

（1）双绞线

双绞线（Twisted Pair Cable）价格便宜且易于安装使用，是使用最广泛的传输介质。双绞线可分为非屏蔽双绞线（Unshielded Twisted Pair，UTP）和屏蔽双绞线（Shielded Twisted Pair，STP）两大类，其中，UTP 成本较低，但易受各种电信号的干扰；STP 外面环绕一圈保护层，可大大提高抗干扰能力，但增加了成本。电话系统使用的双绞线一般是一对双绞线，而计算机网络使用的双绞线一般是 4 对，如图 8-5 所示。

（a）双绞线　　　　　　　　　　（b）UTP　　　　　　　　　（c）RJ-45 插头

图 8-5　双绞线

双绞线按传输质量分为 1～5 类（表示为 UTP-1～UTP-5），局域网中常用的为 3 类（UTP-3）和 5 类（UTP-5）双绞线。由于工艺的进步和用户对传输带宽的要求的提高，现在普遍使用的是高质量的 UTP，称为超 5 类线 UTP。它在 2000 年作为标准正式颁布，称为 Cat 5e，能支持高达 200 Mbit/s 的传输速率，是常规 5 类线容量的 2 倍，也是目前使用最多的一种电缆。

UTP 连接到网络设备（Hub、Switch）的连接器，是类似电话插口的咬接式插头，称为 RJ-45，俗称水晶头。

双绞线电缆主要用于星形网络拓扑结构，即以集线器或网络交换机为中心，各计算机均用一根双绞线与之连接。这种拓扑结构非常适用于结构化综合布线系统，可靠性较高。任一连线发生故障

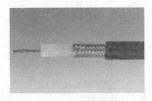

图 8-6　同轴电缆

时，均不会影响到网络中的其他计算机。

（2）同轴电缆

同轴电缆（Coaxial Cable）中心是实心或多芯铜线电缆，包上一根圆柱形的绝缘皮，外导体为硬金属或金属网，既作为屏蔽层又作为导体的一部分来形成一个完整的回路，如图 8-6 所示。外导体外还有一层绝缘体，最外面是一层塑料皮包裹。由于外导体屏蔽层的作用，同轴电缆具有较高的抗干扰能力。同轴电缆能够传输比双绞线更宽频率范围的信号。

计算机网络中使用的同轴电缆有两种规格：一种是粗缆，另一种是细缆。无论是粗缆还是细缆均用于总线拓扑结构，即一根线缆上连接多台计算机。

由同轴电缆构造的网络现在基本上已很少见了，因为网络中很小的变化，都可能会要改动电缆。另外，这是一种单总线结构，只要有一处的连接出现故障，将会造成整个网络的瘫痪，在双绞线以太网出现以后这种传输介质基本上就被淘汰了。

（3）光纤

光导纤维简称为光纤（Optical Fiber），它是发展最为迅速的传输介质。光纤通信是利用光纤传递光脉冲信号实现的，由多条光纤组成的传输线就是光缆，如图 8-7 所示。光缆与普通电缆不同，它是用光信号而不是用电信号来传输信息的，它一般不受外界电场和磁场的干扰，不受带宽的限制，现代的生产工艺可以制造出超低损耗的光纤，光信号可以在纤芯中传输数千米而基本上没有什么损耗，在 6 km～8 km 的距离内不需要中继放大。这也是光纤通信得到飞速发展的关键因素。

图 8-7　多根光纤组成的光缆

与其他传输介质相比，低损耗、高带宽和高抗干扰性是光纤最主要的优点。目前光纤的数据传输率已达到 2.4 Gbit/s，更高速率的 5 Gbit/s、10 Gbit/s 甚至 20 Gbit/s 的系统也正在研制过程中。光纤的传输距离可达上千米，目前在大型网络系统的主干或多媒体网络应用系统中，几乎都采用光纤作为网络传输介质。

图 8-8　微波通信塔

2．无线传输介质

（1）微波

微波通信（Microwave Communication）是使用波长在 0.1mm～1m 的电磁波—微波进行的通信。微波通信不需要固体介质，当两点间直线距离内无障碍时就可以使用微波传送。利用微波进行通信具有容量大、质量好并可传至很远的距离，因此是国家通信网的一种重要通信手段，也普遍适用于各种专用通信网。微波沿直线传输，不能绕射，所以适用于海洋、空中或两个不同建筑物之间的通信。微波通信如图 8-8 所示。

（2）卫星

卫星通信是通过地球同步卫星作为中继系统来转发微波信号。一个同步地球卫星可以覆盖地球 1/3 以上的地区，3 个同步地球卫星就可以覆盖地球上全部通信区域，如图 8-9 所示。通过卫星地面站可以实现地球上任意两点间的通信。卫星通信的优点是信道容量大、传输距离远、覆盖面积

图 8-9　卫星通信

大。缺点是成本高、传输时延长。

除了微波和卫星通信，红外线、无线电、激光也是常用的无线介质。带宽大、传输距离长、使用方便是无线介质最主要的优点，而容易受到障碍物、天气和外部环境的影响则是它的不足。无线介质和相关传输技术也是网络的重要发展方向之一。

8.3.3　网络互连设备

网络互连是指通过采用合适的技术和设备，将不同地理位置的计算机网络连接起来，形成一个范围、规模更大的网络系统，实现更大范围内的资源共享和数据通信。

（1）中继器

中继器（Repeater）可以扩大局域网的传输距离，它可以连接两个以上的网络段，通常用于同一幢楼里的局域网之间的互连。在 IEEE 802.3 中，MAC（Media Access Conrol）协议的属性允许电缆可以长达 2 500 m，但是传输线路仅能提供传输 500 m 的能量，因此在必要时使用中继器来延伸电缆的长度。用中继器连接起来的各个网段仍属于一个网络整体，各网段不单独配置文件服务器，它们可以共享一个文件服务器。中继器仅有信号放大和再生的功能，其不需要智能和算法的支持，只是将一端的信号转发到另一端，或者是将来自一个端口的信号转发到多个端口。

（2）集线器

集线器（Hub）可以说是一种特殊的中继器，其作为网络传输介质的中央结点，是信号再生转发的设备。它使多个用户通过集线器端口用双绞线与网络设备连接，一个集线器通常具有 8 个以上的连接端口。这种连接也可以认为是带有集线器的总线结构。集线器上的每个端口互相独立，一个端口的故障不会影响其他端口的状态。集线器分为普通型和交换型，交换型集线器的传输效率比较高，目前用得较多。

集线器根据工作方式的不同可以分为无源集线器（Passive Hub）、有源集线器（Active Hub）和智能集线器。

（3）网桥

网桥（Network Bridge）是用来连接两个具有相同操作系统的局域网络的设备。网桥的作用是扩展网络的距离，减轻网络的负载。在局域网中每一条通信线路的长度和连接的设备数都是有最大限度的，如果超载就会降低网络的工作性能。对于较大的局域网可以采用网桥将负担过重的网络分成多个网络段，每个网段的冲突不会被传播到相邻网段，从而达到减轻网络负担的目的。由网桥隔开的网络段仍属于同一局域网。网桥的另一个作用是自动过滤数据包，根据包的目的地址决定是否转发该包到其他网段。网桥有内桥和外桥两种，内桥由文件服务器兼任，外桥是用专门的一台服务器来做两个网络的连接设备。

（4）路由器

路由器（Router）实际上是一台用于网络互连的计算机。在用于网络互连的计算机上运行的网络软件需要知道每台计算机连在哪个网络上，才能决定向什么地方发送数据的分组。选择向哪个网络发送数据分组的过程叫作路由选择，完成网络互连、路由选择任务的专用计算机就是路由器。路由器不仅具有网桥的全部功能，而且还可以根据传输费用、网络拥塞情况及信息源与目的地的距离远近等不同情况自动选择最佳路径来传送数据。

（5）网关

当需要将采用不同网络操作系统的计算机网络互相连接时，就需要使用网关（Gateway）来完成不同网络之间的转换，因此网关也称为网间协议转换器，如图 8-10 所示。网关工作于 OSI/RM

的高3层（会话层、表示层和应用层），用来实现不同类型网络间协议的转换，从而对用户和高层协议提供一个统一的访问界面。网关的功能既可以由硬件实现，也可以由软件实现。网关可以设在服务器、微型计算机或大型机上。

（6）交换机

交换机（Switch）主要用来组建局域网和局域网的互连。交换机的功能类似于集线器，它是一种低价位、高性能的多端口网络设备，除了具有集线器的全部特性外，还具有自动寻址、数据交换等功能。它将传统的共享带宽方式转变为独占方式，每个结点都可以拥有和上游结点相同的带宽。交换机如图8-11所示。

图 8-10　网关

图 8-11　交换机

8.4　因特网的基本技术

8.4.1　因特网的概念与特点

1. 因特网的概念

因特网（Internet）是全球性的最具有影响力的计算机互联网，也是世界范围内的信息资源库。因特网最初是一项由美国开发的互联网络工程，但是目前，因特网已经成为覆盖全球的基础信息设施之一。

因特网本身不是一种具体的物理网络技术，将其称为网络是网络专家为了便于理解而给它加上的一种"虚拟"的概念。实际上，因特网是把全世界各个地方已有的各种网络，如计算机网络、数据通信网及公用电话交换网等互连起来，组成一个跨越国界范围的庞大的互联网，因此它又称为网络的网络。从本质上讲，因特网是一个开放的、互连的、遍及全世界的计算机网络系统，它遵从TCP/IP协议，是一个使世界上不同类型的计算机能够交换各类数据的通信媒介，为人们打开了通往世界的信息大门。

2. Internet的基本结构

从Internet结构的角度看，它是一个利用路由器将分布在世界各地数以万计的规模不一的计算机互连起来的网际网。Internet的逻辑结构如图8-12所示。

从Internet用户的角度看，Internet由大量计算机连接在一个巨大的通信系统平台上形成的一个全球范围的信息资源网。接入Internet的主机既可以是信息资源及服务的提供者，也可以是信息资源及服务的使用者。Internet的用户不必关心Internet的内部结构，他们面对的只是Internet所提供的信息资源及服务。

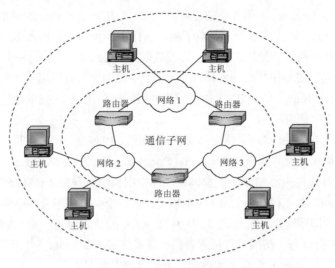

图 8-12 Internet 的逻辑结构

3. Internet 的发展

Internet 的前身是美国国防部高级计划研究署在 1969 年作为军事实验网络而建立的 ARPNet，建立的最初只有 4 台主机，采用网络控制程序（Network Control Program，NCP）作为主机之间的通信协议。ARPNet 随着计算机数量的增多和应用逐步民用化。

20 世纪 80 年代初期，用于异构网络的 TCP/IP 协议研制成功并投入使用。1985 年，美国国家科学基金会（National Science Foundation，NSF）用高速通信线路把分布在全国的 6 个超级计算机中心连接起来构成 NSFNet 并与 ARPNet 相连，形成了一个支持科研、教育、金融等各方面应用的广域网。此后几年 NSFNet 逐步取代 APARNet 成为 Internet 的主干网，到了 1990 年 APARNet 就完全淘汰。随着网络技术的不断发展，网络速度不断提高，接入的结点不断增多，从而形成了现在的 Internet。

1992 年以前，NSFNet 主要用于教育和科研方面。以后，随着万维网的发展，计算机网络迅速扩展到了金融和商业部门，到 1992 年，Internet 的网络技术、网络产品、网络管理和网络应用都已趋于成熟，开始步入了实际应用阶段。这个阶段最主要的标志有两个：一是它的全面应用和商业化趋势的发展；二是它已迅速发展成全球性网络。此时，美国已无法提供巨资资助 Internet 主干网。1995 年 4 月，NSFNet 完成其历史使命，不再作为 Internet 主干网，替代它的是若干商业公司建立的主干网。

随着 Internet 技术和网络的成熟，Internet 的应用很快地从教育科研、政府军事等领域扩展到商业领域，并获得迅速发展。Internet 上的众多服务器提供大量的商业信息供用户查询，如企业介绍、产品价格、技术数据等。在 Internet 上不少网站知名度越来越高，查询极为频繁，再加上广告的交互式特点，吸引了越来越多的厂家在网上登载广告。

Internet 发展极为迅速，现在已经成为一个全球性的网络。从 1983 年开始，接入 Internet 的计算机数量每年大致增长一倍，呈指数增长。现在 Internet 已延伸到世界的各个角落，据国际电信联盟的统计，2010 年全球互联网人数超过 20 亿，占全球人口的将近 1/3。

随着全球信息高速公路的建设，我国政府也开始推进中国信息基础设施（China Information Infrastructure，CII）的建设。到目前为止，Internet 在我国已得到极大的发展。回顾我国 Internet 的发展，可以分为两个阶段。

第一个阶段是与 Internet 电子邮件的连通。1988 年 9 月，中国学术网络（China Academic Network，CANET）向世界发送了第一封电子邮件，标志着我国开始进入 Internet。CANET 是中国第一个与国外合作的网络，使用 X.25 技术，通过德国 Karlruhe 大学的一个网络接口与 Internet 交换 E-mail。1990 年，CANET 在 InterNic 中注册了中国国家最高域名 CN。1990 年，中国研究网络（China Research Network，CRN）建成，该网络同样使用 X.25 技术通过 RARE 与国外交换信息，并连接了十多个研究机构。

第二个阶段是与 Internet 实现全功能的 TCP/IP 连接。1989 年，原中国国家计划委员会和世界银行开始支持一个称为国家计算设施（National Computing Facilities of China，NCFC）的项目。该项目包括 1 个超级计算机中心和 3 个院校网络，即中国科学院网络（CASnet）、清华大学校园网（Tunet）和北京大学校园网（Punet）。1993 年年底，这 3 个院校网络分别建成。1994 年 3 月，开通了一个 64 kbit/s 的国际线路，连到美国。1994 年 4 月，路由器开通，使 CASnet、Tunet 和 Punet 用户可对 Internet 进行全方位访问。这标志着我国正式接入了 Internet，并于同年开始建立运行自己的域名体系。此后，Internet 在我国如雨后春笋般迅速发展起来。

目前，在国内已经建成了具有相当规模和高水平的 Internet 主干网，其中中国公用计算机互联网（CHINANet）覆盖了全国 20 多个省市的 200 多个城市；中国教育与科研计算机网（CERNet）把全国的 240 多所大专院校互连，使全国的大学教师与学生通过校园网便可畅游 Internet；中国科学技术网（CSTNet）连接了中国大部分的科研机构；中国金桥信息网（CHINAGBN）把中国的经济信息以最快的速度展示给全世界；中国联通网（UNINet）与中国网通网（CNCNet）是近几年开始建设的 Internet 主干网，它们依托最新的通信技术对公众进行多样化的服务。

1997 年 6 月 3 日中国互联网信息中心（China Internet Network Information Center，CNNIC）在北京成立，并开始管理我国的 Internet 主干网。CNNIC 的主要职责是为我国互联网用户提供域名注册、IP 地址分配、用户培训资料等信息服务；提供网络技术资料、政策与法规、入网方法、用户培训资料等信息服务及提供网络通信目录、主页目录与各种信息库等目录。

4. Internet 的特点

Internet 之所以能在很短的时间内风靡全世界，而且还在以越来越快的速度向前发展，这与它所具有的显著特点分不开的。

① TCP/IP 是 Internet 的基础和核心。网络互连离不开通信协议，Internet 的核心就是 TCP/IP，正是依靠着 TCP/IP，Internet 实现了各种网络的互连。

② Internet 实现了与公用电话交换网的互连，从而使全世界众多的个人用户可以方便地入网。任何用户，只要有一条电话线、一台计算机和一个 modem，就可以连入 Internet，这是 Internet 得以迅速普及的重要原因之一。

③ Internet 是用户自己的网络。由于 Internet 上的通信没有统一的管理机构，因此，网上的许多服务和功能都是由用户自己进行开发、经营和管理的，如著名的 WWW 软件就是由欧洲核子物理实验室开发出来交给公众使用的。因此，从经营管理的角度来说，Internet 是一个用户自己的网络。

8.4.2　TCP/IP 协议簇

1. TCP/IP

通信协议是计算机之间交换信息所使用的一种公共语言的规范和约定，Internet 的通信协议包含 100 多个相互关联的协议，由于 TCP 和 IP 是其中两个最核心的关键协议，故把 Internet 协议簇称为 TCP/IP。

（1）IP（Internet Protocol）网际协议

IP 非常详细地定义了计算机通信应该遵循规则的具体细节。它准确地定义了分组的组成和路由器如何将一个分组传递到目的地。

IP 将数据分成一个个很小的数据包（IP 数据包）来发送。源主机在发送数据之前，要将 IP 源地址、IP 目的地址与数据封装在 IP 数据包中。IP 地址保证了 IP 数据包的正确传送，其作用类似于日常生活中使用的信封上的地址。源主机在发送 IP 数据包时只需要指明第一个路由器，该路由器根据数据包中的目的 IP 地址决定它在 Internet 中的传输路径，在经过路由器的多次转发后将数据包交给目的主机。数据包沿哪一条路径从源主机发送到目的主机，用户不必参与，完全由通信子网独立完成。

（2）TCP（Transmission Control Protocol）传输控制协议

TCP 解决了 Internet 分组交换通道中数据流量超载和传输拥塞的问题，使得 Internet 上的数据传输和通信更加可靠。具体来说，TCP 解决了在分组交换中可能出现的几个问题。

① 当经过路由器的数据包过多而超载时，可能会导致一些数据包丢失。这种情况下，TCP 能自动地检测到丢失的数据包并加以恢复。

② 由于 Internet 的结构非常复杂，一个数据包可以经由多条路径传送到目的地。由于传输路径的多变性，一些数据包到达目的地的顺序会与数据包发送时的顺序不同。此时，TCP 能自动检测数据包到来的顺序并将它们按原来的顺序调整过来。

③ 由于网络硬件的故障有时会导致数据重复传送，使得一个数据包的多个副本到达目的地。此时，TCP 能自动检测出重复的数据包并接收最先到达的数据包。

虽然 TCP 和 IP 也可以单独使用，但事实上它们经常是协同工作相互补充的。IP 提供了将数据分组从源主机传送到目的主机的方法，TCP 提供了解决数据在 Internet 中传送丢失数据包、重复传送数据包和数据包失序的方法，从而保证了数据传输的可靠性。

TCP 和 IP 的协同工作，实现了将信息分割成很小的 IP 数据包来发送。这些 IP 数据包并不需要按一定顺序到达目的地，甚至不需要按同一传输线路来传送。而这些信息无论怎样分割，无论走哪条路径，最终都在目的地完整无缺地组合起来。

2. TCP/IP 包中主要协议介绍

TCP/IP 实际上是一个协议包，它含有 100 多个相互关联的协议，表 8-2 列出 TCP/IP 各层中主要的协议。

表 8-2　　　　　　　　　　　　　　　　TCP/IP 各层主要协议

TCP/IP 模型	主要协议
应用层	DNS、SMTP、FTP、Telnet、Gopher、HTTP、WAIS……
传输层	TCP、UDP、DVP……
网络层	IP、ICMP、ARP、RARP……
接口层	Ethernet、Arpanet、PDN……

① DNS（domain name system，域名系统）：DNS 实现域名到 IP 地址之间的解析。

② FTP（file transfer protocol，文件传输协议）：FTP 实现主机之间相互交换文件的协议。

③ Telnet（telecommunication network，远程登录的虚拟终端协议）：Telnet 支持用户从本机主机通过远程登录程序向远程服务器登录和访问的协议。

④ HTTP（hyper-text transfer protocol，超文本传输协议）：HTTP 在浏览器上查看 Web 服务

器上超文本信息的协议。

⑤ SMTP（simple mail transfer protocol，简单邮件传输协议）：SMTP用于服务器端电子邮件服务程序与客户机端电子邮件客户程序共同遵守和使用的协议，用于在Internet上发送电子邮件。

8.4.3 IP地址与域名地址

为了实现Internet上不同计算机之间的通信，每台计算机都必须有一个不与其他计算机重复的地址。该地址相当于通信时每台计算机的名字。在使用Internet的过程中，遇到的地址有IP地址、域名地址和电子邮件地址等。

1. IP地址

不论网络拓扑形式如何，也不论网络规模的大小，只要使用的是TIC/IP，就必须为每台计算机配置IP地址。IP地址是连入Internet的设备的唯一标识，这些设备可以是计算机、手机、家用电器、仪器等，Internet上使用IP地址来唯一确定通信的双方。

IP地址体系目前有广泛应用的IPv4体系和目前正在建设的IPv6体系。

（1）IPv4地址表示

IP地址由网络地址和主机地址两部分组成，如图8-13所示，其中，网络地址用来表示一个逻辑网络，主机地址用来标识该网络中的一台主机。

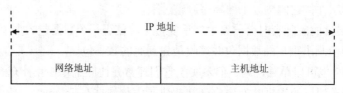

图 8-13　IP地址的结构

在IPv4体系中，每个IP地址均由长度为32位的二进制数组成（即4个字节），每8位（1个字节）之间用圆点分开，如11001010.01110001.01111101.00000011。

用二进制数表示的IP地址难以书写和记忆，通常将32位的二进制地址写成4个十进制数字字段，书写形式为xxx.xxx.xxx.xxx，其中，每个字段xxx都在0~255之间取值。例如，上述二进制IP地址转换成相应的十进制表示形式为202.113.125.3。

在IPv4体系中，IP地址通常可以分成A、B、C等三大类。

① A类地址（用于大型网络）：第1个字节标识网络地址，后3个字节表示主机地址；A类地址中第1个字节的首位总为0，其余7位表示网络标识，所以A类地址是一个形如0~127.XXX.XXX.XXX的数。对于A类地址，它可以容纳的网络数量为2^7=128；而对于每一个网络来说，能够容纳的主机数量为2^{24}。A类地址用于大型网络，如图8-14所示。

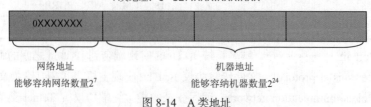

图 8-14　A类地址

② B类地址（用于中型网络）：前2个字节标识网络地址，后2个字节表示主机地址；B类

地址中第 1 个字节的前 2 位为 10，余下 6 位和第 2 个字节的 8 位共 14 位表示网络标识，因此，B 类地址是一个形如 128～191.XXX.XXX.XXX 的数。对于 B 类地址，它可以容纳的网络数量为 2^{14}；而对于每一个网络来说，能够容纳的主机数量为 2^{16}。B 类地址用于中型网络，如图 8-15 所示。

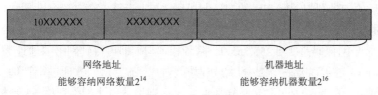

图 8-15　B 类地址

③ C 类地址（用于小型网络）：前 3 个字节标识网络地址，后 1 个字节表示主机地址；C 类地址中第 1 个字节的前 3 位为 110，余下 5 位和第 2、3 个字节的共 21 位表示网络标识，因此，C 类地址是一个形如 192～223.XXX.XXX.XXX 的数。对于 C 类地址，它可以容纳的网络数量为 2^{21}；而对于每一个网络来说，能够容纳的主机数量为 2^{8}。C 类地址用于小型网络，如图 8-16 所示。

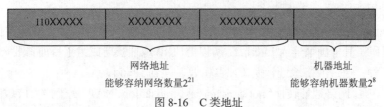

图 8-16　C 类地址

例如，IP 地址为 166.111.8.248，表示一个 B 类地址；IP 地址为 202.112.0.36，表示一个 C 类地址；而 IP 地址 18.181.0.21，表示一个 A 类地址。

此外，IP 地址还有另外两个类别，即组广播地址和保留地址，分别分配给 Internet 体系结构委员会和实验性网络使用，称为 D 类和 E 类。

④ 当 IP 地址的机器部分全为 1 时，组合出的 IP 地址称为广播地址，向此 IP 发送数据报，此网络内所有机器都会接收到。大量发送广播数据包会严重干扰网络的正常运行（广播风暴），因而目前的交换机和路由器都会禁止此类数据包进入 Internet，只在本网络内传播。

⑤ IP 地址保留了两个特殊的网段用于进行试验。这两个网段称为保留地址，或者叫作私有地址。路由器不会转发目的是保留地址的数据包，这些 IP 地址只在本 LAN 内有效。

- 10.X.X.X——适合大型试验网络。
- 192.168.X.X——适合小型试验网络。

（2）IP 地址的分配

在互联网中，IP 地址的分配是有一定规则的，由 Internet 网络协会负责网络地址分配的委员会进行登记和管理。目前全世界有 3 个大的网络信息中心，其中，INTERNIC 主要负责美国，RIPE-NIC 主要负责欧洲地区，APNIC 负责亚太地区。它的下一级为 Internet 网络的网络管理信息中心，每个网点组成一个自治系统。网络信息中心只给申请成为新网点的组织分配 IP 地址的网络号，主机地址则由申请的组织自己来分配和管理。这种分层管理的方法能够有效防止 IP 地址冲突。

（3）子网与子网掩码

使用子网是为了减少 IP 的浪费。因为随着互联网的发展，越来越多的网络产生，有的网络多则几百台，有的只有区区几台。这样就浪费了很多 IP 地址，所以要划分子网。

子网掩码是一个 32 位地址，是与 IP 地址结合使用的一种技术。它的主要作用有两个，一是用于屏蔽 IP 地址的一部分以区别网络标识和主机标识，并说明该 IP 地址是在局域网上，还是在远程网上；二是用于将一个大的 IP 网络划分为若干小的子网络。

通过 IP 地址的二进制与子网掩码的二进制进行"与"运算，确定某个设备的网络地址和主机号，也就是说通过子网掩码分辨一个网络的网络部分和主机部分。例如，一个机器的 IP 是 202.113.125.125，子网掩码是 255.255.255.0，两者相"与"即可得到网络的地址为 202.113.125.0。

利用子网掩码，还可以将一个 LAN 划分为更小的 LAN，从而方便进行管理。例如，对于一个 C 类网络的网段 202.113.116.0，需要分割为 4 个小网络，每个网络容纳 64 台机器。此时可以使用最后一个 8 位中前两位来表示网络号码，这样，可以有 2^2 个网络，后 6 位表示机器即可。这时，对应的子网掩码如下。

- 255.255.255.0：表示的 IP 范围是 202.113.116.0～63。
- 255.255.255.64：表示的 IP 范围是 202.113.116.64～127。
- 255.255.255.128：表示的 IP 范围是 202.113.116.128～191。
- 255.255.255.192：表示的 IP 范围是 202.113.116.192～255。

（4）IP 地址匮乏问题

随着 Internet 接入设备的增多，IPv4 体系的 IP 地址已经所剩无几，加上美国占据了大部分的 IP 地址，严重阻碍了其他国家连入 Internet，所以解决 IP 地址匮乏成为了目前首要要解决的问题。目前的措施有两种：通过网络地址转换（NAT）及转换到 IPv6 体系。

① NAT 的方案。网络地址转换（network address translation，NAT）属于接入广域网（Wide Area Network，WAN）技术，是一种将私有（保留）地址转化为合法 IP 地址的转换技术，被广泛应用于各种类型的 Internet 接入方式和各种类型的网络中。NAT 不仅完美地解决了 IP 地址不足的问题，而且还能够有效地避免来自网络外部的攻击，隐藏并保护网络内部的计算机。

在本网络内使用保留地址来组建自己的 LAN，通过一个公有有效 IP 来连入 Internet。这样，LAN 内所有的机器在 Internet 上呈现为一台机器，但不影响本网络内机器的服务和通信，前提是必须有进行转换的设备，此设备负责将内网数据包包装发送到 Internet，并将 Internet 上接收到的数据包转发给对应的内网机器。此设备可以使用软件模拟，也可以使用硬件设备。

② 转换到 IPv6 体系。IPv6 是能够无限制地增加 IP 网址数量、拥有巨大网址空间和卓越网络安全性能等特点的新一代互联网协议。IPv6 具有如下的技术特点。

- 地址空间巨大：IPv6 地址空间由 IPv4 的 32 位扩大到 128 位，2 的 128 幂次方形成了一个巨大的地址空间。采用 IPv6 地址后，移动电话、冰箱等设备都可以拥有自己的 IP 地址。
- 灵活的 IP 报文头部格式：使用一系列固定格式的扩展头部取代了 IPv4 中可变长度的选项字段。IPv6 中选项部分的出现方式也有所变化，使路由器可以简单路过选项而不做任何处理，加快了报文处理速度。
- IPv6 简化了报文头部格式，字段只有 7 个，加快了报文转发，提高了吞吐量。
- 提高安全性。身份认证和隐私权是 IPv6 的关键特性。
- 支持更多的服务类型。
- 允许协议继续演变，增加新的功能，使之适应未来技术的发展。

IPv6 正处在不断发展和完善的过程中，它在不久的将来将取代目前被广泛使用的 IPv4。每个人将拥有更多的 IP 地址。

2. 域名地址

由于用数字描述的 IP 地址不形象、没有规律，因此难以记忆，使用不便。为此，人们又研制出用字符描述的地址，称为域名（Domain Name）地址。

Internet 的域名系统是为方便解释机器的 IP 地址而设立的，域名系统采用层次结构，按地理域或机构域进行分层。一个域名最多由 25 个子域名组成，每个子域名之间用圆点隔开，域名从右往左分别为最高域名、次高域名……逐级降低，最左边的一个字段为主机名。

通常一个主机域名地址由 4 部分组成：主机名、主机所属单位名、网络名和最高域名。例如，一台主机的域名为 www.hebut.edu.cn，就是一个由 4 部分组成的主机域名。

① 最高域名在 Internet 中是标准化的，代表主机所在的国家或地区，由两个字符构成。例如，CN 代表中国；JP 代表日本；US 代表美国（通常省略）等。

② 网络名是第二级域名，反映组织机构的性质，常见的代码有 EDU（教育机构）、COM（营利性商业实体）、GOV（政府部门）、MIL（军队）、NET（网络资源或组织）、INT（国际性机构）、WEB（与 WWW 有关的实体）、ORG（非营利性组织机构）。

③ 主机所属单位名一般表示主机所属域或单位。例如，tsinghua 表示清华大学；hebut 表示河北工业大学等。主机名可以根据需要由网络管理员自行定义。

在最新的域名体系中，允许用户申请不包括网络名的域名，如 www.hebut.cn。

域名与 IP 地址都是用来表示网络中的计算机的。域名是为人们便于记忆而使用的，IP 地址是计算机实际的地址，计算机之间进行通信连接时是通过 IP 地址进行的。在 Internet 的每个子网上，有一个服务器称为域名服务器。它负责将域名地址转换（翻译）成 IP 地址。

3. 电子邮件地址

电子邮件地址是 Internet 上每个用户所拥有的、不与他人重复的唯一地址。对于同一台主机，可以有很多用户在其上注册，因此，电子邮件地址由用户名和主机名两部分构成，中间用@隔开，如 username@hostname，其中，username 是用户在注册时由接收机构确定的，如果是个人用户，用户名常用姓名，单位用户常用单位名称；hostname 是该主机的 IP 地址或域名，一般使用域名。

例如，user1@mail.hebut.edu.cn 表示一个在河北工业大学的邮件服务器上注册的用户电子邮件地址。

8.5　因特网应用

8.5.1　因特网信息浏览

1. 因特网信息浏览的基本概念

在因特网中通过采用 WWW 方式浏览信息，而 WWW 是 World Wide Web 的缩写，是因特网上最早出现的应用方式，也是因特网上应用最广泛的一种信息发布及查询服务。WWW 以超文本的形式组织信息，下面介绍有关 WWW 的基本概念。

- Web 网站与网页

WWW 实际上就是一个庞大的文件集合体。这些文件称为网页或 Web 页，存储在因特网上的成千上万台计算机上。提供网页的计算机称为 Web 服务器，或叫作网站、网点。

- 超文本与超链接

一个网页会有许多带有下画线的文字、图形或图片等，称为超链接。当单击超链接，浏览器就会显示出与该超链接相关的网页。这样的链接不但可以链接网页，还可以链接声音、动画、影片等其他类型的网络资源。具有超链接的文本就称为超文本，除文本信息以外，还有语音、图像和视频（或称动态图像）等，在这些多媒体的信息浏览中引入超文本的概念，就是超媒体。

- 超文本置标语言（HTML）

HTML（Hyper Text Markup Language）是为服务器制作信息资源（超文本文档）和客户浏览器显示这些信息而约定的格式化语言。可以说所有的网页都是基于超文本置标语言编写出来的，使用这种语言，可以对网页中的文字、图形等元素的各种属性进行设置，如大小、位置、颜色、背景等，还可以将它们设置成超链接，用于连向其他的相关网站。

- 统一资源定位器

利用 WWW 获取信息时要标明资源所在地。在 WWW 中用 URL（Uniform Resource Locator）定义资源所在地。URL 的地址格式如下。

应用协议类型://信息资源所在主机名（域名或 IP 地址）/路径名/…/文件名

例如，地址 http://www.edu.cn/，表示用 HTTP 协议访问主机名为 www.edu.cn 的 Web 服务器的主页；地址 http://www.hebut.edu.cn/services/china.htm，表示用 HTTP 协议访问主机名为 www.hebut .edu.cn 的一个 HTML 文件。

利用 WWW 浏览器，还可以包含其他服务功能，如可以采用文件传输协议（FTP），访问 FTP 服务器。例如，ftp://ftp.hebut.edu.cn 表示以协议 FTP 访问主机名为 ftp.hebut.edu.cn 的 FTP 服务器。在 URL 中，常用的应用协议有 HTTP（Web 资源）、FTP（FTP 资源）、Telnet（远程登录）及 FILE（用户机器上的文件）等。

- 超文本传输协议（HTTP）

为了将网页的内容准确无误地传送到用户的计算机上，在 Web 服务器和用户计算机间必须使用一种特殊的语言进行交流，这就是超文本传输协议。

用户在阅读网页内容时使用一种称为浏览器的客户端软件。这类软件使用 HTTP 协议向 Web 服务器发出请求，将网站上的信息资源下载到本地计算机上，再按照一定的规则显示到屏幕上，成为图文并茂的网页。

2. 浏览器的使用

用户在因特网中进行网页浏览查询时，需要在本地计算机中运行浏览器应用程序。目前，使用比较广泛的浏览器有微软公司的 Internet Explorer（IE），360 浏览器、傲游浏览器（Maxthon）、火狐浏览器（Firefox）、谷歌浏览器等。图 8-17 所示为 IE 浏览器窗口。

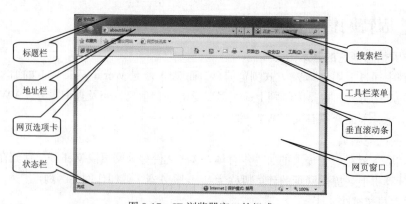

图 8-17　IE 浏览器窗口的组成

3. 浏览器的设置

浏览器的设置里能够设置浏览器的很多操作,如安全、隐私、连接等等,也能解决很多实际的问题,如打开某一网页时一些视频或 flash 文件打不开、打开一些网页发现部分控件无法使用等都可能与浏览器的设置有关。在浏览器的"工具"菜单中选择"Internet 选项"命令,可以打开"Internet 选项"对话框。

在"常规"选项卡可以设置浏览器的起始页,删除临时文件、清理历史记录等,还可以管理搜索选项设置、选项卡设置及外观设置功能。其他的选项卡一般应用较少,其中,"安全"选项卡可以针对浏览器浏览不同网页时设置不同的安全等级;"高级"选项卡中可以设置浏览器的常规选项、也可以针对浏览器的安全做相应的设置。

4. 保存或收藏网页

在浏览网页时,经常会发现有值得反复访问的页面,此时可以将该网页保存到收藏夹中,也可以将网页保存成文件,或将网页中的文字或图片复制保存下来。

* 收藏网页:单击"地址栏"下方的"收藏夹"图标,在打开的收藏夹中选择"添加到收藏夹",可以将当前浏览的网页保存到"收藏夹"中。

* 将网页保存为文件:在"页面"中选择"另存为"命令,可以将当前浏览的网页保存为文件。在将网页保存为文件时,可以根据需要选择将文件保存为网页类型或文本类型。

* 保存部分文本信息:如果只需保存网页的一部分文字信息,可以在浏览器窗口里的网页上用鼠标拖动选取一块文本,然后按【Ctrl】+【C】组合键将选取的文本块复制到的剪贴板中,然后在其他软件(如 Word)中把剪贴板里的文字粘贴进来并进行保存处理。

* 保存网页图片:在网页图片上右击鼠标,在弹出的快捷菜单中选择"图片另存为"命令,可以将指定图片保存到磁盘中。

8.5.2　网上信息的检索

1. 搜索引擎

为了充分利用网上资源,需要能迅速地找到所需的信息,为此出现了搜索引擎这种独特的网站。搜索引擎本身并不提供信息,而是致力于组织和整理网上的信息资源,建立信息的分类目录,用户连接上这些站点后通过一定的索引规则,可以方便地查找到所需信息的存放位置。常见的搜索引擎有百度 Baidu、谷歌 Google、360 搜索、搜狗 Sogou、腾讯 Soso、网易 Youdao 等。

早期搜索引擎的查询功能不强,信息归类还需要手工维护。随着因特网技术的不断发展,现在著名的搜索引擎都提供了具有各种特色的查询功能,能自动检索和整理网上的信息资源。这些功能强大的搜索引擎成为访问因特网信息的最有效手段,用户访问频率极高,许多搜索引擎已经不是单纯地提供查询和导航服务,而是开始全方位地提供因特网信息服务。

2. 专用搜索引擎

日前常用的搜索引擎的查询功能都非常全面,几乎可以查询到全球各个角落的任何信息,常称它们为通用搜索引擎。另外,还有一些搜索引擎在功能上比较单一,且各具特色,这就是专用搜索引擎。

* 域名搜索引擎(Domain Name Search Engine):主要用于查找已注册域名的详细信息或确认设想的域名是否已经注册,是获取相关可用域名信息的专用工具,主要为企业或个人设计和选择域名服务。一般用户也可以利用关键词搜索,查找相同或相关主题的网站。

* 网址搜索引擎:能够搜索以".COM"、".NET"和".EDU"等结尾的超过 100 万个以上

的域名地址。使用它可以帮助用户很快地在与所要查询的域名地址相似的范围中发现所要的内容，返回的信息中可以包括正在工作的域名地址，以及该公司的一些基本信息，其网址为http://www.websitez.de。

- 主机名搜索引擎：通常情况下，域名比 IP 地址更便于记忆，但有时用户只记得 IP 地址，此时就要求助于主机名搜索引擎。网址为 http://www.mit.edu:8001/ 所对应的网站就是一个主机名搜索引擎。该网站的界面比较简单，但是它的搜索功能却很强大。

- FTP 搜索引擎：在因特网的应用中，经常需要使用 FTP 从因特网上下载一些文件或软件。由于因特网上的信息浩瀚无边，如果想在因特网上寻找一个特定的软件就好比大海捞针，因此可以借助 FTP 搜索引擎来帮助查找所需的软件。网址为 http://maze.tianwang.com/的"北大天网搜索引擎"就可以完成 FTP 的文件搜索功能。

- 其他类型的搜索引擎：随着各种网络服务或者资源的不断涌现，搜索引擎的类型也在不断增加，一些大型网站也开设了专门的搜索类型服务，如专门用于搜索音乐、用于搜索图片、用于搜索地图、用于搜索视频和用于搜索新闻等。一些特殊的网络服务也在自己的服务器上提供简单的搜索引擎功能。

8.5.3 利用 FTP 进行文件传输

文件传输是指将一台计算机上的文件传送到另一台计算机上。在因特网上通过文件传输协议（file transfer protocol，FTP）实现文件传输，故通常用 FTP 来表示文件传输这种服务。

1. 文件传输概述

在实际应用中经常需要将文件、资料发布到因特网上，或从网上下载文件到本地。这种文件传输方式与浏览 WWW 网页的信息下载有很大区别。HTTP 协议不能满足用户的这种双向信息传递要求。为此，必须使用支持文件传输的协议，即 FTP。使用 FTP 传送的文件称为 FTP 文件，提供文件传输服务的服务器称为 FTP 服务器。FTP 文件可以是任意格式的文件，如压缩文件、可执行文件、Word 文档等。

为了保证在 FTP 服务器和用户计算机之间准确无误地传输文件，必须在双方分别装有 FTP 服务器软件和 FTP 客户软件。进行文件传输的用户计算机要运行 FTP 客户软件，并且要拥有想要登录的 FTP 服务器的注册名和账户。用户启动 FTP 客户软件后，给出 FTP 服务器的地址，并根据提示输入注册名和口令，与 FTP 服务器建立连接，即登录到 FTP 服务器上。登录成功后，就可以开始文件的搜索，查找到需要的文件后就可以把它下载到计算机上，称为下载文件（download）；也可以把本地的文件发送到 FTP 服务器上，供所有的网上用户共享，称为上传文件（upload）。

由于大量的上传文件会造成 FTP 服务器上文件的拥挤和混乱，所以一般情况下，Internet 上的 FTP 服务器限制用户进行上传文件的操作。事实上，大多数操作还是从 FTP 服务器上获取文件备份，即下载文件。

因特网上的 FTP 服务器数不胜数，它们为用户提供了极为宝贵而又丰富的信息资源。在 FTP 服务器上通常提供共享软件、自由软件和试用软件 3 类软件。

2. 从 FTP 网站下载文件

目前，流行的浏览器软件中都内置了对 FTP 协议的支持，用户可以在浏览器窗口中方便地完成下载工作。通常的方法是在浏览器的地址栏中先输入"ftp://"，再接着填写 FTP 服务器的网址。这样就可以匿名访问一个 FTP 服务器。如果使用特定的用户名和密码登录服务器，则可以直接使用的格式为 ftp://username:password@ftpservername，其中 username 和 password 为用户在此服务器上的用户名和密码。

进入 FTP 网页后，窗口中显示所有最高一层的文件夹列表。FTP 目录结构与硬盘上的文件夹类似，每一项均包含文件或目录的名称，以及文件大小、日期等信息。用户可以像操作本地文件夹一样，单击目录名称进入子目录。在 FTP 的某个文件目录中，选中要下载的文件，选择"复制"命令，然后在本地需要下载到的文件夹中，选择"粘贴"命令。此时，文件即可从 FTP 服务器上复制（下载）到指定的文件夹中。

3. 从 WWW 网站下载文件

为方便因特网用户下载软件，有许多 WWW 网站专门搜索最新的软件，并把这些软件分类整理，并附上软件的必要说明，如软件的大小、运行环境、功能简介、出品公司及其主页地址等，使用户能在许多功能相近的软件中寻找适合自己需求的软件并进行下载。

在提供下载软件的站点中，一般都包含了许多共享软件、自由软件和试用软件。在这些软件的下载站点中，软件通常都按照功能进行分类，用户只需要按部就班找到软件所在的位置，然后单击相应的下载链接，系统就会打开下载对话框。

4. 使用专用工具传输文件

除了浏览器提供的 FTP 文件传输功能外，还有许多使用灵活、功能独特的专用 FTP 工具，如 Thunder（迅雷）、FlashGet、emule（电驴）等。用户可以在不少网站免费下载这类 FTP 客户软件。通常这类专用 FTP 工具都有着非常友好的用户界面，可将本地计算机和 FTP 服务器的信息全部显示在同一个窗口中，通过鼠标快捷菜单就能完成 FTP 的全部功能，操作简单，使用方便。

专用 FTP 工具还有一个很重要的特点：支持断点续传。在软件的下载过程中，无论是由于外界因素（如断电、电话线断线），还是人为因素，都会打断软件的下载，使下载工作前功尽弃。而断点续传软件可以使用户在断点处继续下载，不必重新开始。这样，不必担心下载过程被打断，也可以轻松安排下载时间，把大软件的下载工作化整为零。

5. 文件的压缩与解压缩

在 Internet 上传输文件，如果文件比较大，则需要花费大量的时间来传输。为了节约通信资源，通常在传输之前应进行压缩操作，下载完后再进行解压缩操作。在要操作的文件比较多的时候，也可以利用压缩软件将其压缩成一个文件，以方便转移和复制等。从 Internet 上下载的软件大多数是经过压缩的，扩展名通常为.zip、.rar、.tar、.gz、.img、.bz2 等。

目前，常用的压缩和解压缩软件有 WinZip 和 WinRAR，其中，WinZip 可以说是压缩软件的鼻祖，几乎在所有计算机中都可以看到它的影子，WinRAR 则后来居上，利用其强大的压缩、解压缩能力和对多种压缩格式的支持成为了目前压缩软件的首选。

8.5.4 电子邮件的使用

1. 电子邮件概述

电子邮件（E-mail）是基于计算机网络的通信功能而实现通信的技术，是因特网上使用最多的一种服务，是网上交流信息的一种重要工具，也已逐渐成为现代生活交往中越来越重要的通信工具。

在因特网上提供电子邮件服务的服务器称为邮件服务器。当用户在邮件服务器上申请邮箱时，邮件服务器就会为这个用户分配一块存储区域，用于对该用户的信件进行处理。这块存储区域就称作信箱。一个邮件服务器上有很多这样一块一块的存储区域，即信箱，分别对应不同的用户，这些信箱都有自己的信箱地址，即 E-mail 地址，用户通过自己的 E-mail 地址访问邮件服务器自己的信箱并处理信件。

邮件服务器一般分为通用的和专用两大类。通用邮件服务器允许世界各地的任何人进行申请，如果用户接受它的协议条款，就可以在该邮件服务器上申请到免费的电子邮箱。这类服务器中比较著名的有网易、新浪、Hotmail 等。如果需要享受更好的服务，也可以申请付费的电子邮箱。专用的服务器一般是一些学校、企业、集团内部所使用的专用于内部员工交流、办公使用的，一般不对外提供任意的申请。

收发电子邮件主要有以下两种方式。

● Web 方式收发电子邮件（也称在线收发邮件）。它通过浏览器直接登录邮件服务器的网页，在网页上输入用户名和密码后，进入自己的邮箱进行邮件的处理。大部分用户采用这种方式进行邮件的操作。

● 利用电子邮件应用程序收发电子邮件（也称离线方式）。在本地运行电子邮件应用程序，通过该程序进行邮件收发的工作。收信时，先通过电子邮件应用程序登录邮箱服务器，将服务器上的邮件转到本机上，在本地机上进行阅读。发信时，先利用电子邮件应用程序来组织编辑邮件，然后通过电子邮件应用程序连接邮件服务器，并把写好的邮件发送出去。可以看出，采用这种方式，只在收信和发信时才连接上网，其他时间都不用连接上网。这种方式的优点很多，也是一种常用的工作方式。

2. 电子邮件的操作

对于大部分用户来说，一般都采用 Web 方式收发电子邮件，通常 Web 方式收发电子邮件的操作包括以下几项。

● 申请邮箱：用户可以根据自己的喜好，在合适的网站（邮件服务器）中申请邮箱。虽然各网站的申请页面各有不同，但申请的过程大同小异，基本上都是遵守如下流程：登录网站→单击"注册"按钮→阅读并同意服务条款→设置用户名和密码→完成注册→申请成功。

● 写邮件和发邮件的操作：单击"写信"按钮，打开写邮件界面，"收件人"处写上对方的E-mail 地址、"主题"处写清信件的主题、在邮件内容编辑区输入、编辑邮件的内容。如果邮件想发给多人，可以在收件人处依次写上地址，或通过抄送，将邮件抄送给某人。

● 对收到的邮件进行处理：在"收件箱"中选择需要阅读的邮件并单击邮件的主题，即可打开邮件，阅读邮件后可以将邮件回复、转发，也可以删除邮件。

3. 电子邮件附件操作

附件是电子邮件的重要特色。它可以把计算机中的文件（如文档、图片、文章、声音、动画、程序等）放在附件中进行发送，对方收到信也就收到了你发送的文件。这对于文件传输是很方便、快捷的。

● 在邮件中插入附件：在写邮件窗口中单击"添加附件"，然后选定需要发送的文件，即可将文件作为附件插入到邮件中。如果需要插入的附件不止一个，可以继续单击"添加附件"，然后依次将需要发送的文件插入到邮件中。实际上，如果需要传送多个文件，合理的操作是使用压缩文件，将多个文件压缩为一个压缩文件，这样就不必进行反复添加附件的操作了。

● 从接收到的邮件中下载附件：如果收到的邮件带有附件，则在"收件箱"的邮件列表中，该邮件标题后面带有"回形针"标记，打开该邮件的阅读窗口，在邮件内容的最后有附件的图标。用鼠标指向附件的图标，会出现"下载""打开""预览"和"存网盘"的提示，单击"下载"按钮，即可将附件下载到本地计算机。

第9章
计算思维与程序算法

随着信息化的全面深入，计算思维已经成为人们认识和解决问题的重要基本能力之一。它也是所有受教育者应该具备的能力，因为这种思维蕴含着一整套解决一般问题的方法与技术。

本章首先介绍计算思维的基本知识，然后介绍算法的基本概念、算法的表示方法，讲解常用算法的设计方法，最后介绍程序设计语言基础知识与程序设计语言中的流程控制结构，并对算法描述给出了程序实现。通过本章学习，使读者对程序设计的算法及程序设计有一个初步的认识。

学习目标

- 了解计算思维的内容，理解计算思维定义、方法与特征的相关知识。
- 理解计算思维能力培养的意义。
- 了解算法的基本概念，了解算法的表示方法，掌握用流程图描述算法的方法。
- 理解算法设计的基本方法，掌握常用算法的表示。
- 了解程序设计语言的发展，了解语言处理系统的知识。
- 了解高级语言程序的基本概念，掌握数据描述、表达式等相关知识。
- 掌握程序设计语言中流程控制结构，理解常用算法的程序实现。

9.1 计算思维

9.1.1 计算思维的提出

计算思维不是今天才有的，从我国古代的算筹、算盘，到近代的加法器、计算器及现代的电子计算机，甚至目前风靡全球的互联网和云计算，无不体现着计算思维的思想。可以说计算思维是一种早已存在的思维活动，是每一个人都具有的一种能力。它推动着人类科技的进步。然而，在相当长的时期，计算思维并没有得到系统的整理和总结，也没有得到应有的重视。

计算思维一词作为概念被提出最早见于 20 世纪 80 年代的美国的一些相关的杂志上，我国学者在 20 世纪末也开始了对计算思维的关注，当时主要的计算机科学专业领域的专家学者对此进行了讨论，认为计算思维是思维过程或功能的计算模拟方法论，对计算思维的研究能够帮助达到人工智能的较高目标。

可见，"计算思维"这个概念在 20 世纪 90 年代和 21 世纪初就出现在领域专家、教育学者等的讨论中了，但是当时并没有对这个概念进行充分的界定。直到 2006 年周以真教授发表在"Communications of the ACM"期刊上的"Computational Thinking"一文，对计算思维进行了详细的阐述和分析，这一概念才获得国内外学者、教育机构、业界公司甚至政府层面的广泛关注，成为进入新世纪以来计算机及相关领域的讨论热点和重要研究课题之一。2010 年 10 月，中国科学技术大学陈国良院士在"第六届大学计算机课程报告论坛"倡议将计算思维引入了大学计算机基础教学，计算思维也得到了国内计算机基础教育界的广泛重视。

9.1.2 科学方法与科学思维

科学界一般认为，科学方法分为理论科学、实验科学和计算科学等三大类。它们是当今社会支持科学探索的 3 种重要途径。与三大科学方法相对的是 3 种思维形式，即理论思维（Theoretical Thinking）、实验思维（Experimental Thinking）和计算思维（Computational Thinking），其中，理论思维以数学为基础，实验思维以物理等学科为基础，计算思维以计算机科学为基础。三大科学思维构成了科技创新的三大支柱，如图 9-1 所示。作为三大科学思维支柱之一，计算思维又称构造思维，它是指从具体的算法设计规范入手，通过算法过程的构造与实施来解决给定问题的一种思维方法。它以设计和构造为特征，以计算机学科为代表。计算思维就是思维过程或功能的计算模拟方法，其研究的目的是提供适当的方法，使人们能借助现代和将来的计算机，逐步实现人工智能的较高目标。计算思维具有鲜明时代特征，正在引起我们国家的高度重视。

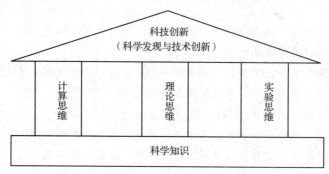

图 9-1　科技创新三大支柱

9.1.3 计算思维的内容

1. 计算思维的概念性定义

计算思维的概念性定义主要来源于计算科学这样的专业领域，从计算科学出发，与思维或哲学学科交叉形成思维科学的新内容。计算思维的概念性定义主要包含以下两个方面。

（1）计算思维的内涵

按照周以真教授的观点，计算思维是指运用计算机科学的基础概念进行问题求解、系统设计及人类行为理解等涵盖计算机科学之广度的一系列思维活动。计算思维建立在计算过程的能力和限制之上，由人或机器执行。计算思维的本质是抽象（abstraction）和自动化（automation）。所谓抽象就是要求能够对问题进行抽象表示、形式化表达，设计问题求解过程达到精确、可行，并通过程序（软件）作为方法和手段对求解过程予以"精确"地实现。也就是说，抽象最终结果是能够机械地一步步自动执行。

（2）计算思维的要素

周以真认为计算思维补充并结合了数学思维和工程思维，在其研究中提出体现计算思维的重点是抽象的过程，而计算抽象包括（并不限于）：算法、数法结构、状态机、语言、逻辑和语义、启发式、控制结构、通信、结构。教育部大学计算机课程提出的计算思维表达体系包括计算、抽象、自动化、设计、通信、协作、记忆和评估等 8 个核心概念。国际教育技术协会（International Society for Technology in Education，ISTE）和美国计算机科学教师协会（Computer Science Teachers Association，CSTA）研究中提出的思维要素则包括数据收集、数据分析、数据展示、问题分解、抽象、算法与程序、自动化、仿真、并行。CSTA 的报告中提出了模拟和建模的概念。美国离散数学与理论计算研究中心（DIMACS）计算思维中包含了计算效率提高、选择适当的方法来表示数据、做估值、使用抽象、分解、测量和建模等因素。

2. 计算思维的操作性定义

计算思维的操作性定义主要包括以下几个方面。

（1）计算思维是问题解决的过程

"计算思维是问题解决的过程"这一认识是对计算思维被人所掌握之后，在行动或思维过程中表现出来的形式化的描述。这一过程不仅能够体现在编程过程中，还能体现在更广泛的情境中。周以真认为计算思维是制定一个问题及其解决方案，并使之能够通过计算机（人或机器）有效地执行的思考过程。国际教育技术协会（ISTE）和美国国家计算机科学技术教师协会（CSTA）于 2011 年联合发布了计算思维的操作性定义，认为计算思维作为问题解决的过程，该过程包括（不限于）以下步骤。

① 界定问题，该问题应能运用计算机及其他工具帮助解决。

② 要符合逻辑地组织和分析数据。

③ 通过抽象（例如，模型、仿真等方式）再现数据。

④ 通过算法思想（一系列有序的步骤）形成自动化解决方案。

⑤ 识别、分析和实施可能的解决方案，从而找到能有效结合过程和资源的最优方案。

⑥ 将该问题的求解过程进行推广并移植到广泛的问题中。

由此可见，作为问题解决的过程，计算思维先于任何计算技术早已被人们所掌握。在新的信息时代，计算思维能力的展示遵循最基本的问题解决过程，而这一过程需要能被人类的新工具（即计算机）所理解并能有效执行。因此，计算思维决定了人类能否更加有效地利用计算机拓展能力，是信息时代最重要的思维形式之一。

（2）计算思维要素的具体体现

计算思维作为问题解决的过程不仅需要利用数据和大量计算科学的概念，还需要调度和整合各种有效思维要素。思维要素作为理论研究和应用研究的桥梁，提炼于理论研究，服务于应用研究，抽象的计算思维概念只有分解成具体的思维要素才能有效地指导应用研究与实践。

（3）计算思维体现出的素质

素质是指人与生俱来的及通过后天培养、塑造、锻炼而获得的身体上和人格上的性质特点，是对人的品质、态度、习惯等方面的综合概括。具备计算思维的人在面对问题的时候，除了使用计算思维能力加以解决之外，在解决的过程中还表现出诸如以下几方面的素质。

① 处理复杂情况的自信。

② 处理难题的毅力。

③ 对模糊/不确定的容忍。

④ 处理开放性问题的能力。

⑤ 与其他人一起努力达成共同目标的能力。

具备计算思维能力，能够改变或者使学习者养成某些特定的素质，从而从另一层面影响学习者在实际生活中的表现。这些素质实际上描绘了一个高度发达的信息社会中合格公民的形象，使普通人对计算思维有了更加深入和形象的理解。

以上 3 个方面共同构成了计算思维的操作性定义。操作性定义明确了计算思维这个抽象概念在实际活动中现实而具体的体现（包括能力和品质），使这一概念可观测、可评价，从而直接为教育培养过程提供有效的参考。

3. 计算思维的表现形式

随着信息技术的发展，人类从农业社会、工业社会步入了信息社会。这不仅意味着经济、文化的发展，同时也意味着人类思维形式也发生了巨大的变化。除了"计算思维"概念外，人们还提出了"网络思维""互联网思维""移动互联网思维""数据思维""大数据思维"等新的思维形式概念。如果将概念性定义和操作性定义组成的计算思维称为狭义计算思维，则由信息技术带来的更广泛的新的思维形式可被称为广义计算思维或信息思维。作为当代的大学生，除了需要具备计算机基础知识和基本操作能力以外，还应该以这些知识能力为载体，在广义和狭义的计算思维能力上得到发展。

计算思维作为抽象的思维能力，不能被直接观察到，计算思维能力融合在解决问题的过程中，其具体的表现形式有如下两种。

- 运用或模拟计算机科学与技术（信息科学与技术）的基本概念、设计原理，模仿计算机专家（科学家、工程师）处理问题的思维方式，将实际问题转化（抽象）为计算机能够处理的形式（模型）进行问题求解的思维活动。

- 运用或模拟计算机科学与技术（信息科学与技术）的基本概念、设计原理，模仿计算机（系统、网络）的运行模式或工作方式，进行问题求解、创新创意的思维活动。

4. 计算思维的方法与特征

计算思维方法是在吸取了问题解决所采用的一般数学思维方法，现实世界中巨大复杂系统的设计与评估的一般工程思维方法，以及复杂性、智能、心理、人类行为的理解等的一般科学思维方法的基础上所形成的，周以真教授将其归纳为如下 7 类方法。

- 计算思维是通过约简、嵌入、转化和仿真等方法，把一个看来困难的问题重新阐释成一个我们知道问题怎样解决的思维方法。

- 计算思维是一种递归思维，是一种并行处理，是一种把代码译成数据又能把数据译成代码，是一种多维分析推广的类型检查方法。

- 计算思维是一种采用抽象和分解来控制庞杂的任务或进行巨大复杂系统设计的方法，是基于关注点分离的方法（SoC 方法）。

- 计算思维是一种选择合适的方式去陈述一个问题，或对一个问题的相关方面建模使其易于处理的思维方法。

- 计算思维是按照预防、保护及通过冗余、容错、纠错的方式，并从最坏情况进行系统恢复的一种思维方法。

- 计算思维是利用启发式推理寻求解答，也即在不确定情况下的规划、学习和调度的思维方法。

- 计算思维是利用海量数据来加快计算，在时间和空间之间，在处理能力和存储容量之间进行折衷的思维方法。

周以真教授以计算思维是什么和不是什么的描述形式对计算思维的特征进行了总结，如表 9-1 所示。

表 9-1　　　　　　　　　　　　　　　计算思维的特征

	计算思维是什么	计算思维不是什么
（1）	是概念化	不是程序化
（2）	是根本的	不是刻板的技能
（3）	是人的思维	不是计算机的思维
（4）	是思想	不是人造物
（5）	是数学与工程思维的互补与融合	不是空穴来风
（6）	面向所有的人，所有的地方	不局限于计算学科

9.1.4　计算思维能力的培养

1. 社会的发展要求培养计算思维能力

随着信息化的全面深入，计算机在生活中的应用已经无所不在并无可替代，而计算思维的提出和发展帮助人们正视人类社会这一深刻的变化，并引导人们通过借助计算机的力量来进一步提高解决问题的能力。在当今社会，计算思维成为人们认识和解决问题的重要基本能力之一，一个人若不具备计算思维的能力，将在就业竞争中处于劣势；一个国家若不使广大受教育者得到计算思维能力的培养，在激烈竞争的国际环境中将处于落后地位。计算思维，不仅是计算机专业人员应该具备的能力，而且也是所有受教育者应该具备的能力，它蕴含着一整套解决一般问题的方法与技术。为此需要大力推动计算思维观念的普及，在教育中应该提倡并注重计算思维的培养，促进在教育过程中对学生计算思维能力的培养，使学习者具备较好的计算思维能力，以此来提高在未来国际环境中的竞争力。

2. 大学要重视运用计算思维解决问题的能力

当前大学开设的计算机基础课的教学目标是让学习者具备基本的计算机应用技能，因此，大学计算机基础教育的本质仍然是计算机应用的教育。为此，需要在目前的基础上强调计算思维的培养，通过计算机基础教育与计算思维相融合，在进行计算机应用教育的同时，可以培养学生的计算思维意识，帮助学习者获得更有效的应用计算机的思维方式。这样做的目的是通过提升计算思维能力更好地解决日常问题，更好地解决本专业问题。计算思维培养的目的应该满足这一要求。

从计算思维的概念性定义和操作性定义的属性可知，计算思维在大学阶段应该正确处理计算机基础教育面向应用与计算思维的关系。所有接受计算机基础教育的学习者，应以计算机应用为目标，通过计算思维能力的培养更好地服务于其专业领域的研究；以研究计算思维为目标的学习者（如计算机专业、哲学类专业研究人员），需要更深入地进行计算思维相关理论和实践的研究。

9.2　算法设计

9.2.1　算法的基本概念

什么是算法呢？算法（Algorithm）就是一组有穷的规则，其规定了解决某一特定问题的一系列运算。通俗地说，为解决问题而采用的方法和步骤就是算法。本书中讨论的算法主要是指计算机算法。

1. 算法的基本特征

（1）确定性（Definiteness）

在算法的设计中，算法的每个步骤必须要有确切的含义，不允许有模糊的解释，也不能有多义性，即每个操作都应当是清晰的、无二义性的。例如，算法中不允许出现诸如"将 3 或 5 与 y 相加"等含混不清、具有歧义的描述。

（2）有穷性（Finiteness）

算法的有穷性是指在一定的时间内能够完成，即一个算法应包含有限的操作步骤且在有限的时间内能够执行完毕。例如，计算下列近似圆周率的公式从数学的角度来看就是一个无穷级数，但在计算机中只能求有限项，此时可以设定当某项的绝对值小于 10^{-6} 时算法执行完毕，即计算的过程是有穷的。

$$\frac{\pi}{4} \approx 1 - \frac{1}{3} + \frac{1}{5} - \frac{1}{7} + \frac{1}{9} - \frac{1}{11} + \cdots$$

（3）有效性（Effectiveness）

算法中的每个步骤都应当能有效地执行，并得到确定的结果。例如，算法中包含一个 m 除以 n 的操作，若除数 n 为 0，则操作无法有效地执行。因此，算法中应该增加判断 n 是否为 0 的步骤。

（4）有零个或多个输入（Input）

在算法执行的过程中需要从外界取得必要的信息，即输入必要的数据，并以此为基础解决某个特定问题。所谓零个输入是指算法也可以没有输入，此时就需要算法本身给出必要的初始条件（初值）。

（5）有一个或多个输出（Output）

设计算法的目的就是要解决问题，算法的计算结果就是输出。没有输出的算法是毫无意义的。一个算法有一个或多个输出，以反映对输入数据加工后的结果。通常，输入不同，会产生不同的输出结果。输出结果的形式可以有多种多样，例如，打印的数值、字符、字符串，显示的图片，播放的歌曲或音乐，播放的电影等。

2. 算法的基本要素

算法由操作和控制结构两个要素组成。

（1）对数据对象的运算和操作

通常，计算机可以执行的基本操作是以指令的形式描述的。一个计算机系统能执行的所有指令的集合称为该计算机系统的指令系统。计算机程序就是按解题要求从计算机指令系统中选择合适的指令所组成的指令序列。在一般的计算机系统中，对数据对象基本的运算和操作有以下 4 类。

① 算术运算：主要包括"加""减""乘""除""求余"等算术运算。

② 关系运算：主要包括"大于""大于等于""小于""小于等于""等于""不等于"等关系运算。

③ 逻辑运算：主要包括"与""或""非"等逻辑运算。

④ 数据传输：主要包括输入、输出、赋值等数据传送操作。

在设计算法的一开始，通常并不直接用计算机程序来描述算法，而是用别的描述工具（如流程图、专门的算法描述语言，甚至用自然语言）来描述算法。但不管用哪种工具来描述算法，算法的设计一般都应从上述 4 种基本运算和操作考虑，按解题要求从中选择合适的操作组成解题的操作序列。

（2）控制结构

算法的功能不仅取决于所选用的操作，还与各操作之间的顺序有关。在算法中，各操作之间的执行顺序又称算法的控制结构。算法的控制结构给出了算法的基本框架，其不仅决定了算法中各操作的执行顺序，也直接反映了算法的设计是否符合结构化原则。

一般的算法控制结构有 3 种：顺序结构、选择结构和循环结构。描述算法的工具通常有传统流程图、N-S 结构图和算法描述语言等。

3．算法的分类

根据待解决问题的形式模型和求解要求，算法分为数值运算算法和非数值运算算法两大类。

（1）数值运算算法

数值运算算法是以数学方式表示的问题求数值解的方法。例如，代数方程计算、线性方程组求解、矩阵计算、数值积分、微分方程求解等。通常，数值运算有现成的模型，这方面的现有算法比较成熟。

（2）非数值运算算法

非数值运算算法通常为求非数值解的方法。例如，排序、查找、表格处理、文字处理、人事管理、车辆调度等。非数值运算算法种类繁多，要求各自不同，难以规范化。

9.2.2　算法的表示方法

设计出一个算法后，为了存档，以便将来算法的维护或优化，或者为了与他人交流，让他人能够看懂、理解算法，需要使用一定的方法来描述、表示算法。算法的表示方法很多，常用的有：自然语言、流程图、伪代码和程序设计语言等。

1．自然语言表示

自然语言（Natural Language）就是人们日常生活中使用的语言，如中文、或其他语言等，用自然语言来描述算法就是算法的自然语言表示。

【例 9-1】用自然语言来描述输入矩形的两个边，求矩形的面积和周长的算法，其中假设 a、b 代表矩形的两个边；s、l 分别代表矩形的面积和周长。

Step1：分别输入两个边给 a、b。

Step2：计算矩形面积 $s = a * b$。

Step3：计算矩形周长 $l = 2 * (a + b)$。

Step4：依次输出面积 s 和周长 l。

使用自然语言描述算法的优点是通俗易懂，没有学过算法相关知识的人也能够看懂算法的执行过程。但是，自然语言本身所固有的不严密性使得这种描述方法存在以下缺陷。

① 文字冗长，容易产生歧义性，往往需要根据上下文才能判别其含义。

② 难以描述算法中的分支和循环等结构，不够方便直观。

2．流程图

流程图（Flow Chart）是一种传统的、广泛应用的算法描述工具，也是最常见的算法图形化表达工具。流程图利用几何图形的图框来代表各种不同的操作，用流程线来指示算法的执行方向。与自然语言相比，流程图可以清晰、直观、形象地反映控制结构的过程。常见的流程图符号见表 9-2。

表 9-2　　　　　　　　　　　　　　　　常见流程图符号

符号名称	图形	功能
起止框	⬭	表示算法的开始或结束
处理框	▭	表示一般的处理操作，如计算、赋值等

续表

符号名称	图形	功能
判断框	◇	表示对一个给定的条件进判断
流程线	→ 或 ↓	用流程线连接各种符号，表示算法的执行顺序
输入/输出框	▱	表示算法的输入/输出操作
连接点	○	成对出现，同一对连接点内标注相同的数字或文字，用于将不同位置的流程线连接起来，避免流程线的交叉或过长
注释框	---[	对当前步骤进行必要的注释、说明

【例9-2】使用流程图来描述输入矩形的两个边，求矩形的面积和周长的算法，其中假设 a、b 代表矩形的两个边；s、l 分别代表矩形的面积和周长。

分析：这个算法首先要输入矩形的两个边 a、b，然后根据求矩形面积和周长的计算公式，计算面积 a 和周长 l，最后将结果输出。具体流程图如图9-2所示。

从本例可以看出，使用流程图描述算法，简单、直观，流程清晰，易看易懂，能够比较清楚地显示出各个符号之间的逻辑关系，因此流程图是一种描述算法的好工具。

虽然用流程图表达算法，简明直观，步骤和过程容易理解，但它也有一些不足。如在流程图中对流程线的使用没有严格限制，使用者可以毫无限制地使流程随意地转来转去，这种流程转向的随意性会导致算法的逻辑难以理解。为了提高算法的质量，便于阅读理解，应限制流程的随意转向。为此，人们规定了 3 种基本结构，由这些基本结构按一定规律组成一个算法结构。

（1）顺序结构

顺序结构是最简单、最常用的一种结构，如图9-3所示。图中操作 A 和操作 B 按照出现的先后顺序依次执行。

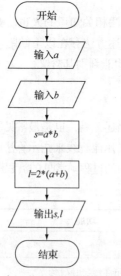

图9-2　求矩形面积和周长算法流程图

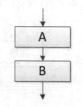

图9-3　顺序结构

上面【例 9-2】就是一个顺序结构的算法，操作按照算法的流程，自上而下，依次执行。

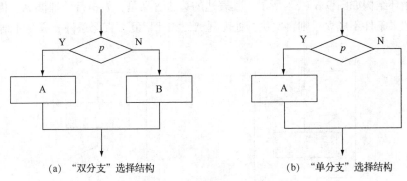

(a)　"双分支"选择结构　　　　　　　　　(b)　"单分支"选择结构

图 9-4　选择结构流程图

（2）选择结构

选择结构又称为分支结构，如图 9-4 所示。这种结构在处理问题时根据条件进行判断和选择。图 9-4（a）是一个"双分支"选择结构，如果条件 p 成立则执行处理框 A，否则执行处理框 B。图 9-4（b）是一个"单分支"选择结构，如果条件 p 成立则执行处理框 A，否则直接退出结构。

【例 9-3】输入 x，计算分段函数 y 的值并输出。使用流程图描述其算法。

$$y = \begin{cases} 3x^2 - 1 & x \geq 0 \\ 2x + 3 & x < 0 \end{cases}$$

分析：y 为分段函数，根据 x 的值的不同，使用两个公式计算 y 的值。当 $x \geq 0$ 时，$y=3x^2-1$，当 $x<0$ 时，$y=2x+3$，因此要使用双分支结构来描述其算法。在进行判断时，可用 $x \geq 0$ 作为条件。具体流程图如图 9-5 所示。

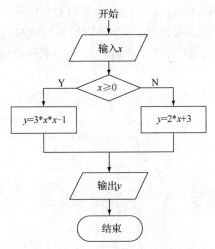

图 9-5　分段函数算法流程图

（3）循环结构

循环结构又称为重复结构，在处理问题时根据给定条件重复执行某一部分的操作。循环结构有当型和直到型两种类型。

当型循环结构如图 9-6（a）所示，其表达的算法含义是：当条件 p 成立时，执行处理框 A，执行完处理框 A 后，再判断条件 p 是否成立，若条件 p 仍然成立，则再次执行处理框 A，如此反复，直至条件 p 不成立才结束循环。

直到型循环结构如图 9-6（b）所示。其表达的算法含义是：先执行处理框 A，再判断条件 p 是否成立，如果条件不成立，则再次执行处理框 A，如此反复，直至条件 p 成立才结束循环。

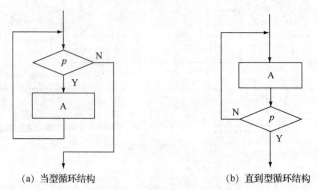

（a）当型循环结构 （b）直到型循环结构

图 9-6 循环结构流程图

当型循环结构与直到型循环结构的区别如表 9-3 所示。

表 9-3   当型循环结构与直到型循环结构的比较

比较项目	当型循环结构	直到型循环结构
何时判断条件是否成立	先判断，后执行	先执行，后判断
何时执行循环	条件成立	条件不成立
循环至少执行次数	0 次	1 次

【例 9-4】输出 30 以内的奇数。使用流程图描述其算法。

分析：输出 30 以内的奇数，即 1、3、5、7…。可以看出数字的规律是每次增加 2，可以先将 1 赋给一个数 i，称为赋初值，然后每次给 i 这个数增加 2，并输出，由此得到 1、3、5、7…的输出。由于要反复做同一个操作（每次 i 加 2 并输出），可以利用循环结构，并设置循环条件为 $i \leqslant$ 30。具体流程图如图 9-7 所示。

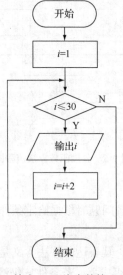

图 9-7 输出 30 以内奇数算法流程图

从上述 3 种基本结构的介绍可以看出，3 种基本结构都是只有一个入口、一个出口，这种单入口、单出口的基本结构，限制了无规则的转向流程，保证了算法的"结构化"。计算机科学家已经证明，使用以上 3 种基本结构顺序组合而成的算法结构，可以解决任意复杂的问题，而由这 3 种基本结构所构成的算法就是所谓的"结构化"的算法。

在实际问题的处理过程中，只要根据解题的实际需要，将完成各项子功能的各种基本结构顺序组合，构造完整的算法；在操作时，按照算法的流程，自上而下，依次执行，即可完成问题的处理过程。

3. N–S 流程图

流程图通过一些特定意义的图形、流程线及简要的文字说明，能清晰明确地表示程序的运行过程。但在使用过程中人们也发现，由于采用了结构化的算法设计，可以用 3 种基本结构组成的构件顺序组合成各种复杂的算法结构。这样程序流程线就不一定是必需的了。于是，1973 年美国学者 I.Nassi 和 B.Shneiderman 提出了一种新的程序控制流程图的表示方法，使用矩形框来表示顺序、选择和循环这 3 种基本结构。在设计一个算法时，它把整个算法写在一个大框图内。这个大框图由若干个基本结构的框图构成，通过基本结构的矩形框嵌套，可以表示各种复杂的程序算法。这样的流程图表示方法称为 N-S 结构流程图（以两个人的名字的头一个字母组成），简称 N-S 流程图，如图 9-8 所示。

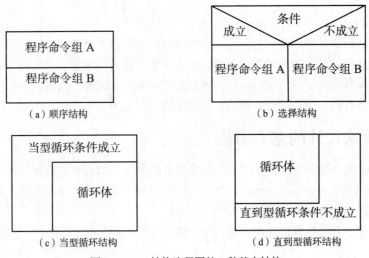

图 9-8　N-S 结构流程图的 3 种基本结构

N-S 流程图有如下优点。

- 它强制设计人员按结构化程序设计方法进行思考并描述他的设计方案。这就有效地保证了设计的质量，从而也保证了程序的质量。
- N-S 图形象直观，例如循环的范围、条件语句的范围都是一目了然的，所以容易理解设计意图，为编程、复查、选择测试用例、维护都带来了方便。
- N-S 图简单、易学易用，可用于软件教育和其他方面。
- N-S 图的控制转移不能任意规定，必须遵守结构化程序设计的要求，由此，避免了算法的随意转向。
- N-S 图很容易表现嵌套关系，也可以表示模块的层次结构。

4. 伪代码

虽然使用流程图来描述算法简单、直观，易于理解，但是画起来费事，修改起来麻烦。因此，流程图比较适合于算法最终定稿后存档时使用，而在设计算法的过程中常用一种称为"伪代码"的工具。

伪代码（Pseudocode）是一种介于自然语言和程序设计语言之间，以编程语言的书写形式描述算法的工具。使用伪代码，往往将程序设计语言中与算法关联度小的部分省略（如变量的定义等），而更关注于算法本身的描述。相较于程序设计语言（C++、VB、Java 等），伪代码更类似自然语言，可以将整个算法运行过程的结构用接近自然语言的形式描述出来。

伪代码结构清晰、代码简单、可读性好，并且类似自然语言。伪代码常常用来表达程序员开始编写代码前的想法，它常被用于在软件开发的实际编写代码过程之前表达程序的逻辑。

【例 9-5】使用伪代码来描述：输入 3 个数，打印输出其中最大的数。

Begin（算法开始）

输入 A，B，C

IF A>B 则 A→Max

      否则 B→Max

IF C>Max 则 C→Max

Print Max

End（算法结束）

在上面的伪代码描述中，代码的部分与某些编程语言已经非常相似，再穿插着文字的描述，可以很清楚地表达程序的逻辑和编程的思路，由这个算法也可以很容易地转换为相应的程序。

本节介绍了 4 种算法描述方法，读者可根据自己的喜好和习惯，选择其中一种。建议在设计算法过程中使用伪代码，交流算法思想或存档算法时使用流程图。

9.2.3 算法设计的基本方法

针对一个给定的实际问题，要找出确实行之有效的算法，就需要掌握算法设计的策略和基本方法。本节先介绍一些典型的基本算法，然后介绍枚举法、迭代法、排序、查找算法。

1. 基本算法

在算法设计中，有一些算法比较典型，经常被使用到，如求和、累积（连续相乘）、求最大或最小值等。

（1）求和

在解决实际问题时经常遇到求和问题，比如以下几种常见的。

- 计算 $1+2+3+\cdots+99+100$ 的值。
- 统计 100 到 200 之间能够被 11 整除的数的个数。
- 输入若干学生的成绩，计算总分和平均分。

由上面的实际问题可以看出，求和可能是一组数据序列求和，可能是对符合某些条件的计数（依次加 1 求和），还有可能是对一组数据的统计求和。因此求和算法常用于以下几种情况。

- 公式求数据序列的和。其中每两项之间由"+"连接，且每项具有一定规律。
- 统计具有某种特征或满足某个条件的数据的个数，即计数。
- 计算一组数据的和或平均值（计算平均值时，应先求数据的和）。

假设用 *sum* 表示求和的结果、*xx* 表示需要加入的数，则求和算法的思想可以描述如下。

① 设置 *sum* 的初值。

② 根据实际需要为加数 *xx* 输入初值。

③ 利用循环操作，将加数 *xx* 依次加入到和 *sum* 中，*sum* = *sum* + *xx*。

④ 在每次循环后设定新的加数给 *xx*。

⑤ 循环结束后，*sum* 中的值即为最终的结果。

如果用流程图来描述，求和算法的思想如图 9-9 所示。

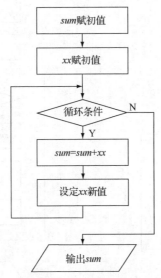

图 9-9　求和算法基本思想流程图

在上面描述的求和算法中，最关键的操作是在循环中的 *sum* = *sum* + *xx* 语句，该语句是将 *sum* 本身的值加上 *xx* 的值，又存入 *sum* 中，因此它会随着循环的进行，将加数 *xx* 依次的累加到 *sum* 中。对于数据序列的求和（如 1 + 2 + 3 + … ），*xx* 是按规律变化的数字，"设定 *xx* 新值"的操作可以利用这种规律，改变 *xx* 的值（如 *xx* = *xx* + 1）；对于计数类统计，*xx* 值就是 1，随着循环的进行，每次 *sum* 累加 1，实现计数功能；而对于实际的一组数据的求和（如分数求和），*xx* 就是每次输入的分数。

上述求和算法中另一个重要的点是 *sum* 和 *xx* 的赋初值，它要确保求和是从一个正确的初值开始加起的，这样才能保证最终的结果是正确的。通常 *sum* 的初值一般设为 0（对于特殊的情况，也可以设为一个特定的值，表示从这个值开始加起），而 *xx* 的初值要根据实际的问题来确定。

【例 9-6】使用流程图来描述计算 1 + 2 + 3 + … + 100 的值。

分析：计算数据序列的和，可以用 *sum* 表示求和、初值设为 0，*i* 表示数据项、初值设为 1；循环条件设为 *i* ≤ 100；在循环中，*i* = *i* + 1 使 *i* 每次加 1，依次变化为 2、3、4…，而 *sum* = *sum* + *i* 则将 *i* 依次累加到 *sum* 中，实现对 1 + 2 + 3 + … + 100 的求和。具体流程图如图 9-10（a）所示。

如果要求计算 1-1/3+1/5-1/7+… + 1/99，如何描述其算法？

对于这样的一个数据序列，可以先将其分为两个子的数据序列 1+1/5+1/9+… 和 1/3+1/7+1/11+…，按照上面的算法可以方便地计算出两个子序列的和，然后将两个和相减，即可得到整个数据序列的和。

实际上，对于这种正负相间的数据序列求和，只要对上面求和算法做一点点改动即可。为了实现数据的正负相间变化，需要设置一个符号量 *sign*，符号量 *sign* 的值为 1 或-1，它随循环交替变化。用符号量 *sign* 乘上加数 *xx*，并累加到 *sum* 中，即 *sum* = *sum* + *sign* * *xx*，即可实现对正负相间的数据序列求和。具体流程图如图9-10（b）所示。

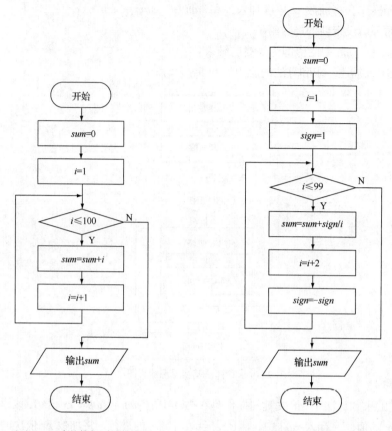

（a）1~100自然数求和算法流程图　　　　　　（b）正负相间的数据序列求和算法流程图

图 9-10　数据序列求和流程图

在图9-10（b）所示算法中，先将符号量 *sign* 的初值设为1；在循环体中，*i*=*i*+2 使 *i* 按 1、3、5、7…的规律变化；*sign* = −*sign* 使得随着循环的进行，*sign* 在+1 和-1 之间交替变化；而 *sum*=*sum*+*sign*/*i* 则实现了累加数据正负相间的变化，即对 1-1/3+1/5-1/7+…的求和。

【例 9-7】统计 100 到 200 之间能够被 11 整除的数的个数。使用流程图描述其算法。

分析：为了统计符合要求的数据，设置 *n* 用于计数，并赋初值为 0，设置 *i* 并赋初值为 100；在循环中让 *i* = *i* + 1，循环条件为 *i*≤200，这样可以依次得到 100 到 200 之间的数；在循环中对 *i* 除 11 的余数是否为 0 进行判断，若为 0，则 *n* = *n* + 1，即进行计数；循环完毕，即可统计出符合要求数据的个数。具体流程图如图 9-11 所示。

【例 9-8】输入若干学生成绩，计算总分和平均分。使用流程图描述其算法。

分析：为了计算总分，设置 *s* 用于求和；为了统计输入分数的个数，设置 *n* 用于计数；设置 *x* 用于接收输入的分数；*s*、*n* 的初值设为 0，*x* 先输入第一个分数作为初值。在循环中利用 *s* = *s* + *x* 将每个分数累加到 *s* 以求得总分；利用 *n* = *n* + 1 计数统计输入的个数；在循环中依次输入成绩给 x，以不断累求和。因为是分数的统计，输入的分数 *x* 应该为 0~100 之间的数，据此可以设定循环的条件，若输入的分数 0≤*x*≤100，则进行分数的累加；否则停止循环，输出总分和平均分。具体流程图如图 9-12 所示。

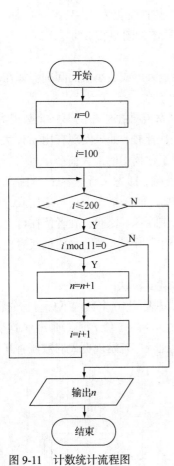

图 9-11　计数统计流程图

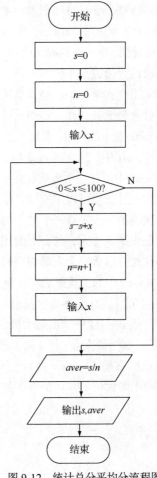

图 9-12　统计总分平均分流程图

（2）累积

在程序设计中，另一个经常使用的基本算法是求一组数据连续相乘的积，即累积算法。累积算法常用于求阶乘或乘方。

累积算法与求和算法的思路非常相像，即在循环中通过累计相乘得到数据连续相乘的积。假设用 f 表示累积的结果、xx 表示需要相乘的数，则累积算法的思想可以描述如下。

① 设置 f 的初值。

② 根据实际需要为乘数 xx 输入初值。

③ 利用循环操作，将乘数 xx 依次乘入到累积 f 中，$f=f*xx$。

④ 在每次循环后设定新的乘数给 xx。

⑤ 循环结束后，f 中的值即为最终的结果。

在上面描述的累积算法中，最关键的操作是在循环中的 $f=f*xx$ 语句。该语句是将 f 本身的值乘上 xx 的值，又存入 f 中，因此它会随着循环的进行，将乘数 xx 依次的累乘到 f 中。

累积算法中非常重要的一点是 f 的赋初值，一定注意 f 的初值不能设为 0，否则累积的结果只能是 0。通常 f 的初值设为 1（对于特殊的情况，也可以设为一个特定的值，表示从这个值开始乘起），而 xx 的初值要根据实际的问题来确定。

【例 9-9】计算 5!。使用流程图描述其算法。

分析：计算 1×2×3×4×5 数据序列的积，用 f 表示累积、初值设为 1，i 表示数据项、初值设为 1；循环条件设为 $i \leqslant 5$；在循环中，$i = i + 1$ 使 i 每次加 1，依次变化为 2、3、4 $\cdots$，而 $f = f * i$ 则将 i 依次累乘到 f 中，实现对 1×2×3×4×5 的累积。具体流程图如图 9-13 所示。

（3）求最大值或最小值

在日常工作和学习中，经常会遇到在一组数据中找出最大值或最小值的问题。如在一组成绩中求最高分和最低分，在一组商品价格中求出最贵和最便宜的。

若用 max 表示最大数，求最大值算法的基本思想是：首先将数据组中的第一个数视为最大数，并将其置于 max 中，然后用 max 与数据组后面其余的数依次比较，如果发现有比 max 大的数，就将其置于 max 中。在与所有数比较完毕后，max 中就是这组数据中的最大值。

求最大值算法也可以用所谓"打擂台算法"来形象的比喻，即先从所有参加"打擂"的人（数据组）中选出第一人（第一个数）站在台上（置于 max 中），第 2 个人上去与之比武，胜者留在台上；再上去第 3 个人，与台上的现任擂主（即上一轮的获胜者）比武，胜者留在台上，败者下台。循环往复，以后每个人都与当时留在台上的人比武，直到所有人都上台比过武为止，最后留在台上的（max 中的）就是冠军（最大值）。

【例 9-10】从 10 个整数中找出最大值。使用流程图描述其算法。

分析：从 $a_1 \sim a_{10}$ 中求出最大值，用 max 表示最大数、i 表示 10 个数的下标。首先将 a_1 赋给 max，即将 a_1 视为最大数；将 i 初值设为 2，并在循环中通过 $i = i + 1$ 使 i 每次加 1，依次变化为 3、4、5 $\cdots$。这样在循环中 max 将与余下的数（$a_2 \sim a_{10}$）依次比较，若发现更大的数便将其置于 max 中，最终找出最大值。具体流程图如图 9-14 所示。

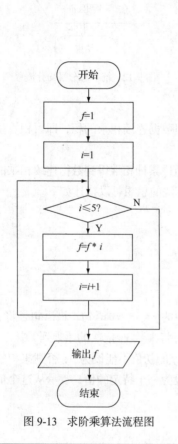

图 9-13　求阶乘算法流程图　　　　　图 9-14　求最大值算法流程图

若是需要求最小值，其解题思想与求最大值的思想几乎完全相同，只是在算法中将数据组中的第一个数视为最小数并将其置于 min 中，然后用 min 与数据组后面其余的数依次比较。如果发现有比 min 小的数，就将其置于 min 中。在与所有数比较完毕后，min 中就是这组数据中的最小值。

2. 枚举法

枚举法（Enumeration Algorithm）起源于原始的计数方法，即数数。当面临的问题存在大量的可能答案（或中间过程），而暂时又无法用逻辑方法排除这些可能答案中大部分时，就不得不采用逐一检验这些答案的策略，也就是利用枚举法来解题。

应用枚举法很著名的一个例子是公元五世纪我国数学家张丘建提出的"百钱买百鸡"的问题：公鸡 5 元一只，母鸡 3 元一只，小鸡 1 元三只。现有 100 元钱，要买 100 只鸡，问公鸡、母鸡、小鸡各几只？

这类问题的解决即可用枚举法。根据提出的问题，列举所有可能的情况，并用问题中给定的条件检验那些是需要的，哪些是不需要的。由于它是在有限范围内列举所有可能的结果，再进行归纳推理，逐个考察满足条件的所有可能情况，找出其中符合要求的解，因而得出的结论是可靠的。这种方法也叫"穷举法"，其适合求解的问题是：可能的答案是有限个且答案是可知的，但又难以用解析法描述。

枚举法的基本思想是根据题目的部分条件确定答案的大致范围，并在此范围内对所有可能的情况逐一验证，直到全部情况验证完毕。也就是依次枚举问题所有可能的解，按照问题给定的约束条件进行筛选，如果满足约束条件，则得到一组解，否则不是问题的解。将这个过程不断地进行下去，最终得到问题的所有解。

要使用枚举法解决实际问题，应当满足以下两个条件。

① 能够预先确定解的范围并能以合适的方法列举。

② 能够对问题的约束条件进行精确描述。

针对上面"百钱买百鸡"的问题，假设一百只鸡中公鸡、母鸡、小鸡分别为 x、y、z，则问题转化为三元一次方程组。

$$\begin{cases} x+y+z=100 \text{（百鸡）} \\ 5x+3y+\dfrac{z}{3}=100 \text{（百钱）} \end{cases}$$

显然这是个不定方程，也即两个方程无法解出 3 个变量的值，只能将各种可能的取值代入，其中能满足两个方程的就是所需的解，这就是枚举算法的应用。

这里 x，y，z 为正整数，且 z 是 3 的倍数；由于鸡和钱的总数都是 100，可以确定 x，y，z 的取值范围：x 的取值范围为 1～20；y 的取值范围为 1～33；z 的取值范围为 3～99，且每次增加值为 3（称为步长为 3），即 z 的变化规律为 3、6、9…99。

用穷举的方法，遍历 x，y，z 的所有可能组合，最后即可得到问题的解。流程图如图 9-15 所示。

枚举法最常见的应用就是密码破译。简单来说，利用枚举法进行密码破译就是一个一个地试，即将密码进行逐个推算直到找出真正的密码为止。利用这种方法我们可以运用计算机来进行逐个推算，也就是说我们破解任何一个密码都只是一个时间问题。比如，一个 4 位并且全部由数字组成的密码共有 10 000 种组合，也就是说最多要尝试 9 999 次才能找到真正的密码。一般来说，枚举法适用于 6 位以下纯数字密码的破译，超过 6 位数由于枚举范围太大，即使最终可以得到结果，但需要太长的时间，也就失去了意义。

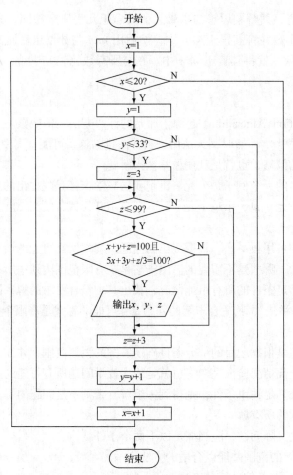

图 9-15 "百钱买百鸡"算法流程图

用枚举法解题最大的缺点就是运算量比较大，需要列举许多种状态，解题效率比较低。如果枚举范围太大（一般以不超过两百万次为限），在时间上就难以承受。但枚举算法的思路简单、直观、易于理解，算法的正确性容易证明，程序的编写和调试也比较方便。因此，如果题目的规模不是很大，在规定的时间与空间限制内能够求出解，那么采用枚举法不失为一个较好的选择。

3. 迭代法

迭代法（Iterative Algorithm）是一种重要的逐次逼近的方法，是用计算机解决问题的一种基本方法。迭代方法用某种迭代公式，根据已知的初值 x_0 生成一个新值 x_1，即 $x_1=f(x_0)$，然后再把新值作为已知的初值代入方程中，不断重复上面的过程，逐步细化，直到得到满足精度要求的结果。迭代法利用计算机运算速度快、适合做重复性操作的特点，让计算机对一组指令（或步骤）进行重复执行，在每次执行这组指令（或步骤）时，都从变量的原值推出它的一个新值。

数学上的一些定义和算法就是用迭代的方式来描述的，如裴波那契数列中的第 n 项为前两项之和，而阶乘可用迭代方式定义为：$n!=(n-1)!*n$。利用迭代算法解决问题，需要做好以下 3 个方面的工作。

（1）确定迭代变量

在使用迭代算法解决的问题中，至少存在一个直接或间接地不断由旧值推出新值的变量，这个变量就是迭代变量。

（2）建立迭代关系式

所谓迭代关系式，是指如何从变量的旧值推出新值的公式。迭代关系式的建立是解决迭代问题的关键。

（3）迭代过程控制

在什么时候结束迭代过程是设计迭代算法必须考虑的问题。不能让迭代过程无休止地重复执行下去。迭代过程的控制通常可分为两种情况。

① 迭代次数是可以计算出来的确定值，可以通过构建一个固定次数的循环来实现对迭代过程的控制。

② 迭代次数无法确定，此时需要进一步分析，从而得到结束迭代过程的条件。

【例 9-11】利用迭代法求裴波那契（Fibonacci）数列的第 20 项。

裴波那契数列是形如 1，1，2，3，5，8，13，…的一组数据序列，它的某项数据为其前两项之和。

$$F(n) = \begin{cases} 1 & (n=1) \\ 1 & (n=2) \\ F(n-1)+F(n-2) & (n \geqslant 3) \end{cases}$$

分析：为了输出裴波那契数列的第 20 项，先确定迭代变量 f_1、f_2 和 f_n，其中 f_1 和 f_2 分别初始化为前两项的值 1；然后控制循环变量 n 从 3 到 20，利用迭代公式 $f_n = f_1 + f_2$，可求得第 n 项 f_n；为了用该式求下一项，将 f_2 的值赋给 f_1，f_n 的值赋给 f_2，使得经过循环可求得下一项。如此循环迭代，直到第 20 项 f_{20}。具体流程图如图 9-16 所示。

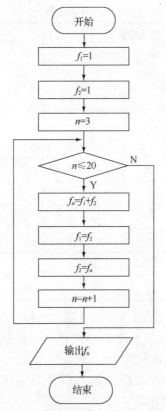

图 9-16　求裴波那契数列项算法流程图

4. 排序

在人们的日常生活和工作中，经常会遇到要求把一组无序的数据由大到小或由小到大排列，如为了方便成绩的统计查询将成绩按由高到低的顺序降序排列、为了方便商品的查找将商品名称按字母升序排列等。这种对数据进行有序排列的操作就是排序。

在计算机科学中，排序是经常使用的一种经典的非数值运算算法。所谓排序（Sort）就是把一组无序的数据按照特定的顺序（如升序或降序）重新排列为有序序列的过程。排序的算法有多种，常用的排序算法有插入排序（如直接插入排序、折半插入排序、希尔排序等）、交换排序（如冒泡排序、快速排序等）、选择排序（如简单选择排序、堆排序等）、归并排序、分配排序（如基数排序、桶排序等）。下面以比较互换法为例，介绍排序算法。

比较互换法排序是较直观、易于理解的一种排序方法。假定 n 个数据组成的数据系列，其下标为 $1\sim n$，即数据为 a_1、a_2、$\cdots a_n$，若要对这 n 个数据用比较互换法按降序排序，其基本思想如下。

- 将第一个数据 a_1 与其后的 $n-1$ 个数据 $a_2\sim a_n$ 依次比较，若发现比 a_1 大，则与 a_1 交换。待 $n-1$ 个数据比较互换完毕后，a_1 即为数据系列中的最大值。此为第一轮的比较。
- 将第二个数据 a_2 与其后的 $n-2$ 个数据 $a_3\sim a_n$ 依次比较，若发现比 a_2 大，则与 a_2 交换。待 $n-2$ 个数据比较互换完毕后，a_2 即为数据系列中的次大值。此为第二轮的比较。
- 以此类推，在第 $n-1$ 轮时，将数据 a_{n-1} 与 a_n 进行比较互换，至此 n 个数据已按降序排列。

表 9-4 中演示了比较互换法排序对 6 个数据的操作过程，其中，圆圈数字表示此轮初始时待排序的位置，它要与后面数据进行比较互换；方块数字表示此轮比较完成后已经排序好的数据。

表 9-4　　　　　　　　　　　　　　　比较互换法实际排序示例

		原始数据						比较次数	交换次数	说明
		5	8	9	1	7	3			
第 1 轮	初始	⑤	8	9	1	7	3	5	2	5 与 8 互换
	比较后	⑨	5	8	1	7	3			8 与 9 互换
第 2 轮	初始	⑨	⑤	8	1	7	3	4	1	5 与 8 互换
	比较后	⑨	⑧	5	1	7	3			
第 3 轮	初始	⑨	⑧	⑤	1	7	3	3	1	5 与 7 互换
	比较后	⑨	⑧	⑦	1	5	3			
第 4 轮	初始	⑨	⑧	⑦	①	5	3	2	1	1 与 5 互换
	比较后	⑨	⑧	⑦	⑤	1	3			
第 5 轮	初始	⑨	⑧	⑦	⑤	①	3	1	1	1 与 3 互换
	比较后	⑨	⑧	⑦	⑤	③	1			

由表 9-4 演示的排序过程可以看出，若有 n 个数进行排序，应进行 $n-1$ 轮比较；在第 i 轮中，由 a_i 与 $a_{i+1}\sim a_n$ 依次比较互换。因此需要两重循环，外层循环变量 i 控制比较轮数，其取值范围为 $1\sim n-1$；内层循环变量 j 控制每一轮中参与比较的数据元素，其取值范围为 $i+1\sim n$；在内层循环中，由 a_i 与 a_j 进行比较，如果需要则进行互换。由此可以得到对于 $1\sim n$ 个数，采用比较互换法排序的核心算法流程图如图 9-17 所示。

在图 9-17 所示的核心算法中，op 表示一个操作符，如果是升序排序，op 应该为大于号 ">"；

如果是降序排序，则 op 应该为小于号 "<"。

5. 查找

查找又称"检索"，是在一组数据或信息中，找到满足条件的数据。查找在信息处理、办公自动化等方面应用广泛，如在考试成绩单中查找成绩、在通讯录中查找某人的电话等，是日常生活和工作中应用非常广泛的算法。

在计算机科学中，查找是经常使用并被广泛研究的一种经典的非数值运算算法。查找操作是在一组数据中搜索是否存在待查的数据元素。若找到这样的元素，则查找成功，否则，查找失败。常用的查找算法有顺序查找、二分查找、分块查找、哈希查找等。下面以顺序查找为例，介绍查找算法。

顺序查找也称为线性查找，其基本的思路就是从给定数据序列的第一个数据元素开始（也可从最后一个数据元素开始），逐一扫描每个数据元素，即将待查找的数据与数据序列中的每一个数据元素逐一进行比较，以检查是否相等。若当前扫描到的数据元素值与待查的数据相等，则查找成功；若扫描到数据序列的最后，即全部比较结束后仍没找到，则查找失败。

假定 n 个数据组成的数据系列，其下标为 $1\sim n$，即数据为 a_1、a_2、$\cdots a_n$，待查的数据为 x，则进行顺序查找的基本思想为：从 a_1 开始依次将 a_i 与 x 进行比较（$1\leqslant i\leqslant n$），若相等则查找成功，此时 i 即为待查数据在数据序列中的位置；若不等，则继续比较下一个元素，重复上述过程。若比较到 a_n 仍未找到，则查找失败，要给出未找到的提示信息。顺序查找的核心算法流程图如图 9-18 所示。

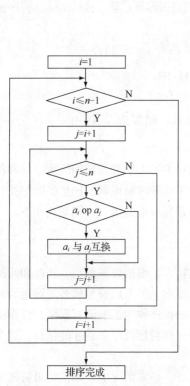

图 9-17　比较互换法排序核心算法流程图

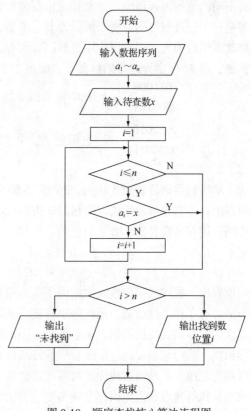

图 9-18　顺序查找核心算法流程图

顺序查找的优点是简单，比较容易理解；缺点是比较次数较多，效率较低。顺序查找算法适合于待查找数据序列无序且其元素数量较少的情况。

9.3　程序设计基础

9.3.1　程序设计语言发展

1. 程序设计语言演变

众所周知，人与人之间的交往是通过语言进行的。同样，人与计算机之间交换信息也必须有一种语言作为媒介。这种语言就叫作计算机语言。如果需要计算机来解决某个实际问题，就必须采用计算机语言来编制相应的程序，然后由计算机执行编制好的程序，最终达到问题的解决的目的。

编制程序的过程称为程序设计，因而计算机语言又称为程序设计语言。按照程序设计语言对计算机的依赖程度可分为三大类，即机器语言、汇编语言和高级语言。

（1）机器语言

机器语言即机器指令系统，也就是计算机所有能执行的基本操作的命令。机器语言是用二进制代码表示的程序设计语言，是最低级的语言。用机器语言编写的程序称为机器语言程序，能直接被计算机识别和执行，因此执行速度较快。

但是由于机种不同，其指令系统是不一样的。所以同一道题目在不同的计算机上计算时，必须编写不同的机器语言程序，也就是说机器语言程序的可移植性差。另外，由于机器语言中每条指令都是一串二进制代码，所以可读性差、不易记忆；编写程序既难又繁，容易出错；程序的调试和修改难度也很大，因此很少用机器语言编程。

例如，用 8088 微处理器的机器语言编写 7+5 的程序，要用到下面的机器指令。

$$\left.\begin{array}{l} 1011000 \\ 0000101 \end{array}\right\}$$ 表示将数据 5 送到累加器 AL 中。

$$\left.\begin{array}{l} 00000100 \\ 00000111 \end{array}\right\}$$ 表示把 AL 中的数据同 7 相加，结果放在 AL 中。

（2）汇编语言

为了解决机器语言的上述缺点，20 世纪 50 年代初，出现了汇编语言。汇编语言是一种符号化的机器语言，它不再使用难以记忆的二进制代码，而是使用比较容易识别、记忆的助记符号代替操作码，用符号代替操作数或地址码。例如，上面的例子若写成汇编语言，则形式如下。

```
MOV AL,5          //把 5 送到 AL 中
ADD AL,7          //7+5 的结果仍存在 AL 中
```

可以看出，程序的可读性大大增强了。与机器语言相比较，汇编语言在编写、修改和阅读程序等方面都有了相当的改进。但这种语言还是从属于特定机型的，除了用符号代替二进制码外，汇编语言的指令格式与机器语言相差无几。用汇编语言编写的程序称为汇编语言程序，计算机不能直接识别、执行它，要经过汇编程序翻译成机器语言程序（称目标程序）后才能执行。这个翻译过程称为汇编。汇编语言程序的可移植性也较差。

由于从执行速度和占用内存空间角度上讲，汇编语言较好，通常情况下，用汇编语言来编写效率较高的实时控制程序和某些系统软件。

（3）高级语言

高级语言是与人类自然语言相近似的，而不依赖于任何机器指令系统的程序设计语言，其语

言格式更接近于自然语言，或接近于数学函数形式。描述问题与计算公式基本一致，可读性较好。它们是面向过程的语言。比如，由高级语言编写 7+5 的程序只有下面一句。

A=7+5 　　　　　　　　　　　　//7+5 的结果存放在临时变量 A 中

高级语言的通用性较好，易于掌握，大大提高了编写程序的效率，改善了程序的可读性，用高级语言编写的程序称为高级语言源程序。与汇编语言相同，计算机是不能直接识别和执行高级语言源程序的，也要用翻译的方法把高级语言源程序翻译成等价的机器语言程序（称为目标程序）才能执行。通常高级语言程序的翻译有两种方式：解释方式和编译方式。

2．程序设计语言处理系统

计算机只能直接识别和执行机器语言，那么要在计算机中运行高级语言程序就必须配备程序语言翻译程序，简称翻译程序。翻译程序本身是一组程序，不同的高级语言都有相应的翻译程序。对于高级语言来说，翻译的方法有解释和编译两种。

（1）解释方式

将源程序逐句解释执行，即解释一句就执行一句，其过程如图 9-19 所示，在解释方式中不产生目标文件。早期的 Basic 语言采用"解释"方法，是用解释一条 Basic 语句执行一条语句的方法，效率比较低。

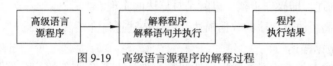

图 9-19　高级语言源程序的解释过程

（2）编译方式

将整个源程序翻译成机器语言程序，然后让机器直接执行此机器语言程序。目前，流行的高级语言 C、Visual C++、Visual Basic 等都采用编译的方法。它是用相应语言的编译程序先把源程序编译成机器语言的目标程序（扩展名为.obj），然后再用连接程序，把目标程序和各种的标准库函数连接装配成一个完整的可执行的机器语言程序才能执行。简单地说，一个高级语言源程序必须经过"编译"和"连接装配"两步后才能成为可执行的机器语言程序。尽管编译的过程复杂一些，但它形成可执行文件（扩展名为.exe），且可以反复执行，速度较快。如图 9-20 所示为高级语言的编译过程。运行程序时，只要执行可执行程序即可。

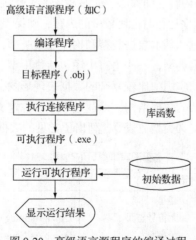

图 9-20　高级语言源程序的编译过程

对源程序进行解释和编译任务的程序，分别叫作编译程序和解释程序。例如，FORTRAN、COBOL、PASCAL 和 C 等高级语言，使用时需有相应的编译程序；BASIC、Lisp 等高级语言，使用时需用相应的解释程序。

总的来说，汇编程序、编译程序和解释程序都属于语言处理系统或简称翻译程序。

9.3.2 程序设计语言基础

1. 高级语言程序概述

程序是对解决某个计算问题的方法（算法）步骤的一种描述，而计算机程序则是用某种计算机能理解并执行的计算机语言作为描述语言，对解决问题的方法步骤的描述。因此，程序就是供计算机执行后能完成特定功能的指令序列。

一个高级语言程序主要描述两部分内容：描述问题的每个对象和对象之间的关系，以及描述对这些对象作处理的处理规则。关于对象及对象之间的关系是数据结构的内容，而处理规则是求解的算法。数据结构和算法是程序最主要的两个方面，高级语言程序一般由对数据的描述和对操作的描述两部分组成。

① 对数据的描述。在程序中要指定数据的类型和数据的组织形式，即数据结构。

② 对操作的描述。即操作步骤，也就是对算法的实现。

下面就分别对高级语言程序的数据描述和操作描述进行介绍。

2. 高级语言数据描述

计算机的内存中存放着大量的数据，这些数据都是为了解决某个问题而设置的。而在实际的处理过程中，根据不同的对象与要求，这些数据又具有不同的性质和表现形式。在高级语言中，使用数据类型这一概念来描述数据间的这种差别，而数据则是以常量或变量的形式来描述的。

（1）数据类型

现实生活中的数据是有类型之分的，例如，年龄一般用整数表示，工资、成绩等用带小数点的数描述，姓名由一串中文或英文字符表示，而生日则是一个由年月日表示的日期。因此，为了在程序设计语言中正确表示这些日常生活中所用到的不同的数据信息，程序设计语言中出现了不同的数据类型，如整型、实型、字符型、日期型、逻辑型等。不同数据类型表示的数据的取值范围不同、所适用的运算不同、在内存中所占有的存储单元数目也不同。也就是说，数据类型决定了数据的存储形式、表示范围或精度、所占内存空间大小、能够参与哪些运算或操作等。因此，正确地区分和使用不同的数据类型，可以使程序运行时占用较少的内存，确保程序运行的正确性和可靠性。

高级语言的数据类型一般包括基本数据类型和构造数据类型，其中，基本数据类型包括整型、浮点型、字符型、逻辑型等数据类型，一些语言中还包括货币型、字节型、日期型等；而构造数据类型一般用于处理实际问题的应用中比较复杂的数据表现形式，它通过把一些不同类型的数据组合成一个整体用于构造出复杂的数据结构，即通过一个名称定义不同类型数据的组合。构造数据类型包含数组、结构体或自定义类型。表 9-5 列出了常见的数据类型

表 9-5　　　　　　　　　　高级语言中常见的数据类型

数据类型		C++语言示例		Visual Basic 语言示例	
基本类型	整型	int a;	//整型		
		unsigned int b;	//无符号整型	Dim a As Integer	'整型
		long int c;	//长整型	Dim b As Long	'长整型
		short ind d;	//短整型		

续表

数据类型		C++语言示例	Visual Basic 语言示例

基本类型	浮点型	float f; //单精度浮点型
		double g; //双精度浮点型
			Dim f As Single '单精度型
			Dim g As Double '双精度型

	字符型	char c; //字符型	Dim str As String '字符型
	逻辑型	bool flag //逻辑型	Dim flag As Boolean '逻辑型

构造类型	数组	int a[10]; //具有 a[0] ～a[9]，
		10 个整型元素的数组
			Dim a(1 to 10) As Integer '具有 a(1) ～a(10)，10
			个整型元素的数组

	结构体	struct student //定义学生结构体
		{ char num[12]; //学号
		char name[20]; //姓名
		int age; //年龄
		char address[100]; //地址
		};
			Type Students '声明学生自定义类型
			  Num As String * 12 '学号
			  Name As String *20 '姓名
			  Age As Integer '年龄
			  Address As String *100 '地址
			End Type

（2）常量

在程序运行过程中，其值始终保持不变的量称为常量。常量一般有普通常量和符号常量，有些语言还有系统常量。

● 普通常量：也称为直接常量，即直接写出不同类型数据的值，因此从其值即可判断出常量的类型。普通常量分为数值型常量、字符型常量、逻辑型常量等。

● 符号常量：在程序设计时，经常会遇到一些多次出现或难于记忆的常量，因此可以定义一个标识符来代替这个常量，这个标识符就称为符号常量。例如，数学运算中的圆周率，可以用符号 PI 来表示 3.1415926，在程序中使用该数值时都可以用 PI 来代替，这样不仅可以方便书写，而且增强了程序的可读性和可维护性。

● 系统常量：有些语言（如 Visual Basic）提供有系统常量，是该语言系统预先定义的常量，可以与应用程序的对象、属性和方法一起使用。在程序中使用系统常量，可使程序更加容易阅读和理解，并使程序保持良好的兼容性。表 9-6 给出了常量的示例。

表 9-6   常量示例

类别	C++语言示例	Visual Basic 语言示例
普通常量	123、14.5 （数值型常量） 'a' （字符常量） "CHINA" （字符串常量）	123、14.5 （数值型常量） "CHINA" （字符型常量） True、False （逻辑型常量）
符号常量	const double PI = 3.1415926; //定义 PI 是符号常量，其值为 3.1415926	Const PI As Single=3.1415926 '声明符号常量 PI，代表单精度数 3.1415926
系统常量		vbNewLine 表示回车换行符 vbRed 的值为&HFF，表示红色

（3）变量

在程序运行过程中，其值可以改变的量称为变量。变量的名字由用户定义，变量的命名必须符合标识符命名规则。

变量的本质是内存中的一个存储空间。由于在程序运行过程中，数据都是保存在内存中的，数据的类型不同，占用的内存单元数也不同。为了对保存在内存中的数据进行访问，就要使用一个名称来表示该内存空间，这个有名称的内存空间就称为变量。每个变量都有一个名称和相应的数据类型，系统根据数据类型为其分配存储单元，并确定该变量能进行的操作。变量名对应的存储空间中所存储的数据称为变量的值，这个值在程序的运行过程中可以发生改变，在程序中通过变量名来引用变量的值。变量名、变量的类型及变量的值称为变量的三要素。

• 变量的声明：变量的声明就是用变量声明语句来定义变量的类型，表 9-4 中列出了 C++和 VB 语言对常用数据类型的声明语句。在为变量选择数据类型时，一般根据数据的特性、数据的取值范围及数据可以参与的运算来确定数据类型。

在一些计算机语言中，变量在使用前要求必须先进行声明，即声明变量名及其数据类型，以便系统在内存中为其分配内存单元；有一些语言则对此要求并不严格，可以不声明变量而直接使用。没有声明类型的变量根据实际赋给变量的值的数据类型来确定变量的数据类型，这样的变量称为变体型变量。由于使用变体型变量浪费存储空间，且由于赋值数据类型的随意性会导致程序容易出错，所以应尽量避免使用。要养成"先声明变量，后使用变量"的良好编程习惯。

• 变量的默认值：所谓变量的默认值是指在声明或定义变量后，在未对其进行赋值前变量所具有的值。对此不同的语言有不同的规定。在 C++中，对于已经定义而没有被赋值的变量，其值为不确定的随机值；而在 Visual Basic 中，变量声明后，数值型变量的默认初值为 0；Boolean 型变量的默认初值为 False；String 型变量的初值为空。

由于变量的默认值可能为不确定的随机值，读取其值进行计算会导致错误的程序运行结果。即使一些语言中变量的默认值有具体的值，但在程序运行时还是可能会引起一些意想不到的问题，因此，建议声明变量以后，在使用变量之前一定要先为其进行赋值，称为变量赋初值。

• 变量的赋值和访问：定义或声明变量后，就有了对应的存储空间，从而可以对变量进行赋值或访问操作。对变量赋值，就是将一个值存入变量对应的存储空间（如果原来有值，原值被覆盖）；访问变量，就是从变量对应的存储空间读取数据进行操作，所以对变量的赋值或访问（使用）操作，就是对其存储空间进行存或取的操作。表 9-7 列出了 C++和 VB 中一些常见的变量赋值和访问的示例。

表 9-7　　　　　　　　　　　　　　　　变量的赋值和访问

语种	示例	
C++	int x,y,z;	//定义 3 个整型变量 x, y, z
	x = 5;	//将 5 赋值给变量 x
	y = 10;	//将 10 赋值给变量 y
	z = x + y;	//读取 x 和 y 的值进行加法运算，得到和 15 赋给变量 z
	z = z + 1;	//变量 z 当前的值 15 加 1 后，得到和 16 再赋值变量 z
VB	Dim x As Integer , y As Integer , z As Integer	'定义 3 个整型变量 x, y, z
	x = 5	'将 5 赋值给变量 x
	y = 10	'将 10 赋值给变量 y
	z = x + y	'读取 x 和 y 的值进行加法运算，得到和 15 赋给变量 z
	z = z + 1	'变量 z 当前的值 15 加 1 后，得到和 16 再赋值变量 z

3. 运算符与表达式

程序中的大部分数据处理是通过运算符和表达式实现的。对常量或变量进行运算或处理的符号称为运算符，用于告知计算机对数据进行操作的类型、方式和功能，一般运算符作用于一个或一个以上的操作数。参与运算的数据称为操作数，操作数可以是常量、变量或函数的返回值。用运算符将操作数连接起来就构成了表达式。

运算符主要包括算术运算符、关系运算符、逻辑运算符、字符串运算符、赋值运算符等。不同的运算符其运算方法和特点各不相同，通过运算符和表达式可以实现程序编制中所需要的大量操作。

- 算术运算符与算术表达式：算术运算符用于对数值型数据进行各种算术运算，是程序设计语言中最常使用的一类运算符，算术运算符如表 9-8 所示。

表 9-8　　　　　　　　　　　　　　　　　算术运算符及示例

语言	算数运算符及优先规则	例子	结果
C++	负号（-）>乘除取余(*、/、%)>加减(+、-)	-5+2	-2
		5*3/2	7.5
		5%2	2
		5+3-2	6
VB	乘方（^）>负号（-）>乘除(*、/)>整除（\）>取余（Mod）>加减(+、-)	5^3	125
		-5+2	-2
		5*3/2	7.5
		5\2	2
		5 Mod 3	2
		5+3-2	6

- 关系运算符与关系表达式：关系运算符是用来比较两个操作数之间的关系的运算符，由关系运算符和操作数组成的表达式叫作关系表达式，其运算结果为一个逻辑值（True 或 False）。如果关系成立，结果为 True（真），如果关系不成立，结果为 False（假）。另外，任何非 0 值都可以被认为是 True。关系运算符如表 9-9 所示。

表 9-9　　　　　　　　　　　　　　　　　关系运算符及示例

C++关系运算符	VB 关系运算符	功能	例子	结果
>	>	大于	123 > 129	False
>=	>=	大于等于	23 >=35	False
<	<	小于	34 < 67	True
<=	<=	小于等于	3<=3	True
==	=	等于	50 — 50（50 = 50）	True
!=	<>	不等于	35!=38（35<>38）	True

- 逻辑运算符与逻辑表达式：逻辑运算符的功能是将操作数进行逻辑运算（又称为"布尔"运算），它完成与、或、非等逻辑运算。逻辑表达式中操作数应为逻辑值，运算结果也为逻辑值（True 或 False）。逻辑运算符如表 9-10 所示。逻辑运算符通常用于连接多个关系表达式进行逻辑运算。

表 9-10 逻辑运算符及示例

C++	VB	功能	优先级	说明	示例	结果
!	Not	逻辑非	1	当操作数为真时，结果为假	! true （Not True）	False
&&	And	逻辑与	2	两个操作数都为真时，结果为真	false && true （False And True）	False
||	Or	逻辑或	3	两个操作数有一个为真时，结果为真	false || false （False Or False）	False

4. 内部函数

一般高级语言都提供有一些内部函数，用户可以直接调用它们。内部函数又叫做标准函数，是预先定义好的完成某一特定功能的函数，通常带有一个或几个参数，并返回一个值。除了内部函数外，用户也可以根据需要自己定义函数。

在使用内部函数时，要了解函数的功能、函数的调用形式、函数的参数及函数的返回值。函数的一般调用形式如下。

函数名（参数列表）

其中，函数的参数可以是变量、常量或表达式。若有多个参数，参数之间用逗号隔开。一般的高级语言内部函数包括数学函数、转换函数、字符串函数、日期函数等。

- 数学函数：数学函数用于完成各种数学运算，例如三角函数、平方根、绝对值、对数、指数等，这些函数与数学中的函数含义相同。
- 转换函数：转换函数主要用于数据类型或数据形式的转换，包括数值型与字符串之间的转换以及 ASCII 码与 ASCII 字符之间的转换等。
- 字符串函数：字符串函数主要用于对字符串进行截取、查找、计算长度、大小写转换等操作，一般的高级语言都提供有字符串处理函数，为字符型数据的处理带来了极大的方便。

如需使用函数，可以查阅相关的函数手册。

9.3.3 高级语言程序的流程控制结构

由第 8 章算法结构的介绍我们知道，结构化的算法是由 3 种基本结构组成的，即顺序结构、选择结构和循环结构。而程序设计是通过程序语言来实现算法，因此，在程序设计的高级语言中，都有相应的语法结构用来实现这 3 种基本结构，以实现结构化的程序设计的目标。

1. 顺序结构程序

顺序结构是一种最简单的程序结构。这种结构的程序按语句书写的顺序"从上到下"依次执行，中间既没有跳转语句，也没有循环语句。顺序结构的程序一般由变量声明语句、赋值语句或输入、输出语句构成，程序执行时按照语句书写的顺序依次执行。

（1）变量声明语句

在编写程序之前，首先要根据需要处理的具体问题，规划需要使用的变量。在规划变量时要确定变量的名字、数据类型、在程序中代表的含义等。而对变量的定义和声明，就需要用到表 9-4 中所列出的常见数据类型的定义或声明语句。

（2）赋值语句

赋值语句是程序设计语言中最基本的语句，也是使用最多的语句。赋值语句的作用就是将赋值号"="右侧表达式的计算结果赋值给赋值号"="左侧的变量。而程序中大量的计算也正是通过赋值语句中的表达式来实现的。

（3）数据输入

输入是指将数据从外部输入设备传送到计算机内存的过程。用户在运行程序时，通过程序中的输入，将程序计算所需数据传送给内存中的变量。

并不是所有程序都一定有输入，有些程序通过对变量进行初始值的设定（赋值），即可进行相应处理，这样的程序就不需要有输入。但是对于很多程序来说，有输入将使程序与用户的交互更加方便、灵活，适应面也更广。

高级语言都提供有自身的输入语句，有些语言还可以通过一些技术方法，实现更加方便的界面交互输入。表 9-11 列出了 C++和 VB 中实现数据输入的语句和方法。

表 9-11　　　　　　　　　　　　　　　输入语句及示例

	语句形式	示例	说明
C++	cin>>变量 1>>变量 2... >>变量 n;	int a; double b; char c; cin>>a>>b>>c;	从键盘输入 10 20.3 x，3 个数据之间用空格隔开，最后回车，系统则将这 3 个数据依次送入变量 a、b、c 中
VB	变量 = 文本框的 Text 属性 变量 = InputBox("提示信息")	Dim x As Integer Dim x As Integer Dim x As Integer x = Text1.Text y = Val(Text2) z = InputBox("请输入 z")	将文本框 Text1 中输入的数据赋值给变量 x；将 Text2 中输入的数据赋值给变量 y；在弹出的输入框中输入数据并赋值给变量 z

在 C++中，使用 cin 输入数据时，输入的数据必须与对应的变量类型一致。

在 VB 中，文本框和输入框接收的数据为字符型，如果需要对数值型数据进行处理，可通过 Val 函数进行转换，或直接将其赋值给数值型变量，如表 9-15 所示。

在 VB 中，文本框的 Text 属性是默认属性，所以可以直接写成形如 x = Text1 的形式。

（4）数据输出

输出是将运算结果从计算机内存传送到外部输出设备的过程，是将某些信息和计算结果由输出设备显示出来。我们编写程序的目的就是要解决问题并将结果提供给用户，即程序通过输出将运行结果显示给用户，或向用户显示某些提示信息，因此在一个程序中必须有输出。

高级语言都提供有自身的输出语句，有些语言还可以通过一些技术方法，方便地将输出结果显示在窗口界面上，使输出更加美观漂亮、用户界面更加友好。表 9-12 列出了 C++和 VB 中实现数据输出的语句和方法。

表 9-12　　　　　　　　　　　　　　　输出语句及示例

	语句形式	示例	说明

C++	cout<<输出项 1<<输出项 2 …<<输出项 n;	int a=10;
		double b=20.3;
		char c='y';
		cout<<a<<','<<b<<','<<c;
			依次输出变量 a、b、c 的值，中间以 "，" 分隔

	语句形式	示例	说明
VB	Print 输出项 文本框的 Text 属性 = 输出项 标签的 Caption 属性 = 输出项	Print x, y, z Text1.Text = a Label1. Caption = b	Print 将变量 x，y，z 的值输出；将变量 a 的值赋值给 Text1，即 a 的值在 Text1 中显示输出；将变量 b 的值赋值给 Label1，即 b 的值在 Label1 中显示输出

（5）顺序结构应用程序举例

通常在编制程序时，首先要根据需要处理的问题，规划和确定变量并进行定义和声明；之后通过变量的输入或赋值方法进行数据输入；接下来要进行计算（或程序的处理），这是编制程序的核心，用于完成程序的功能；最后要将计算或处理的结果进行输出。一个程序一般都是由这 4 部分构成的，即：

变量的声明；

变量的输入或赋值；

计算（程序处理）；

结果的输出。

请读者在编制程序时，也要按照这样的结构来组织程序。

【例 9-12】编写程序，输入矩形的两个边，输出其面积和周长。具体算法描述见【例 9-2】。

分析：根据问题要求，首先确定变量的数目与类型。为了存放矩形的两个边，需要两个变量 a、b；求面积和周长还需要两个变量 s、l。考虑到输入的数据可能是带有小数点的实数，所以数据类型应选择单精度型。

在确定了变量（数据描述）后，即可根据【例 9-2】所做的流程图算法描述，按照变量的声明、变量的输入、计算、结果的输出这样的结构来编写程序。这里分别给出 C++和 VB 的程序。

C++程序示例

```cpp
#include<iostream>
using namespace std;
int main()
{
    double a, b, s, l;                //定义变量a、b存放边长，s、l计算面积和周长
    cout<<"Please input a,b=";        //提示用户输入矩形两个边长
    cin>>a>>b;                        //程序运行时，从键盘输入两个边长到变量中
    s = a * b;                        //计算面积
    l = 2 * (a + b);                  //计算周长
    cout<<"s="<<s<<endl;              //输出面积s
    cout<<"l="<<l<<endl;              //输出周长l
    return 0;
}
```

VB 程序示例

```vb
Private Sub Command1_Click()
    Dim a As Single, b As Single     '声明变量a、b表示两个边长
```

```
    Dim s As Single, l As Single      '声明变量 s 表示面积，l 表示周长
    a = InputBox("请输入第一个边长" )   '输入第一个边长
    b = InputBox("请输入第二个边长")    '输入第二个边长
    s = a * b                         '计算面积
    l = 2 * ( a + b )                 '计算周长
    Print a , b                       '输出两个边长
    Print s , l                       '输出面积和周长
End Sub
```

2．选择结构程序

用顺序结构编写的程序比较简单，一般用于进行一些简单的运算，所以能够处理的问题类型有限。在实际应用中，有许多问题是根据不同的条件来选择执行不同的操作。例如，根据成绩进行输出，当成绩为 60 分以上时，输出"合格"，小于 60 分时，则输出"不合格"。根据成绩值的不同，进行选择来执行不同的输出操作，这样的程序结构称为选择结构或分支结构。

（1）选择结构语句形式

在选择结构中，可以根据程序分支的数目，分为单分支结构、双分支结构和多分支结构。在高级语言中一般通过 If 语句实现选择结构，以对某个条件进行判断，而后选择执行不同的分支。If 语句可实现单分支、双分支和多分支结构。表 9-13 列出了 C++ 和 VB 中实现选择结构的语句形式（这里只列出单分支结构和双分支结构）。

表 9-13　　　　　　　　　　　　　选择结构的语句形式

	C++	VB	说明

单分支结构	if(表达式)
	　语句组
		If 表达式 Then
		　语句组
		End If
			首先计算表达式，若值为真，则执行语句组，若值为假，则跳过语句组，执行语句组（End If）后面的语句

双分支结构	if(表达式)
	　语句组 1
	else
	　语句组 2
		If 表达式 Then
		　语句组 1
		Else
		　语句组 2
		End If
			首先计算表达式，若值为真，执行语句组 1，然后跳出结构，执行语句组 2（End If）后面的语句；否则跳过语句组 1，执行 Else 后面的语句组 2，然后继续执行后面的语句

（2）选择结构应用程序举例

【例 9-13】输入 x，计算分段函数 y 的值并输出（算法描述见【例 9-3】）。

$$y = \begin{cases} 3x^2 - 1 & x \geqslant 0 \\ 2x + 3 & x < 0 \end{cases}$$

C++程序示例

```
#include<iostream>
using namespace std;
int main()
{
    int x, y;                        //定义变量 x、y
    cout<<"Please input x=";
```

```
    cin>>x;                          //输入变量
    if (x >=0 )                      //处理
        y = 3 * x * x - 1;
    else
        y = 2 * x + 3;
    cout<<"y="<<y<<endl;             //输出结果
    return 0;
}
```

VB 程序示例

```
Private Sub Command1_Click()
    Dim x As Single, y As Single        '声明变量
    x = Text1.Text                      '输入
    If x >= 0 Then                      '处理
        y = 3 * x * x - 1
    Else
        y = 2 * x + 3
    End If
    Text2.Text = y                      '输出
End Sub
```

3. 循环结构程序

在许多问题中，常常需要将某个程序段反复执行多次。如果在这类程序中安排多个重复的语句序列，就会使程序冗长并浪费计算机存储空间。为了解决这个问题，一般高级语言中都提供了循环语句来实现程序段的多次反复执行，从而简化程序结构，节省计算机存储空间。在循环结构中需要反复执行的语句称为循环体。

（1）循环结构语句形式

一般地说，一个循环结构可由 4 个主要部分构成。

① 循环的初始部分，是实现循环要进行的准备工作，只执行一次而非重复执行的部分。

② 循环的控制条件，根据条件是否成立来控制循环是继续还是结束，从而保证循环结构按规定的循环条件控制循环正确进行。

③ 循环体，就是要重复执行的操作。

④ 循环控制的修改部分，每循环 1 次，对循环控制条件中的某些变量的值进行修改，保证经过若干次循环后使得循环条件为假，从而结束循环。

表 9-14 列出了 C++和 VB 中实现循环结构的语句形式。

表 9-14　　　　　　　　　　　　循环结构的语句形式

	前测型循环	后测型循环	For 循环
C++	while (表达式) 　循环体	do 　循环体 while (表达式);	for (表达式 1;表达式 2;表达式 3) 　循环体
VB	Do While 表达式 　循环体 Loop	Do 　循环体 Loop While 表达式	For　循环变量 = 初值 To 终值 Step 步长 　循环体 Next 循环变量

续表

	前测型循环	后测型循环	For 循环
说明	首先计算 While 后的表达式，若其值为真，则执行循环体中的语句，而后继续计算表达式。如此反复，直到表达式值为假为止。此时结束循环，退出该结构，执行后面语句	先执行一次循环体中的语句，然后计算表达式的值。若表达式的值为真，则返回再次执行循环体。如此反复，直到表达式的值为假为止。此时循环结束，退出该结构，执行后面语句	C++的 for 循环：表达式 1 用来初始化循环控制变量；表达式 2 为表示循环条件的表达式；表达式 3 用来修改循环控制变量，实现循环控制变量进行一定的增量或减量，常用自增或自减运算。 VB 的 For 循环：首先将初值赋给循环变量，然后检查循环变量的值是否超过终值，若超出了则结束循环，执行 Next 后面的语句；否则则执行一次循环体，而后将循环变量的值加上步长后再赋给循环变量，然后继续判断循环变量的值

通常 For 循环语句适用于循环次数已知的循环结构，其通过设置初值、终值、增加量（步长）实现循环；对于循环次数不确定或循环变化比较复杂的情况，可以由条件控制的循环语句来实现循环，即 Do 和 While 语句。

（2）循环结构应用程序举例

【例 9-14】输出 30 以内的奇数。算法描述见【例 9-4】。

C++程序示例

```
#include<iostream>
using namespace std;
int main()
{
    int i = 1;                      //定义循环变量并赋初值
    while (i <= 30)                 //循环控制条件
    {
        cout<<i<<endl;             //循环操作
        i += 2;                    //修改循环变量
    }
    return 0;
}
```

VB 程序示例

```
Private Sub Command1_Click()
    Dim i As Integer                '声明变量
    i = 1                           '循环变量赋初值
    Do While i <= 30                '循环条件判断
        Print i;                    '循环操作
        i = i + 2                   '修改循环变量
    Loop
End Sub
```

4. 常用算法的程序实现

在 9.2 节中介绍了一些常用的典型算法和经典算法，这里给出这些算法的程序实现。

（1）基本算法程序实现

【例 9-15】计算 $1 + 2 + 3 + \cdots + 100$ 的值。算法描述见【例 9-6】。

C++程序示例

```
#include<iostream>
```

```
using namespace std;
int main()
{
    int sum, i;                      //定义累加和变量sum、循环变量i
    sum = 0, i = 1;                  //变量sum、i赋初值
    while(i <= 100)
    {
        sum += i;                    //累加
        i++;                         //循环变量加1
    }
    cout<<"sum="<<sum<<endl;         //输出
    return 0;
}
```

VB 程序示例

```
Private Sub Command1_Click()
    Dim sum As Integer, i As Integer      '定义累加和变量sum、循环变量i
    sum = 0                               '累加和变量sum赋初值0
    For i = 1 To 100 Step 1
        sum = sum + i                     '累加
    Next i
    Print "1+2+3+…+100 ="; sum            '输出
End Sub
```

【例 9-16】计算 1-1/3+1/5-1/7+… + 1/99 的值。算法描述如图 9-10（b）所示。

C++ 程序示例

```
#include<iostream>
using namespace std;
int main()
{
    double sum,i;                    //定义累加和变量sum、循环变量i
    int sign=1                       //定义符号变量sign并赋初值1
    sum=0,i=1;                       //变量sum、i赋初值
    while(i<=99)
    {
        sum+=sign/i;                 //累加
        i+=2;                        //循环变量加2
        sign=-sign                   //符号正负交替变化
    }
    cout<<"sum="<<sum<<endl;         //输出
    return 0;
}
```

VB 程序示例

```
Private Sub Command1_Click()
    Dim sum As Single, i As Integer       '定义变量，sum为累加和变量，i为循环变量
    Dim sign As Integer                   '定义符号变量sign
    sum = 0                               '累加和变量sum赋初值0
    sign = 1                              '符号变量sign赋初值1
```

```
        For i = 1 To 99 Step 2              '循环步长为 2
            sum = sum + sign / i            '累加
            sign = -sign                    '符号正负交替变化
        Next i
        Print "1-1/3+1/5-1/7+… + 1/99="; sum    '输出
End Sub
```

【例 9-17】统计 100 到 200 之间能够被 11 整除的数的个数。算法描述见【例 9-7】。

C++ 程序示例

```
#include<iostream>
using namespace std;
int main()
{
    int i;                          //定义变量
    int n = 0;                      //定义计数变量 n 并赋初值 0
    for (i = 100; i <= 200; i++)
    {
        if(i % 11 == 0)             //如能被 11 整除
            n++;                    //n 累加 1
    }
    cout<<"能被 11 整除的个数 n="<<n<<endl; //输出
    return 0;
}
```

VB 程序示例

```
Private Sub Command1_Click()
    Dim n As Integer, i As Integer    '定义变量，n 为计数变量，i 为循环变量
    n = 0                             '为 n 赋初值 0
    For i = 100 To 200
        If i Mod 11 = 0 Then          '如能被 11 整除
            n = n + 1                 'n 累加 1
        End If
    Next i
    Print "能被 11 整除的个数 n="; n     '输出
End Sub
```

【例 9-18】输入若干学生成绩，计算总分和平均分。算法描述见【例 9-8】。

C++ 程序示例

```
#include<iostream>
using namespace std;
int main()
{
    double x;                       //定义变量，x 为输入的成绩
    double s = 0, aver;             //定义变量，s 为总成绩，aver 为平均成绩
    int n = 0;                      //定义变量，n 为学生人数，初始值为 0
    cout<<"输入成绩 x: ";
    cin>>x;
    while(x >= 0 && x <= 100        //如果成绩不在 0～100 之间，退出循环
    {
        s += x;                     //累加成绩 x 到 s 中
```

```
        n++;                              //n 累加 1
        cout<<"输入成绩 x: ";
        cin>>x;
    }
    aver = s / n;                         //计算平均成绩
    cout<<"学生人数为: "<<n<<endl;        //输出
    cout<<"总分为: "<<s<<endl;
        cout<<"平均分为: "<<aver<<endl;
    return 0;
}
```

VB 程序示例

```
Private Sub Command1_Click()
    Dim s As Single, aver As Single   '定义变量，s 为总成绩，aver 为平均成绩
    Dim x As Single                   '定义变量，x 为分数变量
    Dim n As Integer                  '定义变量，n 为学生人数
    s = 0                             '为 s 赋初值 0
    n = 0                             '为 n 赋初值 0
    x = InputBox("输入成绩 x")
    Do While x >= 0 And x <= 100      '如果成绩不在 0～100 之间，退出循环
        s = s + x                     '累加成绩到 s 中
        n = n + 1                     'n 累加 1
        x = InputBox("输入成绩 x")
    Loop
    aver = s / n
    Print "学生人数为";n               '输出
    Print "总分为"; s
    Print "平均分为"; aver
End Sub
```

【例 9-19】计算 5!。算法描述见【例 9-9】。

C++程序示例

```
#include<iostream>
using namespace std;
int main()
{
    double f = 1;                     //定义变量，f 为累积变量并为 f 赋初值 1
    int i;                            //定义变量，i 为循环变量
    for(i = 1;i <= 5; i++)
        f *= i;                       //累乘
    cout<<"5! = "<<f<<endl;           //输出
    return 0;
}
```

VB 程序示例

```
Private Sub Command1_Click()
    Dim f As Single, i As Integer         '定义变量，f 为累积变量，i 为循环变量
    f = 1                                 '为 f 赋初值 1
    For i = 1 To 5
```

```
        f = f * i                           '累乘
    Next
    Print "5!="; f                          '输出
End Sub
```

【例 9-20】从 10 个整数中找出最大值。算法描述见【例 9-10】。

C++程序示例

```
#include<iostream>
using namespace std;
int main()
{
    double a[10];                    //定义具有 10 个元素的一维数组 a
    double max;                      //定义变量，max 为最大值变量
    cout<<"请输入 10 个数组元素: ";
    for(int i = 0; i < 10; i++)      //输入数组元素
        cin>>a[i];
    max = a[0];                      //max 赋初值为 a[0]
    for(i = 1; i < 10; i++)
    {
        if(a[i] > max)               //若有 a[i]大于 max
            max = a[i];              //将 a[i]赋值给 max
    }
    cout<<"10 个数组元素分别为: ";
    for(i = 0; i < 10; i++)          //输出数组元素
        cout<<a[i]<<'\t';
    cout<<endl;
    cout<<"最大值为: "<<max<<endl;    //输出最大值 max
    return 0;
}
```

VB 程序示例

```
Private Sub Command1_Click()
    Dim a(1 To 10) As Single            '定义具有 10 个元素的一维数组 a
    Dim max As Single, i As Integer     '定义变量，max 为最大值变量，i 为循环变量
    For i = 1 To 10                     '输入数组元素
        a(i) = InputBox("输入")
    Next
    max = a(1)                          'max 赋初值为 a(1)
    For i = 2 To 10
        If a(i) > max Then              '若有 a(i)大于 max
            max = a(i)                  '将 a(i)赋值给 max
        End If
    Next
    For i = 1 To 10                     '输出数组元素
        Print a(i);
    Next
    Print "最大值为"; max                '输出最大值 max
End Sub
```

（2）枚举算法程序实现

【例 9-21】编程求解"百钱买百鸡"问题。公鸡 5 元一只，母鸡 3 元一只，小鸡 1 元三只。现有 100 元钱，要买 100 只鸡，问公鸡、母鸡、小鸡各几只？算法描述如图 9-15 所示。

C++ 程序示例

```cpp
#include <iostream>
using namespace std;
int main()
{
    int x, y, z;                        //定义变量, x 为公鸡数、y 为母鸡数、z 为小鸡数
    for (x = 1; x <= 20; x++)
        for(y = 1; y <= 33; y++)
            for (z = 3;z < 100; z += 3)
            {
                if(x + y + z == 100 && 5 * x + 3 * y + z / 3 == 100)
                    cout<<"x="<<x<<"\ty="<<y<<"\tz="<<z<<endl;
            }
    return 0;
}
```

VB 程序示例

```vb
Private Sub Command1_Click()
    Dim x As Integer, y As Integer, z As Integer     '定义变量, x 为公鸡数、y 为母鸡数、z 为小鸡数
    For x = 1 To 20
        For y = 1 To 33
            For z = 3 To 99 Step 3
                If x + y + z = 100 And 5 * x + 3 * y + z / 3 = 100 Then
                    Print x, y, z
                End If
            Next z
        Next y
    Next x
End Sub
```

（3）迭代算法程序实现

【例 9-22】利用迭代法求裴波那契（Fibonacci）数列的第 20 项。算法描述见【例 9-11】。

裴波那契数列是形如 1，1，2，3，5，8，13，…的一组数据序列，它的某项数据为其前两项之和。

$$F(n) = \begin{cases} 1 & (n=1) \\ 1 & (n=2) \\ F(n-1)+F(n-2) & (n \geqslant 3) \end{cases}$$

C++ 程序示例

```cpp
#include <iostream>
using namespace std;
int main()
{
    int f1, f2, fn;              //定义变量
    f1 = f2 = 1;                 //设定初值
    for(int i = 3; i <= 20; i++) //迭代
    {
```

```
                fn = f1 + f2;
                f1 = f2;
                f2 = fn;
        }
        cout<<fn<<endl;                    //输出
        return 0;
}
```

VB 程序示例

```
Private Sub Command1_Click()
    Dim f1 As Long, f2 As Long, fn As Long      '定义变量
    Dim i As Integer
    f1 = 1                                      '设定初值
    f2 - 1
    For i = 3 To 20                             '迭代
        fn = f1 + f2
        f1 = f2
        f2 = fn
    Next i
    Print fn                                    '输出
End Sub
```

（4）排序算法程序实现

【例 9-23】排序程序。

对数据的排序一般是对一维数组元素进行排序，所以在排序程序中首先要定义数组，然后对数组进行输入（或对数组元素赋初值）。通常在排序前先输出一遍数组元素，然后排序结束后再输出一遍数组元素，以对排序前后的数据进行对比。下面分别给出比较互换法排序的程序。比较互换法排序按降序排序。算法描述如图 9-17 所示。

C++程序示例

```
#include<iostream>
#include<cstdlib>
#include<ctime>
using namespace std;
const int N = 10;                    //定义符号常量 N，表示数组长度
int main()
{
    srand(time(0));
    int a[N];                        //声明 a 数组，包含 N 个数组元素
    int i, j, t;
    for(i = 0; i < N; i++)           //循环输入 a 数组元素
        a[i]=rand() % 101;           //使用随机函数为数组元素赋值（0～100）
    for(i = 0; i < N; i++)           //输出排序前数组元素
        cout<<a[i]<<'\t';
    cout<<endl;
    for(i = 0; i <= N - 2; i++)      //比较互换法排序
        for(j = i + 1; j <= N-1; j++)
            if( a[i] < a[j])
            {
                t = a[i];
                a[i] = a[j];
```

```
                    a[j] = t;
                }
for(i = 0; i < N; i++)                              //输出排序后数组元素
        cout<<a[i]<<'\t';
    cout<<endl;
    return 0;
}
```

VB 程序示例

```
Private Sub Command1_Click()
    Const N As Integer = 10                         '定义符号常量 N，表示数组长度
    Randomize
    Dim a(1 To N) As Integer                        '声明 a 数组，包含 N 个数组元素
    Dim i As Integer, j As Integer, t As Integer
    For i = 1 To N                                  '循环输入 a 数组元素
        a(i) = Int(Rnd * 101)                       '使用随机函数为数组元素赋值（0～100）
    Next i
    For i = 1 To N                                  '输出排序前数组元素
        Print a(i);
    Next i
    For i = 1 To N - 1                              '比较互换法排序
        For j = i + 1 To N
            If a(i) < a(j) Then
                t = a(i)
                a(i) = a(j)
                a(j) = t
            End If
        Next j
    Next i
    Print
    For i = 1 To N                                  '输出排序后数组元素
        Print a(i);
    Next i
End Sub
```

（5）查找算法程序实现

【例 9-24】顺序查找。算法描述如图 9-18 所示。

C++程序示例

```
#include <iostream>
#include <cstdlib>
#include <ctime>
using namespace std;
const int N = 10;                       //定义符号常量 N 表示数组长度
int main()
{
    int a[N], x;                        //声明 a 数组，包含 N 个数组元素，x 为要查找的数据
    srand(time(0));
    for(int i = 0; i < N; i++)
            a[i] = rand() % 101;        //使用随机函数为数组元素赋值
        for(i = 0; i < N; i++)          //输出数组元素
            cout<< a[i]<<'\t';
    cout<<endl;
```

```cpp
    cout<<"请输入要查找的数：";
        cin>>x;                          //输入待查数 x
        for(i = 0; i < N; i++)
    {
        if(x == a[i])                    //如果找到，则提前结束循环
                break;
    }
    if(i < N)                            //判断是否找到
        cout<<"要查找的 "<<x<<" 在第" <<i <<"个位置."<<endl;
    else
        cout<<"没有找到" << x <<"这个数据! "<<endl;
    return 0;
}
```

VB 程序示例

```vb
Private Sub Command1_Click()
    Const N As Integer = 10              '定义符号常量 N 表示数组长度
    Dim a(1 To N) As Integer             '声明 a 数组，包含 N 个数组元素
    Dim x As Integer                     'x 表示要查找的数据
    Dim i As Integer
    Randomize
    For i = 1 To N
        a(i) = Int(Rnd() * 101)          '使用随机函数为数组元素赋值
    Next i
    For i = 1 To N                       '输出数组元素
        Print a(i);
    Next i
    x = InputBox("请输入要查找的数")       '输入待查数 x
    For i = 1 To N
        If a(i) = x Then                 '如果找到，则提前结束循环
            Exit For
        End If
    Next i
    If i <= N Then                       '判断是否找到
        Print "要查找的 " & x & " 在第" & i & "个位置."
    Else
        Print "没有找到" & x & "这个数据! "
    End If
End Sub
```

第10章
计算机素质教育

计算机与网络在信息社会中充当着越来越重要的角色，但是随着计算机和网络技术的迅猛发展和广泛普及，也开始暴露出网络信息安全问题，以及计算机与网络使用中道德规范的不健全与法律建设的滞后问题，都将对计算机与网络的发展产生负面的影响。为此我们要通过技术、法律等手段确保网络信息的安全，同时，要大力进行计算机和网络的道德建设，并在应用计算机与网络时遵守相应的道德规范。

本章首先介绍了有关信息与信息化社会的基本知识，之后对信息安全的相关知识及计算机病毒的防范进行介绍，使读者了解信息安全的基本概念和知识，学习信息安全的主要技术，最后对在当今信息化社会中使用计算机网络的道德规范进行了介绍。

学习目标
- 了解信息、信息技术及信息化社会的概念；学习信息化社会中应该具备的信息素养。
- 了解计算机病毒的基本知识及黑客相关知识，了解信息安全技术的知识，了解信息安全法规
- 了解计算机伦理和网络伦理，学习并掌握计算机与网络道德规范。

10.1 信息与信息化

今天，人们不论做什么事情都非常重视信息。例如，就经营而言，过去认为人、物、钱是经营的三要素，而现在认为人、物、钱、信息是经营的要素，并认为信息是主要的要素。在当今社会中，能源、材料和信息是社会发展的三大支柱，人类社会的生存和发展，时刻都离不开信息。了解信息的概念、特征及分类，对于在信息社会中更好地使用信息是十分重要的。

10.1.1 信息的概念和特征

1. 信息

信息一词来源于拉丁文 information，其含义是情报、资料、消息、报导、知识的意思。所以长期以来人们就把信息看作是消息的同义语，简单地把信息定义为能够带来新内容、新知识的消息。但是后来发现信息的含义要比消息、情报的含义广泛得多，不仅消息、情报是信息，指令、代码、符号语言、文字等，一切含有内容的信号都是信息。作为日常用语，"信息"经常指音讯，消息；作为科学技术用语，"信息"被理解为对预先不知道的事件或事物的报道或者指在观察中得到的数据、新闻和知识。

在信息时代，人们越来越多地在接触和使用信息，但是究竟什么是信息，迄今说法不一，信

息使用的广泛性使得我们难以给它一个确切的定义。但是，一般说来，信息可以界定为由信息源（如自然界、人类社会等）发出的被使用者接受和理解的各种信号。作为一个社会概念，信息可以理解为人类共享的一切知识，或社会发展趋势及从客观现象中提炼出来的各种消息之和。信息并非事物本身，而是表征事物之间联系的消息、情报、指令、数据或信号。一切事物，包括自然界和人类社会，都在发出信息。我们每个人每时每刻都在接收信息。在人类社会中，信息往往以文字、图像、图形、语言、声音等形式出现。

科学的发展，时代的进步，必将给信息赋予新的内含。如今"信息"的概念已经与微电子技术、计算机技术、网络通信技术、多媒体技术、信息产业、信息管理等含义紧密地联系在一起。但是，信息的本质是什么？仍然是需要我们进一步探讨的问题。

2. 信息分类

根据信息来源的不同，可以把信息分为 4 种类型。

① 源于书本上信息。这种信息随着时间的推移变化不大，比较稳定。

② 源于广播、电视、报纸、杂志等的信息。这类信息具有很强的实效性，经过一段时间后，这类信息的实用价值会大大降低。

③ 人与人之间各种交流活动产生的信息。这些信息只在很小的范围内流传。

④ 源于具体事物，即具体事物的信息。这类信息是最重要的，也是最难获得的信息。这类信息能增加整个社会的信息量，能给人类带来更多的财富。

3. 信息的基本特征

信息具有如下的基本特征。

① 可度量性。信息可采用某种度量单位进行度量，并进行信息编码。如现代计算机使用的二进制。

② 可识别性。信息可采取直观识别、比较识别和间接识别等多种方式来把握。

③ 可转换性。信息可以从一种形态转换为另一种形态。比如，自然信息可转换为语言、文字和图像等形态，也可转换为电磁波信号或计算机代码。

④ 可存储性。信息可以存储。大脑就是一个天然信息存储器。人类发明的文字、摄影、录音、录像以及计算机存储器等都可以进行信息存储。

⑤ 可处理性。人脑就是最佳的信息处理器。人脑的思维功能可以进行决策、设计、研究、写作、改进、发明、创造等多种信息处理活动。计算机也具有信息处理功能。

⑥ 可传递性。信息的传递是与物质和能量的传递同时进行的。语言、表情、动作、报刊、书籍、广播、电视、电话等是人类常用的信息传递方式。

⑦ 可再生性。信息经过处理后，可以其他等方式再生成信息。输入计算机的各种数据文字等信息，可用显示、打印、绘图等方式再生成信息。

⑧ 可压缩性。信息可以进行压缩，可以用不同的信息量来描述同一事物。人们常常用尽可能少的信息量描述一件事物的主要特征。

⑨ 可利用性。信息具有一定的实效性和可利用性。

⑩ 可共享性。信息具有扩散性，因此可共享。

10.1.2 信息技术的概念及其发展历程

信息技术是指对信息的收集、存储、处理和利用的技术。信息技术能够延长或扩展人的信息功能。信息技术可能是机械的，也可能是激光的；可能是电子的，也可能是生物的。

1. 信息技术的定义

到目前为止，对于信息还没有一个统一的公认的定义，所以对信息技术也就不可能有公认的定义了。由于人们使用信息的目的、层次、环境、范围不同，所以对信息技术的表述也各不一样。

根据在"中国公众科技网"上的表述：信息技术（Information Technology）是指有关信息的收集、识别、提取、变换、存储、传递、处理、检索、检测、分析和利用等的技术。概括而言，信息技术是在信息科学的基本原理和方法的指导下扩展人类信息功能的技术，是人类开发和利用信息资源的所有手段的总和。信息技术既包括有关信息的产生、收集、表示、检测、处理和存储等方面的技术，也包括有关信息的传递、变换、显示、识别、提取、控制和利用等方面的技术。

在现今的信息化社会，一般来说，我们所提及的信息技术，又特指是以电子计算机和现代通信为主要手段实现信息的获取、加工、传递和利用等功能的技术总和。信息技术是一门多学科交叉综合的技术，计算机技术、通信技术和多媒体技术、网络技术互相渗透、互相作用、互相融合，将形成以智能多媒体信息服务为特征的大规模信息网。

2. 信息技术的发展历程

在人类发展史上，信息技术经历了 5 个发展阶段，即 5 次革命。

第一次信息技术革命是语言的使用。距今大约 35 000 年～50 000 年前出现了语言，语言成为人类进行思想交流和信息传播不可缺少的工具。

第二次信息技术革命是文字的创造。大约在公元前 3500 年出现了文字，文字的出现，使人类对信息的保存和传播取得重大突破，较大地超越了时间和地域的局限。

第三次信息技术的革命是印刷术的发明和使用。大约在公元 1040 年，我国开始使用活字印刷技术，欧洲人则在 1451 年开始使用印刷技术。印刷术的发明和使用，使书籍、报刊成为重要的信息存储和传播的媒体。

第四次信息革命是电报、电话、广播和电视的发明和普及应用。使人类进入利用电磁波传播信息的时代。

第五次信息技术革命是电子计算机的普及应用，计算机与现代通信技术的有机结合以及网际网络的出现。1946 年第一台电子计算机问世，第五次信息技术革命的时间是从 20 世纪 60 年代电子计算机与现代技术相结合开始至今。

现在所说的信息技术一般特指的就是第五次信息技术革命，是狭义的信息技术。对于狭义的信息技术而言从其开始到现在不过几十年的时间。它经历了从计算机技术到网络技术再到计算机技术与现代通信技术结合的过程。目前，以多媒体和网络技术为核心的信息技术掀起了新一轮的信息革命浪潮。多媒体计算机和互联网的广泛应用对社会的发展、科技进步及个人生活和学习都产生了深刻的影响。

10.1.3 信息化与信息化社会

1. 信息化的概念

信息化的概念起源于 20 世纪 60 年代的日本，首先是由一位日本学者提出来的，而后被译成英文传播到西方，西方社会普遍使用"信息社会"和"信息化"的概念是 20 世纪 70 年代后期才开始的。

关于信息化的表述，中国学术界作过较长时间的研讨。在 1997 年召开的首届全国信息化工作会议上，对信息化和国家信息化定义为："信息化是指培育、发展以智能化工具为代表的新的生产力并使之造福于社会的历史过程。国家信息化就是在国家统一规划和组织下，在农业、工业、科学技术、国防及社会生活各个方面应用现代信息技术，深入开发广泛利用信息资源，加速实现国家现代化进程。"

从信息化的定义可以看出：信息化代表了一种信息技术被高度应用，信息资源被高度共享，从而使得人的智能潜力以及社会物质资源潜力被充分发挥，个人行为、组织决策和社会运行趋于合理化的理想状态。同时，信息化也是 IT 产业发展与 IT 在社会经济各部门扩散的基础之上，不断运用 IT 改造传统的经济、社会结构从而通往如前所述的理想状态的一个持续的过程。

2. 信息化社会

信息社会与工业社会的概念没有什么原则性的区别。信息社会也称信息化社会，是脱离工业化社会以后，信息将起主要作用的社会。在农业社会和工业社会中，物质和能源是主要资源，所从事的是大规模的物质生产，而在信息社会中，信息成为比物质和能源更为重要的资源，以开发和利用信息资源为日的的信息经济活动迅速扩大，逐渐取代工业生产活动而成为国民经济活动的主要内容。信息经济在国民经济中占据主导地位，并构成社会信息化的物质基础。以计算机、微电子和通信技术为主的信息技术革命是社会信息化的动力源泉。信息技术在生产、科研教育、医疗保健、企业和政府管理及家庭中的广泛应用对经济和社会发展产生了巨大而深刻的影响，从根本上改变了人们的生活方式、行为方式和价值观念。

10.1.4　信息素养

信息素养（information literacy）是一个内容丰富的概念。它不仅包括利用信息工具和信息资源的能力，还包括选择获取识别信息、加工、处理、传递信息并创造信息的能力。

信息素养的本质是全球信息化需要人们具备的一种基本能力，包括能够判断什么时候需要信息，并且懂得如何去获取信息，如何去评价和有效利用所需的信息。

2003 年 1 月，我国《普通高中信息技术课程标准》将信息素养定义为：信息的获取、加工、管理与传递的基本能力；对信息及信息活动的过程、方法、结果进行评价的能力；流畅地发表观点、交流思想、开展合作，勇于创新、并解决学习和生活中的实际问题的能力；遵守道德与法律，形成社会责任感。

可以看出，信息素养是一种基本能力，是一种对信息社会的适应能力，涉及信息的意识、信息的能力和信息的应用。同时，信息素养也是一种综合能力，涉及各方面的知识，是一个特殊的、涵盖面很宽的能力，包含人文的、技术的、经济的、法律的诸多因素，和许多学科有着紧密的联系。

具体来说，信息素养主要包括 4 个方面。

① 信息意识。该素养即人的信息敏感程度，是人们对自然界和社会的各种现象、行为、理论观点等，从信息角度的理解、感受和评价。通俗地讲，面对不懂的东西，能积极主动地去寻找答案，并知道到哪里、用什么方法去寻求答案，这就是信息意识。

② 信息知识。该素养既是信息科学技术的理论基础，又是学习信息技术的基本要求。通过掌握信息技术的知识，才能更好地理解与应用它。它不仅体现着人们所具有的信息知识的丰富程度，而且还制约着他们对信息知识的进一步掌握。

③ 信息能力。它包括信息系统的基本操作能力，信息的采集、传输、加工处理和应用的能力，以及对信息系统与信息进行评价的能力等。这也是信息时代重要的生存能力。

④ 信息道德。培养学生具有正确的信息伦理道德修养，要让学生学会对媒体信息进行判断和选择，自觉地选择对学习、生活有用的内容，自觉抵制不健康的内容，不组织和参与非法活动，

不利用计算机网络从事危害他人信息系统和网络安全、侵犯他人合法权益的活动。

信息素养的 4 个要素共同构成一个不可分割的统一整体：信息意识是先导，信息知识是基础，信息能力是核心，信息道德是保证。

信息素养是信息社会人们发挥各方面能力的基础，犹如科学素养在工业化时代的基础地位一样。可以认为，信息素养是工业化时代文化素养的延伸与发展，但信息素养包含更高地驾驭全局和应对变化的能力，其独特性是由时代特征决定的。

10.2　信息安全与网络安全

10.2.1　计算机病毒及防治

计算机病毒（computer virus）是指编制或者在计算机程序中插入的破坏计算机功能或破坏数据，影响计算机使用并且能够自我复制的一组计算机指令或者程序代码。

计算机病毒和生物医学上的"病毒"一样，具有一定的传染性、破坏性、再生性。在满足一定条件时，它开始干扰计算机的正常工作，搞乱或破坏已有储存信息，甚至引起整个计算机系统不能正常工作。通常计算机病毒都具有很强的隐蔽性，有时某种新的计算机病毒出现后，现有的杀毒软件很难发现并杀除病毒，只有等待病毒库的升级和更新后，才能将其杀除。

1. 计算机病毒的种类

计算机病毒的种类繁多，分类的方法也不尽相同，下面介绍常用的几种分类方法。

- 按照病毒的破坏性分类，病毒可分为良性病毒和恶性病毒。良性病毒虽然不包含对计算机系统产生直接破坏作用的代码，但也会给正常操作带来麻烦，因此不能轻视良性病毒对计算机系统造成的损害；恶性病毒则会对系统产生直接的破坏作用，这类恶性病毒是很危险的，应当注意防范。

- 按照病毒存在的媒体进行分类，病毒可分为网络病毒、文件病毒、引导型病毒和混合型病毒。

- 按照病毒传染的方法进行分类，病毒可分为驻留型病毒和非驻留型病毒。驻留型病毒是指病毒会驻留在内存，在计算机开机后病毒就已经运行；非驻留型病毒指在得到机会激活时并不感染计算机内存或是一些病毒在内存中留有小部分，但是并不通过这一部分进行传染。

- 按照计算机病毒特有的算法，病毒可分为伴随型病毒、"蠕虫"型病毒、寄生型病毒、诡秘型病毒、变型病毒（又称幽灵病毒）。

2. 常见的计算机病毒

网络的飞速发展一方面极大地丰富了普通网络用户的需求，另一方面也为计算机病毒制造者、传播者提供了更为先进的传播手段与渠道，使用户防不胜防。下面是网上常见病毒。

- 系统病毒。这种病毒一般共有的特性是感染 Windows 操作系统的 *.exe 和 *.dll 文件，并通过这些文件进行传播。

- 蠕虫病毒。这种病毒的共有特性是通过网络或者系统漏洞进行传播，大部分蠕虫病毒都有向外发送带毒的邮件、阻塞网络的特性。

- 木马/黑客病毒。木马病毒的共有特性是通过网络或者系统漏洞进入用户的系统并隐藏，然后向外界泄露用户的信息，而黑客病毒则有一个可视的界面，能对用户的计算机进行远程控制。

木马、黑客病毒一般成对出现，木马病毒负责侵入用户的计算机，而黑客病毒通过木马病毒来进行控制。现在这两种类型都越来越趋向于整合了。

- 宏病毒。宏病毒的共有特性是能感染 Office 系列文档，然后通过 Office 通用模板进行传播。该类病毒具有传播极快、制作和变种方便、破坏性极大及兼容性不高等特点。
- 破坏性程序病毒。这类病毒的共有特性是本身具有好看的图标来诱惑用户点击，当用户点击这类病毒时，病毒便会直接对用户计算机产生破坏。

3. 常见计算机病毒的解决方案

网络中计算机病毒越来越猖獗，不小心就有可能中招。系统感染了病毒应及时处理，下面介绍几种常用的解决方法。

- 给系统打补丁。很多计算机病毒都是利用操作系统的漏洞进行感染和传播的。用户可以在系统的正常状况下，登录微软的 Windows 网站进行有选择的更新。Windows 操作系统在连接网络的状态下，可以实现自动更新。
- 更新或升级杀毒软件及防火墙。正版的杀毒软件及防火墙都提供了在线升级的功能，将病毒库（包括程序）升级到最新，然后进行病毒搜查。
- 访问杀毒软件网站。在各杀毒软件网站中都提供了许多病毒专杀工具，用户可免费下载。除此之外，还提供了完整的查杀病毒解决方案，用户可以参考这些方案进行查杀操作。

除了以上介绍的常用病毒解决方案外，建议用户不要访问来历不明的网站；不要随便安装来历不明的软件；在接收邮件时，不要随便打开或运行陌生人发送的邮件附件。

4. 计算机病毒的查杀

病毒种类繁多，并且在不断地改进自身的源代码，随之出现更多新的病毒或以前病毒的变种。因此，各种各样的杀毒软件应运而生。

杀毒软件是一种可以对病毒、木马等一切已知的对计算机有危害的程序代码进行清除的程序工具。"杀毒软件"由国内的老一辈反病毒软件厂商起的名字，后来由于和世界反病毒业接轨统称为"反病毒软件"、"安全防护软件"或"安全软件"。集成防火墙的"互联网安全套装"、"全功能安全套装"等用于消除电脑病毒、特洛伊木马和恶意软件的一类软件，都属于杀毒软件范畴。杀毒软件通常集成监控识别、病毒扫描和清除和自动升级等功能，有的反病毒软件还带有数据恢复、防范黑客入侵，网络流量控制等功能。杀毒软件通常集成监控识别、病毒扫描和清除、自动升级病毒库、主动防御等功能，有的杀毒软件还带有数据恢复等功能，是计算机防御系统（包含杀毒软件、防火墙、特洛伊木马和其他恶意软件的查杀程序和入侵预防系统等）的重要组成部分。

目前有很多的病毒查杀与防治的专业软件，如 360 安全卫士、瑞星、金山毒霸、江民、赛门铁克、卡巴斯基、迈克菲等。

5. 保护计算机安全的常用措施

为了保护计算机安全，可进行以下安全措施。

① 安装病毒防护软件，以确保计算机的安全。

② 及时更新防病毒软件。每天都会有新病毒或变种病毒产生，及时更新病毒库以获得最新预防方法。

③ 定期扫描。通常防病毒程序都可以设置定期扫描，一些程序还可以在用户连接至因特网时进行后台扫描。

④ 不要轻易打开陌生人的文档、EXE 及 COM 等可执行程序。这些文件极有可能带有计算机病毒或是黑客程序，可先将其保存至本地硬盘，待查杀无毒后再打开，以保证计算机系统不受计

算机病毒的侵害。

⑤ 拒绝恶意代码。恶意代码相当于一些小程序，如果网页中加入了恶意代码，只要打开网页就会被执行。运行 IE 浏览器，设置安全级别为"高"，并禁用一些不必要的 ActiveX 控件和插件。这样就能拒绝恶意代码。

⑥ 删掉不必要的协议。对于服务器和主机来说，一般只安装 TCP/IP 就足够了，卸载不必要的协议，尤其是 NETBIOS。

⑦ 关闭"文件和打印共享"。在不需要此功能时将其关闭，以免黑客利用该漏洞入侵。右击"网络邻居"图标，在弹出的快捷菜单中选择"属性"命令，然后单击"文件和打印共享"按钮，在弹出的"文件和打印共享"对话框中，取消选中复选框即可。

⑧ 关闭不必要的端口。黑客在入侵时常常会扫描用户的计算机端口，可用 Norton Internet Security 关闭一些不必要的提供网页服务的端口。

10.2.2　黑客及黑客的防范

随着 Internet 和 Intranet/Extranet 的快速增长，其应用已对商业、工业、银行、财政、教育、政府、娱乐及人们的工作和生活产生了深远的影响。网络环境的复杂性、多变性及信息系统的脆弱性，决定了网络安全威胁的客观存在。如果能够了解一些关于黑客通过网络安全漏洞入侵的原理，可有利于防止黑客。下面介绍黑客常用的攻击手段和一些安全措施。

1. 黑客常用的漏洞攻击手段

• 非法获取口令。黑客通常利用暴破工具盗取合法用户的 Session。黑客非法获取用户账号后，利用一些专门软件强行破解用户口令，从而实现对用户的计算机攻击。

• 利用系统默认的账号进行攻击。此类攻击主要是针对系统安全意识薄弱的管理员进行的。

• SQL 注入攻击。如果一个 Web 应用程序没有适当地进行有效性输入处理，黑客可以轻易地通过 SQL 攻击绕过认证机制获得未授权的访问，而且还对应用程序造成一定的损害。

• 认证回放攻击。黑客利用认证设计和浏览器安全实现中的不足，在客户端浏览器中进行入侵。

• 放置木马程序。木马程序是让用户计算机提供完全服务的一个服务器程序，利用该服务可以直接控制用户的计算机并进行破坏。

• 钓鱼攻击。钓鱼攻击主要是利用欺骗性的 E-mail 邮件和伪造好的 Web 网站来进行诈骗活动，常用的钓鱼攻击技术主要有相似的域名、IP 地址隐藏服务器身份、欺骗性的超链接等。

• 电子邮件攻击。它指的是用伪造的 IP 地址和电子邮件地址向同一个信箱发送数以千计万计甚至无穷多次的内容相同的垃圾邮件，致使受害人邮箱被"炸"，严重者可能会给电子邮件服务器操作系统带来危险，甚至瘫痪。

• 通过一个结点来攻击其他结点。黑客在突破一台主机后，往往以此主机作为根据地，攻击其他主机。

• 寻找系统漏洞。即使是公认的最安全、最稳定的操作系统，也存在漏洞（bugs），其中一些是操作系统自身或系统安装的应用软件本身的漏洞。这些漏洞在补丁程序未被开发出来之前很难防御黑客的破坏，除非将网线拔掉。所以，建议用户在新补丁程序发布后，一定要及时下载并安装。

2. 网络安全防范措施

网络安全漏洞给黑客们攻击网络提供了可乘之机，而产生漏洞的主要原因有：一是系统设计上的不足，如认证机制的方式选取、Session 机制的方案选择；二是没有对敏感数据进行合适处理，如敏感字符、特殊指令；三是程序员的大意，如表单提交方式不当、出错处理不当；四是用户的警觉性不高，如钓鱼攻击的伪链接。因此，网络安全应该从程序级和应用级进行防御。

程序级即从开发人员的角度，在 Session 管理机制、输入/输出有效性处理、POST 变量提交、页面缓存清除等技术上进行有效地处理，从根本上加强网络的安全性。

应用级通过安全认证技术增强 Web 应用程序的安全性，如身份认证、访问控制、一次性口令、双因子认证等技术。

10.2.3　信息安全技术

1. 信息安全产品

目前，在市场上比较流行，而又能够代表未来发展方向的安全产品大致有以下几类。

① 防火墙：防火墙在某种意义上可以说是一种访问控制产品。它在内部网络与不安全的外部网络之间设置障碍，阻止外界对内部资源的非法访问，防止内部对外部的不安全访问。主要技术包括：包过滤技术、应用网关技术、代理服务技术。防火墙能够较为有效地防止黑客利用不安全的服务对内部网络的攻击，并且能够实现数据流的监控、过滤、记录和报告功能，较好地隔断内部网络与外部网络的连接。

② 网络安全隔离：网络隔离有两种方式，一种是采用隔离卡来实现的，另一种是采用网络安全隔离网闸实现的。隔离卡主要用于对单台机器的隔离，网闸主要用于对于整个网络的隔离。

③ 安全路由器：由于 WAN 连接需要专用的路由器设备，因而可通过路由器来控制网络传输。通常采用访问控制列表技术来控制网络信息流。

④ 虚拟专用网（VPN）：虚拟专用网（VPN）是在公共数据网络上，通过采用数据加密技术和访问控制技术，实现两个或多个可信内部网之间的互连。VPN 的构筑通常都要求采用具有加密功能的路由器或防火墙，以实现数据在公共信道上的可信传递。

⑤ 安全服务器：安全服务器主要针对一个局域网内部信息存储、传输的安全保密问题，其实现功能包括对局域网资源的管理和控制，对局域网内用户的管理，以及局域网中所有安全相关事件的审计和跟踪。

⑥ 电子签证机构——CA 和 PKI 产品：电子签证机构（Certificate Authority，CA）作为通信的第三方，为各种服务提供可信任的认证服务。CA 可向用户发行电子签证证书，为用户提供成员身份验证和密钥管理等功能。PKI（Public Key Infrastructure）产品可以提供更多的功能和更好的服务，其将成为所有应用的计算基础结构的核心部件。

⑦ 用户认证产品：由于 IC 卡技术的日益成熟和完善，IC 卡被更为广泛地用于用户认证产品中，用来存储用户的个人私钥，并与其他技术如动态口令相结合，对用户身份进行有效识别。同时，还可利用 IC 卡上的个人私钥与数字签名技术结合，实现数字签名机制。随着模式识别技术的发展，诸如指纹、视网膜、脸部特征等高级的身份识别技术也将投入应用，并与数字签名等现有技术结合，必将使得对于用户身份的认证和识别更趋完善。

⑧ 安全管理中心：由于网上的安全产品较多，且分布在不同的位置，这就需要建立一套集中管理的机制和设备，即安全管理中心。它用来给各网络安全设备分发密钥，监控网络安全设备的运行状态，负责收集网络安全设备的审计信息等。

⑨ 入侵检测系统（Intrusion Detection System，IDS）：入侵检测系统作为传统保护机制（例如访问控制、身份识别等）的有效补充，形成了信息系统中不可或缺的反馈链。

⑩ 入侵防御系统（Intrusion Prevention System，IPS）：入侵防御系统作为IDS很好的补充，是信息安全发展过程中占据重要位置的计算机网络硬件。

⑪ 安全数据库：由于大量的信息存储在计算机数据库内，有些信息是有价值的，也是敏感的，需要保护。安全数据库可以确保数据库的完整性、可靠性、有效性、机密性、可审计性及存取控制与用户身份识别等。

⑫ 安全操作系统：给系统中的关键服务器提供安全运行平台，构成安全WWW服务、安全FTP服务、安全SMTP服务等，并作为各类网络安全产品的坚实底座，确保这些安全产品的自身安全。

2. 信息安全技术

网络信息安全是一个涉及计算机技术、网络通信技术、密码技术、信息安全技术等多种技术的边缘性综合学科。信息安全技术可以分为主动的和被动的信息安全技术，其中，主动意味着特定的信息安全技术采用主动的措施，试图在出现安全破坏之前保护数据或者资源；被动则意味着一旦检测到安全破坏，特定的信息安全技术才会采取保护措施，试图保护数据或者资源。

（1）被动的网络信息安全技术

- 防火墙：因特网防火墙是安装在特殊配置计算机上的软件工具，作为机构内部或者信任网络和不信任网络或者因特网之间的安全屏障、过滤器或者瓶颈。个人防火墙是面向个人用户的防火墙软件，可以根据用户的要求隔断或连通用户计算机与因特网之间的连接。

- 接入控制：接入控制的目的是确保主体有足够的权利对系统执行特定的动作，主体对系统中的特定对象有不同的接入级别。对象可以是文件、目录、打印机或者进程。

- 口令：是某个人必须输入才能获得进入或者接入信息的保密字、短语或者字符序列。

- 生物特征识别：是指通过计算机利用人类自身的生理或行为特征进行身份认定的一种技术，包括指纹、虹膜、掌纹、面相、声音、视网膜和DNA等人体的生理特征，以及签名的动作、行走的步态、击打键盘的力度等行为特征。

- 入侵检测系统：入侵检测是监控计算机系统或者网络中发生的事件，并且分析它们的入侵迹象的进程。入侵检测系统（IDS）是自动实现这个监控和分析进程的软件或者硬件技术。

- 登录日志：是试图搜集有关发生的特定事件信息的信息安全技术，其目的是提供检查追踪记录（在发生了安全事件之后，可以追踪它）。

- 远程接入：是允许某个人或者进程接入远程服务的信息安全技术。但是，接入远程服务并不总是受控的，有可能匿名接入远程服务，并造成威胁。

（2）主动的网络信息安全技术

- 密码术：是将明文变成密文和把密文变成明文的技术或科学，用于保护数据机密性和完整性。密码术包括两个方面：加密是转换或者扰乱明文消息，使其变成密文消息的进程；解密是重新安排密文，将密文消息转换为明文消息的进程。

- 数字签名：数字签名是使用加密算法创建的，使用建立在公开密钥加密技术基础上的"数字签名"技术，可以在电子事务中证明用户的身份，就像兑付支票时要出示有效证件一样。用户也可以使用数字签名来加密邮件以保护个人隐私。

- 数字证书：数字证书是由信任的第三方（也称为认证机构，CA）颁发的。CA是担保Web上的人或者机构身份的商业组织。因此，在Web用户之间建立了信任网络。

- 虚拟专用网：虚拟专用网（Virtual Private Network，VPN）能够利用因特网或其他公共互联网络的基础设施为用户创建隧道，并提供与专用网络一样的安全和功能保障。VPN支持企业通过因特网等公共互联网络与分支机构或其他公司建立连接，进行安全的通信。VPN 技术采用了隧道技术：数据包不是公开在网上传输，而是首先进行加密以确保安全，然后由 VPN 封装成 IP 包的形式，通过隧道在网上传输，因此该技术与密码术紧密相关。但是，普通加密与 VPN 之间在功能上是有区别的：只有在公共网络上传输数据时，才对数据加密，对发起主机和 VPN 主机之间传输的数据并不加密。

- 漏洞扫描：漏洞扫描（Vulnerability Scanning，VS）具有使用它们可以标识的漏洞的特征。因此，VS 其实是入侵检测的特例。因为漏洞扫描定期而不是连续扫描网络上的主机，所以也将其称为定期扫描。

- 病毒扫描：计算机病毒是具有自我复制能力的并具有破坏性的恶意计算机程序，会影响和破坏正常程序的执行和数据的安全。它不仅侵入到所运行的计算机系统，而且还能不断地把自己的复制品传播到其他的程序中，以此达到破坏作用。病毒扫描试图在病毒引起严重的破坏之前扫描它们，因此，病毒软件也是主动的信息安全技术。

- 安全协议：属于信息安全技术的安全协议包括有 IPSec 和 Kerberos 等。这些协议使用了"规范计算机或者应用程序之间的数据传输，从而在入侵者能够截取这类信息之前保护敏感信息"的标准过程。

- 安全硬件：是用于执行安全任务的物理硬件设备，如硬件加密模块或者硬件路由器。安全硬件是由防止窜改的物理设备组成的，因此阻止了入侵者更换或者修改硬件设备。

- 安全 SDK：安全软件开发工具包（Software Development Kit，SDK）是用于创建安全程序的编程工具。使用安全 SDK 开发的各种软件安全应用程序，在潜在威胁可能出现之前保护数据。

3. 数据加密及数据加密技术

数据加密交换又称密码学，其是一门历史悠久的技术，目前仍是计算机系统对信息进行保护的一种最可靠的办法。它利用密码技术对信息进行交换，实现信息隐蔽，从而保护信息的安全。

所谓数据加密（Data Encryption）技术是指将一个信息（或称明文，Plain Text）经过加密钥匙（Encryption Key）及加密函数转换，变成无意义的密文（Cipher Text），而接收方则将此密文经过解密函数、解密钥匙（Decryption Key）还原成明文。

数据加密技术要求只有在指定的用户或网络下，才能解除密码而获得原来的数据。这就需要给数据发送方和接收方以一些特殊的信息用于加解密。这就是所谓的密钥，其密钥的值是从大量的随机数中选取的，按加密算法分为专用密钥和公开密钥两种。

专用密钥又称为对称密钥或单密钥，加密和解密时使用同一个密钥，即同一个算法。单密钥是最简单方式，通信双方必须交换彼此密钥，当需给对方发信息时，用自己的加密密钥进行加密，而在接收方收到数据后，用对方所给的密钥进行解密。在对称密钥中，密钥的管理极为重要，一旦密钥丢失，密文将无密可保。这种方式在与多方通信时因为需要保存很多密钥而变得很复杂，而且密钥本身的安全就是一个问题。

对称密钥是最古老的密钥算法，由于对称密钥运算量小、速度快、安全强度高，因而目前仍广泛被采用。

公开密钥又称非对称密钥，加密和解密时使用不同的密钥，即不同的算法，虽然两者之间存在一定的关系，但不可能轻易地从一个推导出另一个。公开密钥有一把公用的加密密钥，有多把解密密钥，如 RSA 算法。非对称密钥由于两个密钥（加密密钥和解密密钥）各不相同，因而可以将一个密钥公开，而将另一个密钥保密，同样可以起到加密的作用。

公开密钥的加密机制虽提供了良好的保密性，但难以鉴别发送者，即任何得到公开密钥的人都可以生成和发送报文。数字签名机制提供了一种鉴别方法，以解决伪造、抵赖、冒充和篡改等问题。

数字签名一般采用非对称加密技术（如 RSA），通过对整个明文进行某种变换，得到一个值作为核实签名。接收者使用发送者的公开密钥对签名进行解密运算，如其结果为明文，则签名有效，证明对方的身份是真实的。数字签名普遍用于银行、电子贸易等。

数字签名不同于手写签字：数字签名随文本的变化而变化，手写签字反映某个人个性特征，是不变的；数字签名与文本信息是不可分割的，而手写签字是附加在文本之后的，与文本信息是分离的。

值得注意的是，能否切实有效地发挥加密机制的作用，关键的问题在于密钥的管理，包括密钥的生存、分发、安装、保管、使用及作废全过程。

密码技术是网络安全最有效的技术之一。一个加密网络，不但可以防止非授权用户的搭线窃听和入网，而且也是对付恶意软件的有效方法之一。

4. SSL

SSL 的英文全称是 Secure Sockets Layer，中文名为"安全套接层协议层"。它是网景（Netscape）公司提出的基于 Web 应用的安全协议，用以保障在因特网上数据传输的安全。

SSL 协议位于 TCP/IP 与各种应用层协议（如 HTTP、Telenet、FMTP 和 FTP 等）之间，用于为 TCP/IP 连接提供数据加密、服务器认证、消息完整性及可选的客户机认证，即为数据通信提供安全支持。SSL 协议可分为 SSL 记录协议和 SSL 握手协议两层。SSL 记录协议（SSL record protocol）建立在可靠的传输协议（如 TCP）之上，为高层协议提供数据封装、压缩、加密等基本功能的支持。SSL 握手协议（SSL handshake protocol）建立在 SSL 记录协议之上，用于在实际的数据传输开始前，通信双方进行身份认证、协商加密算法、交换加密密钥等。SSL 协议提供的服务主要有认证用户和服务器，确保数据发送到正确的客户机和服务器；加密数据以防止数据中途被窃取；维护数据的完整性，确保数据在传输过程中不被改变。

10.2.4 信息安全法规

计算机网络正在改变着人们的行为方式、思维方式乃至社会结构。它对于信息资源的共享起到了无与伦比的巨大作用，并且蕴藏着无尽的潜能。但是网络的作用不是单一的，在它广泛的积极作用背后，也有使人堕落的陷阱。这些陷阱产生着巨大的反作用，主要表现在：网络文化的误导，传播暴力、色情内容；网络诱发着不道德和犯罪行为；网络的神秘性"培养"了计算机"黑客"等。

20 世纪 90 年代以来，针对计算机网络与利用计算机网络从事刑事犯罪的数量，在许多国家都以较快的速度增长。因此，在许多国家较早就开始实行以法律手段来打击网络犯罪。到了 20 世纪 90 年代末，这方面的国际合作也迅速发展起来，各个国家也都制定了相应的法律法规，以约束人们使用计算机及在计算机网络上的行为。

为了保障网络安全，欧盟委员会于 2000 年颁布了《网络刑事公约》（草案）。这个公约草案对非法进入计算机系统，非法窃取计算机中未公开的数据等针对计算机网络的犯罪活动，以及利用网络造假、侵害他人财产、传播有害信息等使用计算机网络从事犯罪的活动均详细规定了罪名和相应的刑罚。目前已有很多国家（包括美国、日本等）表示了对这一公约草案的兴趣，这个草案很有可能成为打击网络犯罪国际合作的第一个公约。

1996 年 12 月，世界知识产权组织在两个版权条约中，作出了禁止擅自破解他人数字化技术保护措施的规定。至今，绝大多数国家都把它作为一种网络安全保护，规定在本国的法律中。

无论发达国家还是发展中国家在规范与管理网络行为方面，都很注重发挥民间组织的作用，尤其是行业的作用。德国、英国、澳大利亚等国家，在学校中使用网络的"行业规范"均十分严格。很多学校会要求师生填写一份保证书，申明不从网上下载违法内容；有些学校定有《关于数据处理与信息技术设备使用管理办法》，要求师生严格遵守。

我国对网络信息安全立法工作一直十分重视，制定了一批相关法律、法规、规章等规范性文件，涉及网络与信息系统安全、信息内容安全、信息安全系统与产品、保密及密码管理、计算机病毒与危害性程序防治等特定领域的信息安全、信息安全犯罪制裁等多个领域。

例如，我国公安部公布的《计算机信息网络国际联网安全保护管理办法》中规定任何单位和个人不得利用国际互联网制作、复制、查阅和传播下列信息。

- 煽动抗拒、破坏宪法和法律、行政法规实施的。
- 煽动颠覆国家政权，推翻社会主义制度的。
- 煽动分裂国家、破坏国家统一的。
- 煽动民族仇恨、破坏国家统一的。
- 捏造或者歪曲事实，散布谣言，扰乱社会秩序的。
- 宣言封建迷信、淫秽、色情、赌博、暴力、凶杀、恐怖，教唆犯罪的。
- 公然侮辱他人或者捏造事实诽谤他人的。
- 损害国家机关信誉的。
- 其他违反宪法和法律、行政法规的。

我国法院也已经受理并审结了一批涉及信息网络安全的民事与刑事案件，虽然网络安全问题至今仍然存在，但目前的技术手段、法律手段、行政手段已初步构成一个综合防范体系。

10.3　计算机与网络伦理及道德教育

计算机与网络在信息社会中充当着越来越重要的角色，但是计算机、网络与其他一切科学技术一样是一把双刃剑，它既可以为人类造福，也可以给人类带来危害。关键在于应用它的人采取什么道德态度，遵循什么行为规范。计算机与网络这个"虚拟"世界是在真实世界的基础上建立起来的，是真实世界电子意义上的延续。"虚拟"世界还有可能成为人们活动和交往的一个主要场所。为了保证网上的各成员均能维护自己的利益，保证网络活动和交往的顺利进行，确立一些规范和规则是必不可少的。同时，在使用计算机与网络的过程中，我们还要遵守一定的道德规范。

10.3.1　计算机伦理学

伦理学是哲学的一个分支，其被定义为规范人们生活的一整套规则和原理，包括风俗、习惯、道德规范等，简单的说就是指人们认为什么可做什么不可做、什么是对的什么是错的。可以这样理解，法律是具有国家或地区强制力的行为规范，道德是控制我们行为的规则、标准、文化，而伦理学是道德的哲学，是对道德规范的讨论、建立以及评价。伦理学的理论是研究道德背后的规则和原理。它可以为我们提供道德判断的理性基础，使我们能对不同的道德立场作分类和比较，使人们能在有现成理由的情况下坚持某种立场。

应用伦理学是伦理学的一个子领域，它研究的是在现实生活领域、或者在某一学科发展中出现的伦理问题。计算机伦理学是应用伦理学的一个分支，它是在开发和使用计算机相关技术和产品、IT系统时的行为规范和道德指引。计算机伦理学的主要内容包括以下7个部分。

1．隐私保护

隐私保护是计算机伦理学最早的课题。传统的个人隐私包括：姓名、出生日期、身份证号码、婚姻、家庭、教育、病历、职业、财务情况等数据，现代个人数据还包括电子邮件地址、个人域名、IP地址、手机号码及在各个网站登录所需的用户名和密码等信息。随着计算机信息管理系统的普及，越来越多的计算机从业者能够接触到各种各样的保密数据。这些数据不仅仅局限为个人信息，更多的是企业或单位用户的业务数据，它们同样是需要保护的对象。

2．计算机犯罪

信息技术的发展带来了以前没有的犯罪形式，如电子资金转账诈骗、自动取款机诈骗、非法访问、设备通讯线路盗用等。我国《刑法》对计算机犯罪的界定包括：违反国家规定，侵入国家事务、国防建设、尖端科学技术领域的计算机信息系统的；违反国家规定，对计算机信息系统功能进行删除、修改、增加、干扰，造成计算机信息系统不能正常运行的；违反国家规定，对计算机信息系统中存储、处理或者传输的数据和应用程序进行删除、修改、增加的操作，后果严重的；故意制作、传播计算机病毒等破坏性程序，影响计算机系统正常运行的。

3．知识产权

知识产权是指创造性智力成果的完成人或商业标志的所有人依法所享有的权利的统称。所谓剽窃，简单的说就是以自己的名义展示别人的工作成果。随着个人电脑和互联网的普及，剽窃变得轻而易举。然而，不论在任何时代任何社会环境，剽窃都是不道德的。计算机行业是一个以团队合作为基础的行业，从业者之间可以合作，他人的成果可以参考、公开利用，但是不能剽窃。

4．软件盗版

软件盗版问题也是一个全球化问题，几乎所有的计算机用户都在已知或不知的情况下使用着盗版软件。我国已于1991年宣布加入保护版权的伯尔尼国际公约，并于1992年修改了版权法，将软件盗版界定为非法行为。然而在互联网资源极大丰富的今天，软件反盗版更多依靠的是计算机从业者和使用者的自律。

5．病毒扩散

病毒、蠕虫、木马，这些字眼已经成为了计算机类新闻中的常客。计算机病毒和信息扩散对社会的潜在危害远远不止网络瘫痪、系统崩溃这么简单，如果一些关键性的系统如医院、消防、飞机导航等受到影响发生故障，其后果是直接威胁人们生命安全的。

6．黑客

黑客和某些病毒制造者的想法是类似的，他们或自娱自乐、或显示威力、或炫耀技术，以突破别人认为不可逾越的障碍为乐。黑客们通常认为只要没有破坏意图，不进行导致危害的操作就不算违法。但是对于复杂系统而言，连系统设计者自己都不能够轻易下结论说什么样的修改行为不会对系统功能产生影响，更何况没有参与过系统设计和开发工作的其他人员，无意的损坏同样会导致无法挽回的损失。

7．行业行为规范

随着整个社会对计算机技术的依赖性不断增加，由计算机系统故障和软件质量问题所带来的损失和浪费是惊人的。如何提高和保证计算机系统及计算机软件的可靠性一直是科研工作者的研究课题，我们可以将其称为一种客观的手段或保障措施。而如何减少计算机从业者主观（如疏忽大意）所导致的问题，则只能由从业者自我监督和约束。

10.3.2　网络伦理

所谓网络伦理是指人们在网络空间的信息活动中的行为所应该遵守的道德准则和规范的总和。

1．网络伦理问题出现的原因

（1）人的自然属性是网络失范现象的基础原因

人的自然属性是人与周围的事物发生关系时，表现出来的本能的特性。例如，人饿了要吃食物，冷了要穿衣服，遇到危险时要躲避或者反抗等。这些人与周围的事物发生关系时表现出来的天生的本能特性，就是人的自然属性。道德是一种社会意识形态，是人们行为规范的总和，其通过各种形式的教育和社会舆论的力量，使人们具有善与恶，荣誉与耻辱，正义与非正义并逐渐形成一定的意识和传统，以指导或控制自己的行为。规范是指群体所确立的行为标准，人们对这样的标准有努力达成的期望。

人的自然属性在社会生活中是要受到法律或者道德的制约，如人遇到危险可以反抗，但不能因为有危险就把可能对你产生危害的人先行消灭；饿了吃食物，但人要分场合、时间，不能想吃就吃。总之，人的自然属性天生就是反道德，反规范的，也是网络失范现象的基础原因。

（2）社会压力大是网络失范现象的主观原因

传统道德伦理对人的行为举止，行事规范都有着严格的规定，人们被这些规定束缚、约束，个人的欲望和情感较难得到满足。因此，人们迫切需要一个发泄的环境，释放自己的压力。当网络出现后，在这种网络环境下，人们变的有可能尽情地放纵自己，放松自己。也就是说，网络为人们提供了找回自己，放松生活的机会。

（3）网络伦理问题是现实社会问题的又一反映

从社会原因看，网络社会是现实社会的缩影。网络空间是虚拟的、数字化的，与现实的社会生活有着众多的差异。但是，网络空间与现实的社会不是截然对立的，恰恰相反，网络上的空间正是从现实社会分化而来，是现实社会中每一个个体通过网络创造的一个全新的生活空间，是在现实的基础上建立起来的，坐在计算机终端后面的仍然是现实生活中的个体。因此，凡是在实际生活中人们遇到的和即将遇到的各种各样的伦理问题、道德矛盾，在网络空间统统都会存在，并会受到网络虚拟化、数字化特点的影响，通过电子信息的方式得以放大，从而成为现行社会的伦理道德规范乃至法律都难以调节与控制的难题。

2．网络伦理的成因

（1）网络结构缺陷

网络技术发展，一方面推动社会发展和商务运作，另一方面使整个社会分裂成两种不同的空间—电子空间与物理空间，从而出现了虚拟社会与现实社会。虚拟的网络社会是离散的、开放的、无国界的，这使得人们对网络上他人行为的管理和监控较困难，容易滋生不伦理和不道德行为。有人往往认为，网络上的言论和行为是自由的，他人是看不到的，也追踪不了，因此经常在网络上攻击、谩骂别人，或者散布谣言，造成人心恐慌而不承担责任。

（2）经济利益驱动

任何行为都有深刻经济根源，网络上出现不道德、不伦理现象和经济也息息相关。正是由于不正当的经济利益驱使人们铤而走险，蔑视道德力量的约束和法律、法规的监控，在网络社会中任意驰骋，侵害他人隐私和权益、盗取银行密码、网络诈骗、网络聚赌、制黄贩黄、通过网络即时通讯工具诱使他人犯罪等。这些是因为具有高额经济回报，而通过网络犯罪难搜寻线索，又很少有现有法律法规制裁，这给不道德行为者获取非法利益留下运作空间。

（3）网络法律法规建设不健全

国家的政策法律制度作为一种硬性规范约束企业和个人行为，但目前我国网络法律法规还很不健全，各方面法律工作正在完善当中，有些需要进一步改进。虽然目前我国已出台一些有关互联网发展的政策和规定，例如，我国先后颁布了《计算机病毒防治监管办法》《中华人民共和国电信条例》《互联网信息服务管理办法》《互联网站禁止传播淫秽、色情等不良信息自律规范》。但这些法规往往政策多，监督力度不够，或者受到部门和地区限制，致使已出台政策流于形式，不利于网络资源融合和网络空间的净化。因此，应加强法律法规建设，通过法律的威慑作用规范网民行为，净化网络空气，还原虚拟社会的本色。

3. 网络伦理难题

由于网络空间是一个全新空间，所以网络伦理道德建设尚处于初始阶段，缺乏统一的价值标准，不同的价值观念、伦理思想在网上交汇、碰撞、冲突，使人们产生诸多伦理难题。

（1）电子空间与物理空间伦理难题

物理空间是基于地缘的、物质的乃至观念的种种限定，人们都熟悉并生活其中的实实在在的现实社会，而电子空间则是基于认同的，由于电子计算机的兴起而出现的，以"数据化""非物质化"的方式进入人类信息交流的虚拟社会。在网络时代，它们共同构成人类的基本生存环境，两者不能相互替代。

网络的出现和发展对物理空间的生存产生了冲击。网络的虚拟性对一些人产生巨大的诱惑，他们在"虚拟朋友""虚拟夫妻""虚拟父母"的关系中迷失了自我，自以为找到了"精神家园"，终日沉迷于其中而导致问题的产生——道德情感淡漠，道德人格虚伪，交往心理障碍。

（2）信息共享与信息独有的伦理难题

在信息社会，信息是最重要的社会资源，而信息共享可以使信息、资源得到充分利用，极大地降低全社会信息生产的成本，有利于缩小国家之间、地区之间经济和社会发展程度上的差距，推动社会的共同进步。从有效利用资源、社会共同进步的角度看，信息应该共享，即信息共享属于网络伦理范畴。但是，信息的生产需要创造性的发挥和投入，信息传播需要大量的投资用于软硬件产品的生产，所以，信息生产者和传播者拥有信息产品的所有权，并通过信息产品的销售来收回成本，赚取利润，这是合乎道德的。然而，现实生活中有些人在网络上非法复制、使用有知识产权的软件则是一种不道德的行为。同时，某种社会性的、公开性的知识由个人垄断而影响了社会信息资源共享，同样也是一种不公平、不道德的行为。由于对网络信息的知识产权的界定缺乏可操作的规范，由此也产生了在处理信息独有与信息共享关系上的两种极端化行为，这就是侵犯知识产权和信息垄断。

（3）个人隐私与社会监督的伦理难题

隐私权是私人生活不被干涉、不被擅自公开的权利。保护个人隐私是一项社会基本的伦理要求，也是人类文明进步的重要标志。社会安全是社会存在和发展的前提，社会监督是保障社会安全的重要手段。在传统社会，两者没有突出的矛盾，但是在网络时代，二者都出现了严重的道德冲突。就保护个人隐私权而言，收集、传播个人信息应该受到严格限制，磁盘所记录的个人生活信息，未经主体同意披露，应该完全保密，除网络服务提供商作为计费依据外，不能作其他利用。就保障社会安全而言，个人应对自身行为及后果负责，其行为应该留下详细的原始记录供有关部门进行监督和查证。这就产生了个人隐私权和社会监督的矛盾，由此带来的伦理难题是：构成侵犯隐私权的合理界限是什么？如何切实保护个人的合法隐私？如何防止把个人隐私作为谋取经济利益或要挟个人的手段？群众和政府机关在什么情况下可以调阅个人的信息？可以调阅哪些信息？怎样才能协调个人的隐私和社会监督的关系？如果对上述问题处理不当，容易造成侵犯隐私权、自由主义和无政府主义等严重后果。

（4）通讯自由与社会责任的伦理难题

上网是一种比较便捷的方式，自然也就成为许多人获取信息的首选，人们会以通讯模式套用网络行为模式，把网络信息漫游归入通讯自由，看成是网络主体个人的事情。然而，网络隐匿性和分散式的特征，很容易使上网者不需要任何国家的"护照"就可以任意出入任何"国家"。网络摆脱了传统社会的管制、控制和监控，使网络主体容易形成一种"特别自由"的感觉和"为所欲为"的冲动。网络给人们提供的"自由"，远远超出了社会赋予他们的责任，如果网络行为主体的权利义务不明确，便会产生网络行为主体的行为自由度与其所负的社会责任不相协调甚至相冲突的局面。滥用通讯自由就会自觉不自觉地放松了自我道德和社会道德规范的约束。

（5）信息内容的地域性与信息传播方式的超地域性的伦理难题

在网络社会，信息的传播是超越国界地域的，具有全球化的特点。这种不同文化、伦理的碰撞、交融，有利于形成网络伦理，有利于网络社会的有序发展。但信息的内容是带有地域特征的，其反映的是一定地域和民族的社会政治制度、文化、知识和道德规范。网络信息的超地域性加剧了国家间、地区间不同道德和文化间的冲突，增大了维持国家观念、民族共同理想和共同价值观的难度。目前，这种信息交流是不平等的，发展中国家与发达国家存在着相当大的信息落差，由于发展中国家自制的网络信息从量到质都处在较低层次的发展阶段，要在短期内得到高质量的信息服务，必须求助于西方发达国家的信息库，而这种求助的信息势必夹杂一些西方资产阶级的道德观念，在人们道德观念形成的过程中，会不同程度地受到西方资产阶级道德的影响，使原有的传统道德被分化、被同化、被扭曲，对发展中国家的民族文化造成很大冲击。由此带来的伦理难题是：如何既有效地利用网络资源又能保持鲜明的民族文化特征？如何既形成网络社会的普遍伦理又保持民族文化的多样化？对这些问题的处理不当将导致文化霸权主义和文化殖民主义。

4．网络伦理的表现形式

（1）观念层面上，个人自由主义盛行

网络社会是现实社会延伸，在网络环境下，人们言行更自由放松，一定程度上，网络空间里表现出来的自我更接近真实自我，是自我内心的释放与展现。同时，道德虚无主义、自由无政府主义膨胀。网络道德虚无主义特征是：怀疑道德、否定道德，将个人视为自己网络道德行为的唯一判断者，甚至为实现内心自我而不顾他人感受，忽视社会传统规范和礼仪甚至法律，造成不必要伤害，很多的"网络暴力案"就是很好佐证。同时，无政府主义者在网络上宣言"完全自由"与"彻底民主"，主张取消政府，不要法制，不要道德。这是和自由的实质是相违背的。而"黑客"成为"电脑英雄"代名词，不少青少年盲目崇拜并效仿，将个人主义推向极致。这些个人主义思想在青少年人群中扩散，引起社会高度重视。

（2）规范层面上，道德规范运行机制失灵

网络伦理与传统伦理不是相对的，而是对传统伦理道德的继承与发扬。但在虚拟网络社会中，道德规范受到严峻挑战，主要表现在两方面。首先道德规范主体在虚拟社会中表现不完整，传统的年龄、性别、相貌、职业、地位等属性在虚拟社会中模糊，取代的是虚拟的文字或数字符号，给网络欺骗和网络犯罪留下空间。处在此环境下的道德主体会产生主体感和社会感淡漠现象，不利于虚拟社会道德水平提高。其次，道德规范实施力量出现分化甚至消亡。现实社会中，人们面对面交往，道德规范通过社会舆论压力和人们内心信念起作用。而虚拟社会是人机交流，人们之间互不熟识也能交往，很容易冲破道德底线，发生"逾越"行为。在此情况下，社会舆论承受的对象对个体来说不明确，直面的道德舆论抨击难以进行，从而使社会舆论作用下降。由此说明，传统道德规范运行机制受阻，对道德行为约束下降。

（3）行为层面上，网络不道德行为蔓延

网络社会中，不道德行为处处可见，正蚕食道德领域。网络上不道德行为表现为：商业欺诈、利用网络散步虚假信息；制造大量垃圾邮件，造成网络堵塞；利用网络散布反动言论及一些黄、赌、毒等不良信息，扰乱社会秩序；网络犯罪，利用病毒或者信息技术盗取他人密码，给社会及个人造成经济损失。网络使人的传统的社会性人格发生嬗变，网民社会责任感弱化，人际关系淡化，忽视自己作为社会人的存在，一味在网上欺骗别人，造成不利影响。这些不道德的行为被一些人追捧，给青少年带来不良影响，深深刺痛社会敏感的神经。

5. 网络伦理的构建

为净化网络空间，规范网络行为，需要从技术、法律和伦理教育等方面着手，以构建网络伦理。

（1）技术的监控

国家或网络管理部门通过统一技术标准建立一套网络安全体系，严格审查、控制网上信息内容和流通渠道。例如，通过防火墙和加密技术防止网络上的非法进入者；利用一些过滤软件过滤掉有害的、不健康的信息，限制调阅网格中不健康的内容等。同时通过技术跟踪手段，使有关机构可以对网络责任主体的网上行为进行调查和控制，确定网络主体应承担的责任。

（2）加强法律法规建设

伦理问题一方面可以通过法律手段调节和约束，另一方面则可以寻找其他途径加以解决，如通过道德力量来规范网民的行为。伦理与法律不是对立的，二者是相互支持，相互补充的。只有当一个人行为危害他人利益，并造成重大损失，且这种损失超过某一临界点时才诉诸法律，而在达到某一临界点之前，通过道德力量调节来规范人们行为是可行的。基于此，要求政府或民间团体出台相应的网络伦理规则，以规范交易主体的行为。这方面可以借鉴国外好的经验，比如，美国计算机伦理协会就有"计算机伦理十戒"和美国计算机协会的《伦理与职业行为准则》等。这些都规范网络交易主体行为，增加网络间人们信任，减少道德风险。我国在这方面正在积极地开展工作，并取得一定成效，但仍需加快法律法规的建设步伐，通过法律法规来规范人们的行为。另外，若交易主体违背伦理规范应受到社会舆论的监督与惩罚，这样才能起到威慑作用。

（3）加强伦理教育

我国有几千年伦理底蕴，只是网络发展速度太快，有些人在如此快的发展速度下可能迷失，因此国家在这个过程中应积极发挥引导作用。如上所述，首先制定相应的伦理道德规范，规范网民的行为，其次就是通过教育机制，开设有关网络伦理和计算机伦理方面课程，通过持久、深入教育，使网络伦理思想深入人心，增强个人的道德责任心，提高国民的整体网络伦理道德水准；同时，还可以开设讲座培养学生正确技术价值观，使他们能在合理价值观指导下，成为合格网络公民。伦理、道德规范作为一种软的约束机制，是人们自律基础，通过规范网上伦理道德行为，加强伦理教育。

6. 构建中国特色网络伦理

在构建中国特色网络伦理的过程中，我们既要借鉴国外有益的理论研究成果，还要从中国的实际情况出发，并结合国内外的信息网络实践。在构建网络伦理或计算机网络道德规范体系方面，应当遵循以下几项基本原则。

（1）促进人类美好生活原则

科学技术的发展与进步必须与人类追求美好生活的愿望相一致，服务于人类共同体的整体和长远利益。促进人类美好生活的原则，意味着信息网络技术的研究开发者必须充分考虑这一技术可能给人类带来的影响，对不合理运用技术的可能性予以排除或加以限制；信息网络技术的运用者必须确保其对技术的运用会增进整个人类的福祉且不对任何个人和群体造成伤害；信息网络空间的传输协议、行为准则和各种规章制度都应服务于信息的共享和美好生活的创造及人类社会的和谐文明进步。

（2）平等与互惠原则

每个网络用户和网络社会成员享有平等的权利和义务互惠。无论网络用户在现实生活中拥有何种社会地位、职务和个人爱好，不管他的文化背景、民族和宗教是什么，在网络社会中，他们都应被给予某个特定的网络身份，即用户名、网址或口令。网络所提供的一切服务和便利，他们都应该得到，而网络共同体的所有规范，他们也应该遵守并履行一个网络行为主体所应该履行的义务。任何一个网络成员和用户必须认识到，他（她）既是网络信息和网络服务的使用者和享受者，也是网络信息的生产者和提供者，同时也享有网络社会交往的平等权利和互惠的道德义务。

（3）自由与责任原则

这一原则主张计算机网络行为主体在不对他人造成不良影响的前提下，有权利自由选择自己的行为方式，同时对其他行为主体的权利和自由给予同样的尊重。网络空间的广阔性和无中心特征，激发了人心中的自主意识，为个体一定程度地实现自主权提供了可能。与此同时，网络主体对自己的行为也必须担负道德责任，成熟理性主体所享受的自由都是合理的、正当的，都是"自律的""守规矩的"，而不是"放任的"和"随意的"。自由与责任原则要求人们在网络活动中实现"自主"，即充分尊重自我与他人的平等价值与尊严，尊重自我与他人的自主权利。

（4）知情同意原则

知情同意原则在评价与信息隐私相关的问题时，可以起到很重要的作用。网络知识产权的维护也适用知情同意原则。人们在网络信息交换中，有权知道是谁在使用及如何使用自己的信息，有权决定是否同意他人得到自己的数据。没有信息权利人的同意或默许，他人无权擅自使用这些信息。

（5）无害原则

无害原则要求任何网络行为对他人、网络环境和社会至少是无害的。这是最低的道德标准，是网络伦理的底线伦理。网络病毒、网络犯罪、网络色情等，都是严重违反无害原则的行为。无害原则认为，无论动机如何，行为的结果是否有害应成为判别道德与不道德的基本标准。由于计算机网络行为产生的影响无比快速和深远，因此行为主体必须小心谨慎地考虑和把握可能产生的后果，防止传播谣言或有害信息，杜绝任何有害举动，避免伤害他人与社会。

10.3.3　计算机与网络道德规范

1. 有关知识产权

1990 年 9 月我国颁布了《中华人民共和国著作权法》，把计算机软件列为享有著作权保护的作品；1991 年 6 月，颁布了《计算机软件保护条例》，规定计算机软件是个人或者团体的智力产品，同专利、著作一样受法律的保护任何未经授权的使用、复制都是非法的，按规定要受到法律的制裁。人们在使用计算机软件或数据时，应遵照国家有关法律规定，尊重其作品的版权。这是使用计算机的基本道德规范，具体的要求如下。

- 应该使用正版软件，坚决抵制盗版，尊重软件作者的知识产权。
- 不对软件进行非法复制。
- 不要为了保护自己的软件资源而制造病毒保护程序。
- 不要擅自篡改他人计算机内的系统信息资源。

2. 有关计算机安全

计算机安全是指计算机信息系统的安全。计算机信息系统是由计算机及其相关的和配套的设备、设施（包括网络）构成的，为维护计算机系统的安全，防止病毒的入侵，我们应该注意以下几点。

- 不要蓄意破坏和损伤他人的计算机系统设备及资源。
- 不要制造病毒程序，不要使用带病毒的软件，更不要有意传播病毒给其他计算机系统（传播带有病毒的软件）。
- 要采取预防措施，在计算机内安装防病毒软件；要定期检查计算机系统内文件是否有病毒，如发现病毒，应及时用杀毒软件清除。
- 维护计算机的正常运行，保护计算机系统数据的安全。
- 被授权者对自己享用的资源负有保护责任，口令密码不得泄露给外人。

3. 有关计算机与网络行为规范

在信息技术日新月异发展的今天，人们无时无刻不在享受着信息技术给人们带来的便利与好处。然而，随着信息技术的深入发展和广泛应用，在计算机与网络的应用中已出现许多不容回避的道德与法律的问题。关于计算机与网络的道德规范，国际上的一些机构、组织都相应的规则，如美国计算机协会（ACM）制定的伦理规则和职业行为规范中的一般道德规则包括以下几点。

- 为社会和人类做贡献。
- 避免伤害他人。
- 诚实可靠。
- 公正且不采取歧视行为。
- 尊重财产权（包括版权和专利权），尊重知识产权。
- 尊重他人的隐私，保守机密。

针对计算机专业人员，具体的行为规范还包括以下部分。

- 不论专业工作的过程还是其产品，都努力实现最高品质、效能和规格。
- 主动获得并保持专业能力。
- 熟悉并遵守与业务有关的现有法规。
- 接受并提供适当的专业化评判。
- 对计算机系统及其效果做出全面彻底的评估，包括可能存在的风险。
- 重视合同、协议以及被分配的任务。
- 促进公众对计算机技术及其影响的了解。
- 只在经过授权后使用计算机及通信资源。

在 1992 年，美国的计算机伦理协会就提出了如下的计算机伦理十戒，对计算机的使用进行了道德规范。

- 你不应当用计算机去伤害他人。
- 你不应当干扰别人的计算机工作。
- 你不应当偷窥别人的计算机里的文件。
- 你不应当用计算机进行偷窃。
- 你不应当用计算机去作伪证。
- 你不应当使用或拷贝你没有付过钱的软件。
- 你不应当未经许可使用别人的计算机资源。
- 你不应当盗用别人的智力成果。

- 你应当考虑你所编制的程序和社会后果。
- 你应当用审慎的态度使用计算机。

作为当代大学生，在充分利用计算机和网络为我们提供的高效、便利的同时，还要抵御其负面效应，大力进行计算机和网络的道德建设。以下是我们使用计算机和上网时应该遵守的有关计算机与网络道德规范的要求。

- 你不应该用计算机去伤害他人。
- 你不应干扰别人的计算机工作。
- 你不应窥探别人的文件。
- 你不应用计算机进行偷窃。
- 你不应用计算机作伪证。
- 你不应使用或拷贝没有付钱的软件。
- 你不应未经许可而使用别人的计算机资源。
- 你不应盗用别人的智力成果。
- 你应该考虑你所编的程序的社会后果。
- 你应该以深思熟虑和慎重的方式来使用计算机。
- 为社会和人类作出贡献。
- 避免伤害他人。
- 要诚实可靠。
- 要公正并且不采取歧视性行为。
- 尊重包括版权和专利在内的财产权。
- 尊重知识产权。
- 尊重他人的隐私。
- 保守秘密。
- 要加强思想道德修养，自觉按照社会主义道德的原则和要求规范自己的行为。
- 要依法律己，遵守"网络文明公约"，法律禁止的事坚决不做，法律提倡的积极去做。
- 要净化网络语言，坚决抵制网络有害信息和低俗之风，健康合理科学上网。
- 严格自律，学会自我保护，自觉远离不健康的网络信息，并积极举报网络中的违法犯罪行为。

同时，对于如下网络中的不道德行为，我们也要坚决抵制。

（1）利用电子邮件作广播型的宣传，这种强加与人的做法会造成别人的信箱充斥无用的信息而影响正常工作。

（2）有意地造成网络通信混乱或擅自闯入网络及其相联的系统。

（3）商业性或欺骗性地利用大学计算机资源。

（4）偷窃资料、设备或智力成果。

（5）在公共用户场合做出引起混乱或造成破坏的行动。

（6）伪造电子邮件信息。

当然，仅仅靠制定一些法律来制约人们的所有行为是不可能的，也是不实用的，需要搭配社会依靠道德来规定人们普遍认可的行为规范。在使用计算机和上网时应该抱着诚实的态度、无恶意的行为，并要求自身在智力和道德意识方面取得进步。

参考文献

[1] 陈国良，王志强，等. 大学计算机——计算思维视角[M]. 2 版. 北京：高等教育出版社，2014.

[2] 李凤霞，陈宇峰，史树敏. 大学计算机[M]. 北京：高等教育出版社，2014.

[3] 龚沛曾，杨志强. 大学计算机[M]. 6 版. 北京：高等教育出版社，2013.

[4] 战德臣，聂兰顺. 大学计算机——计算思维导论［M］. 北京：电子工业出版社，2014.

[5] 夏耘，黄小瑜. 计算思维基础[M]. 北京：电子工业出版社，2012.

[6] 陆汉权. 计算机科学基础[M]. 北京：电子工业出版社，2011.

[7] 董卫军，邢为民，索琦. 大学计算机[M]. 北京：电子工业出版社，2014.

[8] 姜可扉，杨俊生，谭志芳. 大学计算机[M]. 北京：电子工业出版社，2014.

[9] 谭浩强. C++程序设计[M]. 北京：清华大学出版社，2004.

[10] 郑莉，董渊，何江舟. C++语言程序设计[M]. 4 版. 北京：清华大学出版社，2010.

[11] 罗朝盛. Visual Basic 6.0 程序设计教程[M]. 3 版. 北京：人民邮电出版社，2009.

[12] 史巧硕，武优西. Visual Basic 程序设计[M]. 北京：科学出版社，2011.

[13] 甘勇，尚展垒，张建伟，等. 大学计算机基础[M]. 2 版. 北京：人民邮电出版社，2012.

[14] 甘勇，尚展垒，梁树军，等. 大学计算机基础实践教程[M]. 2 版. 北京：人民邮电出版社，2012.